经典实例学设计

AutoCAD 2014 电气设计与制图

苏杰汶　等编著

机械工业出版社

本书是基于 AutoCAD 2014 中文版编写的，全书共分 8 章，内容包括电气设计与制图基础、AutoCAD 基础操作、基本图形的绘制、绘图工具、图形修剪与编辑、图块及图块填充、尺寸及文字标注以及典型工程实例。

本书在讲解中紧扣操作、语言简洁、条理清晰，避免冗长的解释说明，使读者可以快速地了解和掌握 AutoCAD 2014 的使用方法和操作步骤。另外，本书在绘制电气图样时严格遵守国家标准，让读者在了解与掌握 AutoCAD 2014 电气设计的基本操作外，还对电气制图的国家标准有基本的认识，从而使读者学习完本书后能够绘制出符合国家标准的电气设计图样。

本书可作为各大中专院校教育、培训机构的教材，也可供从事电气设计与制图工作的人员及 AutoCAD 软件初学者参考。

图书在版编目（CIP）数据

经典实例学设计：AutoCAD 2014 电气设计与制图/苏杰汶等编著 . 一北京：机械工业出版社，2014.7
ISBN 978-7-111-47983-3

Ⅰ. ①经… Ⅱ. ①苏… Ⅲ. ①电气设备-计算机辅助设计-AutoCAD 软件 Ⅳ. ①TM02-39

中国版本图书馆 CIP 数据核字（2014）第 212901 号

机械工业出版社（北京市百万庄大街 22 号 邮政编码 100037）
责任编辑：尚 晨 李馨馨
责任校对：张艳霞
责任印制：李 洋
北京振兴源印务有限公司印刷
2015 年 1 月第 1 版 · 第 1 次印刷
184mm×260mm · 20 印张 · 496 千字
0001-3000 册
标准书号：ISBN 978-7-111-47983-3
　　　　　ISBN 978-7-89405-633-7（光盘）
定价：59.00 元（含 1DVD）

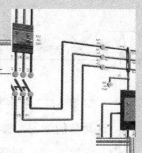

前　言

　　进入 21 世纪后，随着计算机技术的快速发展，计算机辅助设计已在各工程领域中被广泛使用，电气工程也不例外。AutoCAD 作为一个优秀的计算机辅助设计软件，因其使用方便、工作效率高，故在电气设计中被广泛使用。AutoCAD 2014 作为 AutoCAD 最新的版本，它比以往的版本具有更强大的功能、更友好的界面与更高的工作效率。

　　学习 AutoCAD 不仅仅是为了学习一个设计软件，其根本目的是能够熟练地使用该软件进行高效率的电气设计与制图。在本书中，会精选一些电气设计与制图的经典实例，先示范如何用 AutoCAD 2014 来进行绘制，接着详细讲解在绘图过程中所用到的功能与操作方法，待读者理解如何操作后，再示范绘制几个经典的电气设计图例，让读者在实际应用中更加深入地理解 AutoCAD 2014 相关功能的使用。本书在讲解中力求语言精炼，条理清晰，深入浅出地让读者掌握相关软件操作的要领。

　　书中的电气样图遵照电气制图国家标准的要求绘制，使读者在练习的过程中不仅能够掌握 AutoCAD 2014 的基本操作，而且能够对电气设计与制图的常用国家标准有所认识，从而在学完本书之后就能绘制出合格的工程图样。

　　另外，本书在随书光盘中提供了全部绘制经典实例的操作视频，读者可以按照书中提供的文件存放路径打开视频进行观看。光盘中还有书中实例的初始图与最终完成图，读者可以打开这些文件，按照书中讲解的步骤进行练习。

　　本书共分为 8 章，各章节中均含有大量的实际操作图片，形象直观，便于读者进行模仿操作与学习。

　　第 1 章主要讲解了电气设计与制图的基础知识，电气制图的相关符号及表示方法，如常用的电气图形符号，电气元件与连接线的表示方法等，让读者对电气制图的符号及表示方法有一个基础且清晰的认识，为读者能够绘制出合格的工程图样打好基础。

　　第 2 章主要讲解了 AutoCAD 2014 的基础操作，如绘图环境设置、图层设置、基本输入操作等，通过本章的学习，读者会对 AutoCAD 2014 的基础操作有一个初步的认识。

　　第 3、4、5 章讲解了 AutoCAD 2014 中基本图形的绘制、常用绘图工具的使用与图形的修剪与编辑，通过这三章的学习，读者可以绘制一些基础甚至较为复杂的图形。

第 6、7 章主要讲解了 AutoCAD 中的图案填充与图块的使用，尺寸与文字标注，通过这两章的学习，读者可以基本具备绘制电气图样的能力。

第 8 章中列举了 6 个典型的工程实例，在实例的讲解中，读者可以加深对 AutoCAD 各功能的理解，提高各种操作的熟练程度。

本书附有两个附录：AutoCAD 2014 的安装方法和 AutoCAD 2014 的打印出图，供有需要的读者使用。

本书主要由苏杰汶完成，参与本书编写和光盘开发的人员还有谢龙汉、林伟、魏艳光、王悦阳、林伟洁、林树财、郑晓、吴苗、蔡明京、徐振华、庄依杰、卢彩元等。

由于作者水平有限，书中难免有不妥和错误之处，恳请读者批评指正。作者电子邮箱：tenlongbook@163.com。

作　者
2014 年 3 月

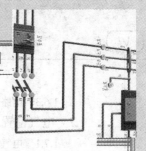

目　录

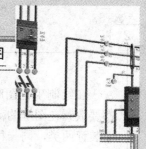
第1章 电气设计与制图基础

电气工程图是电气工程领域中的共同语言，为了方便技术交流与生产实践，我国的国家标准对其进行了统一、详细的规定。电气工程领域的工程人员都应对其进行了解与掌握。本章主要介绍电气设计与制图的相关基础知识，使读者尽快能绘制标准的电气工程图样。

 重点内容

➤ 电气制图的一般规则
➤ 电气图形符号
➤ 电气线路、元件的表示方法
➤ 元器件连接的表示方法
➤ 功能性简图、电气位置图

1.1 电气制图的一般规则

工程图样作为技术领域中的共同语言，为了方便交流与指导实践，必须对其进行统一的规定，在电气工程领域，我国颁布了国家标准 GB/T 18135—2008《电气工程 CAD 制图规则》来规范电气工程图样，每个电气工程人员都应对其进行学习，并根据国家标准来绘制图样。

1.1.1 图纸的幅面与分区

国家标准 GB/T 14689—2008 中对图纸的幅面与分区进行了规定。

1. 图纸的幅面

图纸的幅面即是指图纸的大小与长宽比例的关系。图纸分为横式幅面（X 型）与竖式幅面（Y 型）两种，国家标准中规定图纸的幅面有 A0～A4 五种。其尺寸见表 1-1。

表 1-1　图纸基本幅面尺寸

幅面代号		A0	A1	A2	A3	A4
幅面尺寸/mm 宽（B）×长（L）		841×1189	594×841	420×594	297×420	210×297
周边 尺寸/mm	a	25				
	c	10			5	
	e	20		10		

在绘制工程图时，需要先绘制图框，图框是图纸内最外面的线框，所有的文字、图形都要放置在图框的范围内。国家标准中规定，图框用粗实线绘制。图纸的图框分为有装订与无装订两类，同一种产品的图纸只能使用同一种类型的格式。

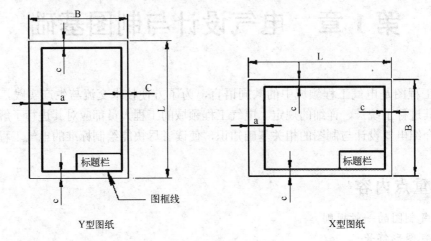

图 1-1　有装订线的图框格式

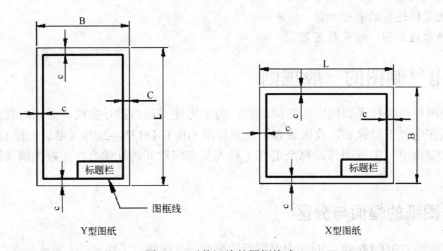

图 1-2　无装订线的图框格式

2．图纸的分区

为了方便绘图，可以对图纸进行分区，如图 1-3 所示。

对图纸进行分区时，应遵守以下的规则：

1）对图纸分区时，分区数应取偶数，每个分区的长度应在 25～75mm 之内。

2）水平方向的分区应用阿拉伯数字编号，竖直方向的分区应用英文字母编号。两个方向编号的起点为图纸的左上角。

3）图纸各分区的编号应该在图框之外。

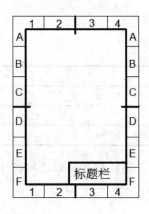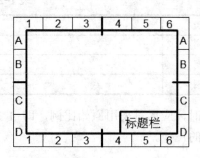

图 1-3　图纸的分区

1.1.2　图线、字体及比例

国家标准对工程图的图线、字体与比例都作了详细的规定。

1．图线

图线就是用于绘制图形的线，国家标准中对图线的线型、线宽都作了规定。在国家标准中，图线的线型分为实线、虚线、点划线和双点画线。图线的宽度推荐采用 0.13mm、0.18mm、0.25mm、0.35mm、0.5mm、0.7mm、1mm、1.4mm、2mm 这一系列的线宽。在工程制图中，粗实线与细实线的线宽之比应为 2∶1，粗实线的线宽一般使用 0.5mm 或 0.7mm。

使用图线时，还应遵守以下的规定：

1）细虚线、细点画线、细双点画线的各段长度与间隔应大致保持相等。

2）两条平行直线之间的间隔不能少于 0.7mm，如果另有规定，则按规定执行。

3）在较小的图形中绘制点画线或者双点画线有困难时，可以用细实线代替。

4）虚线、点画线、双点画线与其他线段相交时，交点必须位于线段处。

5）当线段重合时，优先的次序为粗实线、虚线、点画线。

2．字体

字体是工程图中的重要组成部分，书写字体时应做到：字体工整、画清楚、排列整齐、间隔均匀。

国家标准中对字体的高度有明确的规定，标准中规定的字体高度的公称尺寸系列为：1.8mm、2.5mm、3.5mm、5mm、7mm、10mm、14mm 与 20mm。如果需要更大的字体高度，则需要按 $\sqrt{2}$ 的比例来选择字体高度。

汉字应选择长仿宋体，并采用国家正式公布的简体字，字体高度不能少于 3.5 号字体。

字母与数字分 A 型与 B 型两种，两种类型的字体在字体宽度上存在差异。一张图纸中只能采用一种类型的字体。同时，字体可以写成直体或者斜体，斜体字的字头向右倾斜，与水平线呈 75°。

3．比例

比例是指图中图形与实物对应要素的线性尺寸之比，比例分为放大比例、原始比例与缩小比例，见表 1-2。

表 1-2　比例

种　类	比　例		
放大比例	5：1	2：1	10：1
原始比例	1：1		
缩小比例	1：5	1：2	1：10

在绘图时，应尽量采用原始比例，即 1：1。无论采用何种尺寸，工程图中的标注的尺寸均为实物的尺寸。

1.1.3　简图布局方法

电气简图有两种布局方法：位置布局法与功能布局法。

位置布局法是根据元器件与设备的实际位置在图中布置相应的电气符号，这种方法绘制的电气简图，可以从中看出元器件与设备的实际位置关系与导线走向。

功能布局法是不考虑元器件与设备的实际位置关系，而是着眼于各元器件与设备之间的功能关系，用这种方法绘制简图时，可以将表示对象划分为若干组，按因果关系从上到下或者从左到右布置，每个功能组的元件集中布置在一起，并尽量根据工作顺序来排列。大部分的电气简图都是根据功能布局法来布局。

1.2　电气图形符号

如果将绘制电气工程图比作写一篇文章，那电气图形符号就相当于写这篇文章的文字。电气图形符号是在图样或其他文件中使用的，用于表示一个设备或概念的图形、标记或字符的符号。电气图形符号不像绘制机械或建筑工程图那样需要精确的比例，它只需要能示意图形含义即可。

1.2.1　电气图用图形符号

电气图用图形符号是供电路图和有关技术文件使用的符号，也可将其简称为图形符号。电气图用图形符号通常由一般符号、符号要素、限定符号、方框符号和组合符号等组成。

电气图用图形符号的最新国家标准是 GB/T4728-2005，这个标准分为 13 个部分，如下所示：

第 1 部分：一般要求。

第 2 部分：符号要素、限定符号和其他常用符号。

第 3 部分：导体和连接件。

第 4 部分：基本无源元件。

第 5 部分：半导体管和电子管。

第 6 部分：电能的发生与转换。

第 7 部分：开关、控制和保护器件。

第 8 部分：测量仪表、灯和信号器件。

第 9 部分：电信：交换和外围设备。

第 10 部分：电信：传输。

第 11 部分：建筑安装平面布置图。

第 12 部分：二进制逻辑元件。

第 13 部分：模拟元件。

常用的电气图用图形符号见表 1-3。

表 1-3　常用电气图用图形符号

图形符号	说　明	图形符号	说　明
— — —	直流电 电压可标注在符号右边，系统类型可标注在左边。		等电位
～	交流电 频率或频率范围可标注在符号的左边		故障
～	交直流		导线的连接
+	正极性		导线跨越而不连接
	负极性		电阻器的一般符号
	运动方向或力		电容器的一般符号
→	能量、信号传输方向		电感器、线圈、绕组、扼流圈
	接地符号		原电池或蓄电池
	接机壳		动合（常开）触点

1.2.2　电气设备用图形符号

电气设备用图形符号是专供电气设备上使用的，其主要目的是为了让操作人员了解电气设备或电气设备部件的用途与使用方法。

电气设备用图形符号的现行国家标准是 GB/T 5465-2008，这个标准共分为 4 部分：

第 1 部分　概述与分类。

第 2 部分　图形符号。

第 3 部分　应用导则。

第 4 部分　屏幕和显示设备用图形符号（图标）的适用规则。

电气设备用图形符号与电气图用图形符号在形式上大部分是不相同的，但也有一小部分是相同的，然而它们的含义却大相径庭，在使用这些符号的时候要注意区分，不可混淆。

表 1-4 给出了一些常用的电气设备用图形符号。

表1-4　常用的电气设备用图形符号

图形符号	名　称	说　明	图形符号	名　称	说　明
‖‖‖	直流电	适用于直流电的设备的铭牌上，以及用来表示直流电的端子	∿	交流电	适用于交流电的设备的铭牌上，以及用来表示交流电的端子
+	正极	表示使用或产生直流电设备的正端	—	负极	表示使用或产生直流电设备的负端
◢	可变性	表示量的被控方式，被控量随图形的宽度而增加	☀	照明设备	表示控制照明光源的开关
⌵	调到最小	表示量值调到最小值的控制	⌂	调到最大	表示量值调到最大值的控制
⏚	接地	表示接地端子	⏛	保护接地	表示在发生故障时防止电击的与外保护导线相连接的端子

1.2.3　标志用图形符号和标注用图形符号

标志用图形符号和标注用图形符号在某些电气图中也是重要组成部分。

1．标志用图形符号

标志用图形符号的种类有：

1）公共信息用标志符号。

2）公共标志用符号。

3）交通标志用符号。

4）包装储运标志用符号。

图1-4就是在某些电气图中经常用到的标志用图形符号。

楼梯　　　　　　　电梯　　　　　　　自动扶梯

方向　　　　　　紧急出口　　　　　　电话

图1-4　常用标志用图形符号

2. 标注用图形符号

标注用图形符号是表示产品的设计、制造、测量和质量保证整个过程中所设计的几何特性和制造工艺。

电气图上所用到的标注用图形符号主要有以下 4 种。

（1）安装标高和等高线符号

标高有相对标高与绝对标高两种，在电气位置图中均采用相对标高，相对标高是选择某一参考面（点）为零点而确定的高度尺寸，在电气工程中一般采用室外某一平面、某一楼层平面作为零点而计算高度。安装标高符号如图 1-5 所示。

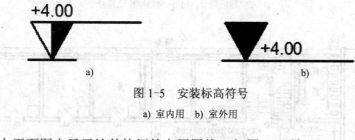

图 1-5　安装标高符号

a) 室内用　b) 室外用

等高线是在平面图上显示地貌特征的专用图线，如图 1-6 所示。

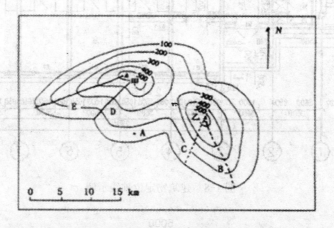

图 1-6　等高线

（2）方位和风向频率标记符号

很多时候需要在电气图中标记方位，此时就需要用到方位标记符号，如图 1-7a 所示。有时为了表示电气设备安装地区一年四季的风向，需要在电气图中标注风向频率标记符号，以指示该地区的风向。风向频率标记符号如图 1-7b 所示。

（3）建筑物定位轴线符号

凡承重墙、柱、梁等主要承重构件的位置所画的轴线就是建筑物定位轴线。定位轴线编号的基本规则是：在水平方向，从左到右顺序标注阿拉伯数字；在垂直方向，从下向上标注英文字母，数字与字母均用点划线引出。如图 1-8 所示。

（4）尺寸标注符号

在一些电气图上也需要进行尺寸标注，尺寸标注符号由 4 部分组成：尺寸线、尺寸界线、尺寸起止箭头、尺寸数字。常用的尺寸标注符号如图 1-9 所示。

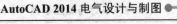

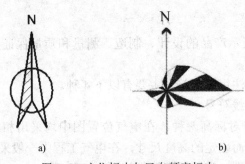

a)   b)

图 1-7　方位标志与风向频率标志

a) 方位标记符号　b) 风向频率标记符号

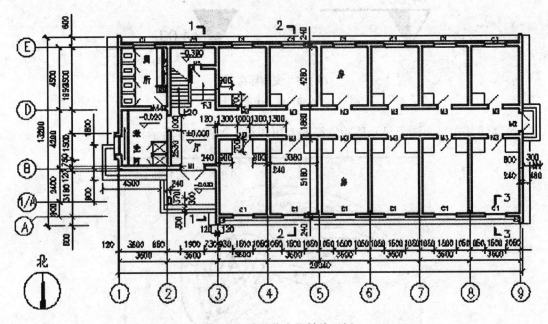

图 1-8　建筑物定位轴线示例

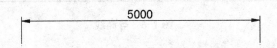

图 1-9　尺寸标注符号示例

1.3　电气线路的表示方法

1.3.1　多线表示法

　　每根导线或连接线各用一条图线表示的方法，称为多线表示法。如图 1-10 所示就是用多线表示法来表示三相电动机的 Y-Δ 起动的主电路图。

　　采用多线表示法绘制的电气工程图，能清楚地表示各相或各线的具体内容，所示这种方法常用于各相或各线不对称的情况。

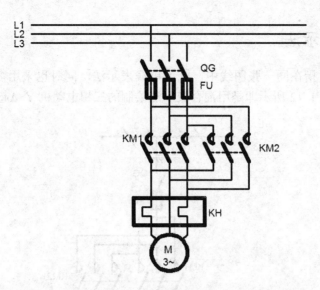

图 1-10　三相电动机 Y-Δ起动主电路图（多线表示法）

1.3.2　单线表示法

用一条图线来表示两根或两根以上的导线或连接线的方法，称为单线表示法。如图 1-11 所示就是用单线表示法来表示三相电动机 Y-Δ起动的主电路。

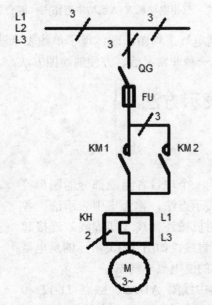

图 1-11　三相电动机 Y-Δ起动主电路图（单线表示法）

单线表示法常用于三相或者多线基本对称的情况，而对于一些不对称的部分，则需要对该部分添加必要的说明与补充必要的附加信息。

1.3.3　混合表示法

　　混合表示法是指在同一张图线中，既用单线表示法，同时也采用多线表示法来绘制工程图的方法。如图 1-12 所示即是用混合表示法绘制的三相电动机 Y-Δ 起动主电路图。

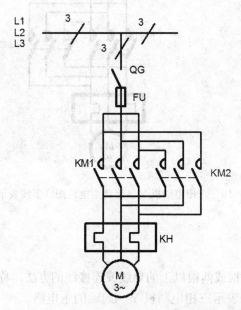

图 1-12　三相电动机 Y-Δ 起动主电路图（混合表示法）

　　使用混合表示法来绘制电气工程图，既体现了单线表示法的精炼简洁，也体现了多线表示法清楚明了的优点，是一种非常灵活、方便的绘图方法。

1.4　电气元件的表示方法

1.4.1　集中表示法

　　把设备或成套装置中的一个项目各组成部分的图形符号在简图上绘制在一起的表示方法，称为集中表示法。各组成部分的图形符号必须用机械连接线（即虚线）连接起来，且该机械连接线必须是直线。如图 1-13 所示的继电器符号即是用集中表示法绘制的继电气电气图。

　　在图 1-13 中，继电器中线圈 A1-A2。触点 11-12 和 15-16，三者用机械连接线连接起来，构成一个整体。

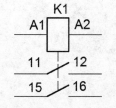

图 1-13　继电器（集中表示法）

1.4.2　半集中表示法

　　把一个项目中的某些组成部分的图形符号在简图上分开布置，并用机械连接符号来表示它们之间的关系，这种方法就是半集中表示法。这种方法的优点是使设备或装置的电路布局清晰，易于识别。使用这种方法时，机械连接线可以弯折、分支与交叉。图 1-14 即是用半集中表示法来绘制的继电器电气图。

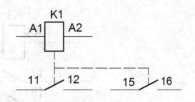

图 1-14 继电器（半集中表示法）

1.4.3 分开表示法

把一个项目的某些组成部分在简图上分开布置，并由参照代号表示这些部分之间的关系，这种表示方法称为分开表示法。如图 1-15 所示的继电器电气图即是用分开表示法绘制的。图中的线圈与两个触点之上都标注"K1"符号，表示三者均为继电器 K1 的组成部分。

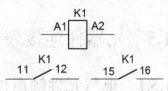

图 1-15 继电器（分开表示法）

1.4.4 重复表示法

把一个复杂的符号表示于图上的两处或多处的方法称为重复表示法，同一个项目代号只代表同一个元件。这种方法用于表示元件中功能相关的各部分。如图 1-16 所示，就是用重复表示法来绘制的四位多路选择器。

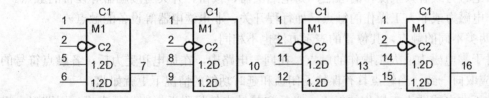

图 1-16 四位多路选择器（重复表示法）

1.4.5 组合表示法

对于元件中功能不相关的各部分，可以采用组合表示法。即符号的各部分绘制在点画线框内且同一个符号的各部分连接在一起。如图 1-17 所示为两个继电器封装单元的电气图。

1.4.6 分立表示法

分立表示法是指将功能上独立的符号的各部分分别示于图上的表示方法，通过其项目代号使电路与相关的各部分布局清晰。如图 1-18 所示的两个继电器电气图就是用分立表示法绘制的。

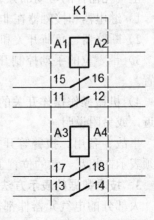

图 1-17 两个继电器的封装单元

图 1-18   两个继电器电气图（分立表示法）

1.5   元器件连接表示方法

1.5.1   电气元件触点位置、工作状态和技术数据的表示方法

在电气工程图中，对于一些电气元件的触点位置的放置、工作状态的选择与技术数据的标注需要作出明确的规定，以符合国家标准。

1．电气元件触点位置的表示方法

许多电气元件或者设备都带有一定数量的触点，这些触点可以分为两大类：

1）靠电磁力或者人工操作的触点，如电继电器、按钮、开关与接触器等设备的触点。

2）非电磁力或非人工操作的触点，如行程开关、非电继电器等设备的触点。

对于两类不同的触点，其位置的表示方法也不相同：

1）对于靠电磁力或人工操作的触点，在同一电路中，在加电和受力后，各触点符号的动作方向应取向一致，当触点具有保持、闭锁和延时功能的情况下更就如此。

2）对于非电或非人工操作的触点，必须在其触点符号附近标明运行方式。用图形、操作器件符号及注释、标记和表格表示。

2．工作状态的表示方法

电气元器件的可动部分通常应表示在非激励或不工作的状态或位置，具体方法如下：

1）继电器和接触器在非激励的状态。

2）断路器、负荷开关和隔离开关在断开位置。

3）带零位的手动控制开关在零位位置，不带零位的手动控制开关绘在符号图中规定的位置。

4）机械操作操作开关的工作状态与工作位置的对应关系，一般应表示在其触点符号的附近，或另附说明。

事故、备用、报警等开关应表示在设备正常使用的位置，多重开闭器件的各组成部分必须表示在相互一致的位置上，而不管电路的工作状态。

3．技术数据的表示方法

大部分的电气元器件都需要进行技术数据的标注，这些技术数据通常标注在这些电气元器件的图形符号的旁边，其规则是：当连接线水平布置时，技术数据尽量标注于图形符号的下方，当连接线垂直布置时，则尽量标注于项目代号的下方；还可标注在方框符号或者简化外形符号内。如图 1-19 所示。

在图 1-19 中，电阻 R1、R2 的阻值分为为 10Ω 与 22Ω，分别标注在电阻符号的下方与

项目符号的下方，而继电器 KA 的线圈的额定电流
为 3A。

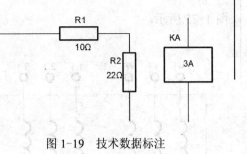

图 1-19　技术数据标注

1.5.2　元件接线端子的表示方法

在电气元件中，用于连接外部导线的导电元件
称为端子。端子的符号、代号标注都是有相关规
定的。

1. 端子符号

端子可分为固定端子与可拆卸端子两类，其中固定端子的符号是"O"或者"·"，而可
拆卸端子的符号是"Φ"。

2. 以字母数字标示接线端子的原则与方法

电气元器件的接线端子应用拉丁字母与阿拉伯数字来标注，标注时，应遵从以下规则：

1）单个电气元件：单个元件的两个接线端子应用两个连续的数字来标注，而单个元件
中间的接线端子应用自然递增的数字来标注。如图 1-20 所示。

2）相同元件组：对于由几个相同元件组合成的元件组，可以用字母后跟数字的方法来
标注，如图 1-15a 所示，如果组中的各元件是由不同元件组合成的话，则可以用 1.1、2.1、
3.1 来表示，如图 1-21b 所示。

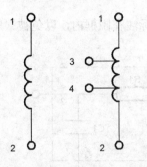

图 1-20　单个元件接线端子标注

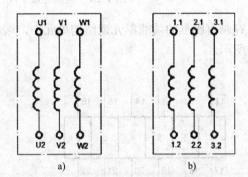

a)　　　　　　b)

图 1-21　相同元件组的接线端子标注

a) 相同元件组合　b) 不同元件组合

3）同类元件组：如果同类的元件组都是用相同的字母标注时，可以在字母前面添加数
字来加以区分，如图 1-22 所示。

4）与特定导线连接的接线端子：对于要与特定导线连接的接线端子，其标注示例如
图 1-23 所示。

3. 端子代号的标注方法

许多情况下，电气元件不但要标注参照代号，还要标注端子代号，端子代号标注的规
则如下。

1）电阻器、继电器、模拟和数字硬件的端子代号应标在其图形符号的轮廓线外。零件
的功能和注解标注在符号轮廓线内。如图 1-24 所示。

2）对用于现场连接、试验和故障查找的连接器件的每一连接点都应标注端子代号，如

图 1-25 所示。

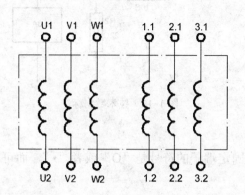

图 1-22 同类元件组的接线端子标注

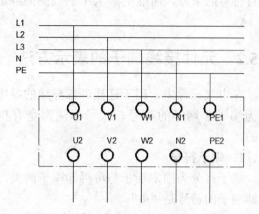

图 1-23 特定导线连接的接线端子标注

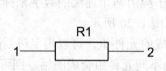

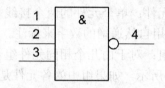

图 1-24 模拟与数字硬件的端子代号标注

3）在画有围框的功能单元或结构单元中，端子代号必须标注在围框内，以免被误解，如图 1-26 所示。

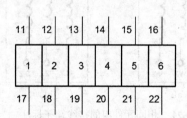

图 1-25 端子板端子代号标注示例

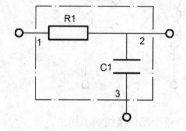

图 1-26 围框端子代号标注

1.5.3 连接线的一般表示方法

导线的一般的表示方法如图 1-27 所示。有关的规定将在下面进行说明。

1）图线的粗细：电源主电路、一次电路、主信号通路等采用粗线表示，与之相关的其余部分用细线表示。

2）连接线的分组：母线、总线、多芯电线电缆等均可视为平行的连接线。对于多条平行连接线，应该按功能来分组，将功能相近的连接线分为一组，对于那些功能不相近的平行连接线，可以任意分组，每组的线数不能超过 3 根，每组之间的间距应大于第线之间的间距。

3）连接线的标记：标记可置于连接线的上方，也可置于连接线的中断处，必要时可以在连接线上标记连接线的信号特性信息。

4）导线连接点的表示方法：导线的连接点（包括 T 形与+形连接）可以加实心圆点，对于交叉而不连接的导线，不可在交战处添加实心圆点，且导线不可在交点处改变方向也应避免穿过其他导线的交点处，以免引起混淆。

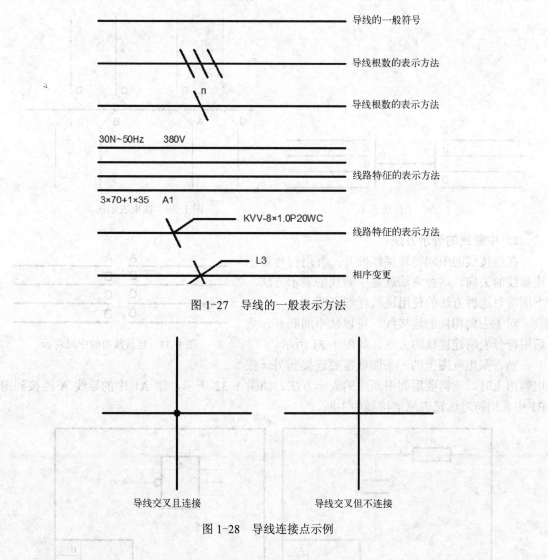

导线的一般符号

导线根数的表示方法

n

导线根数的表示方法

30N~50Hz   380V

线路特征的表示方法

3×70+1×35   A1

KVV-8×1.0P20WC

线路特征的表示方法

L3

相序变更

图 1-27　导线的一般表示方法

导线交叉且连接　　　　　导线交叉但不连接

图 1-28　导线连接点示例

1.5.4　连续线的表示方法和中断线的表示方法

1. 连续线的表示方法

连续线的表示方法是指用导线将连接线的头尾连接起来的方法。这种方法有平行线与线束两种形式。

（1）平行线

对于多条去向相同的连接线可以采用单线来表示，如图 1-29 所示。图中两边的平行线用字母 A、B、C、D 来表示连接线的连接顺序。

（2）线束

电气工程图中许多去向相同的平行连接线可以用一条图线来表示，此图线代表了一个连接线组。汇入这条线束的导线均用斜线与线束连接，并用字母 A-A、B-B 等来表示导线的汇入与引出。如图 1-30 所示。

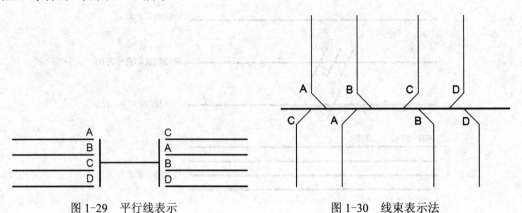

图 1-29　平行线表示　　　　　　　　图 1-30　线束表示法

2．中断线的表示方法

在连接线的中间将连接线断开，并用符号表示连接线的去向，这种方法就是中断线的表示方法。下面将对这种方法的使用进行详细说明。

对于去向相同的连接线，可以从中间断开，然后用符号表明连接线的去向。如图 1-31 所示。

当一张电气图上的一条图线需要连接到另一张电气图上时，就需要用到中断线的表示方法。如图 1-32 所示，图 A1 中的导线 A 连接到图 B1 中。用符号标记表示连接线的中断。

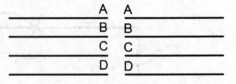

图 1-31　连接线组的中间表示

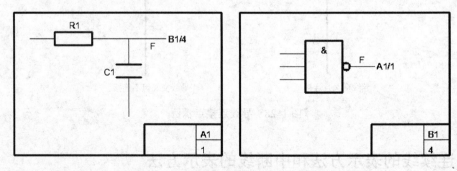

图 1-32　不同图上连接线用中断线表示

1.5.5　导线的识别标记及其标注方法

有时在一些电气图上，必须作出一些识别标记，以便读图者识图、查线与接线。识别标记分为主标记与辅助标记两种。

1．主标记

标记时只考虑导线或线束的特征，而不考虑其电气功能的标记系统，这就是主标记。主标记分为从属标记、独立标记与组合标记两种。

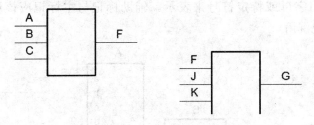

图 1-33　用符号标记表示连接线的中断

（1）从属标记

以导线所连接的端子的标记或线束所连接的设备的标记为依据的标记系统称为从属标记系统。从属标记分为从属本端标记，从属远端标记与从属两端标记三种。

1）从属本端标记。导线或线束的终端标记与导线或线束终端所连接的端子的标记相同的标记系统，称为从属本端标记。如图 1-34 所示。

2）从属远端标记。导线或线束的终端标记与导线或线束远端所连接的端子的标记相同的标记系统，称为从属远端标记。如图 1-35 所示。

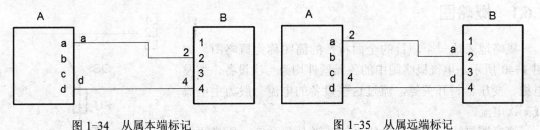

图 1-34　从属本端标记　　　　　　　　　图 1-35　从属远端标记

3）从属两端标记。导线或线束的终端处标出导线或线束本端和远端所连接的端子标记的标记系统，称为从属两端标记。如图 1-36 所示。

（2）独立标记

与导线或者线束连接的端子标记无关的标记系统称为独立标记。如图 1-37 所示，图中两根导线标记的数字 1、2 均与端子的标记无关。

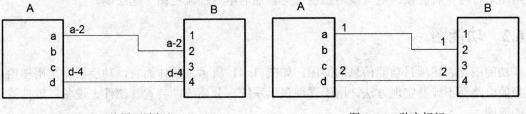

图 1-36　从属两端标记　　　　　　　　　图 1-37　独立标记

（3）组合标记

从属标记与独立标记一起使用的标记系统称为组合标记。如图 1-38 所示，图中两根导线分别标记为 Aa-1-B2、Ad-2-B4。

2. 辅助标记

辅助标记一般用于主标记的补充，并且以每一条导线的电气功能为依据。如图 1-39 所示。辅助标记通常用字母或特定符号来表示。辅助标记与主标记应该用特定的符号（如"/"）分隔开，以避免混淆。

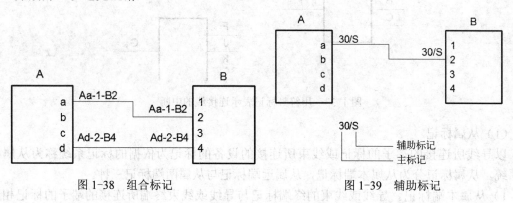

图 1-38　组合标记　　　　　　　　　　　图 1-39　辅助标记

1.6　功能性简图

1.6.1　概略图

概略地表达一个项目的全面特性的简图称为概略图。如图 1-40 所示。电气概略图中的各元器件均为一次设备，如发电机、变压器、开关等，流过这些设备的电流一般为主电流或一次电流。

概略图描述的对象是电气系统或者是分系统，所描述的内容是系统的基本组成和主要特征，而不是系统的全部组成和全部特征。概略图只是描述产品的一个特定的方面，如功能面或产品面，另外，概略图对内容的描述只是概略而不是详细的，而其概略程度则根据描述对象的不同而不同。在概略图中，表示多线系统用单纯表示法，表示系统的构成一般采用图形符号。有时候，电气概略图也可与其他非电过程流程图一起绘制。

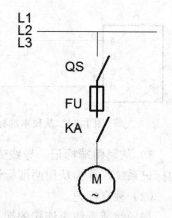

图 1-40　电动机系统概略图

1.6.2　功能图

功能图是表述项目功能信息的简图，如图 1-41 所示。具体而言，功能图就是用理论或理想的电路而不涉及实现方法，用于详细表示系统、分系统、装置、部件、设备、软件等功能的简图。

功能图一般包括以下内容：

1）用功能框或者其他图形符号表示项目。

2）采用连接线反映各部分之间的功能关系，并可以采用文字来加以描述。

图 1-41　信号流动的功能图

3）描述一些其他信息，但一般不包括一些具体的信息。

1.6.3　电路图

电路图是表达项目电路组成或物理连接信息的简图。如图 1-42 所示。换句话说，电路图就是表示系统、分系统、装置、设备等实际电路的简图。电路图中的图形符号表示电气设备、系统等，并按工作顺序和功能来排列，它非常详细而准确地表示电路、设备或成套装置的全部基本组成和连接关系，其主要是表示项目的功能而不考虑项目的实际形状、尺寸与位置。

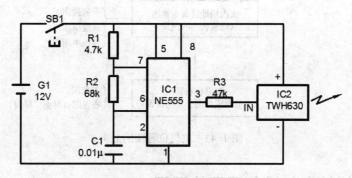

图 1-42　电路图举例

电路图的组成如下：
1）用于表示电气元件或设备的图形符号。
2）用于连接元器件或功能件之间的连接线。
3）用于表示产品功能面、产品面、位置面结构的参考代号。
4）端子代号与用于逻辑信号的电平约定。
5）电路寻迹的必要信息与项目功能必需的补充信息。

1.7　电气位置图

1.7.1　电气位置图的表示方法和种类

1. 电气位置图的表示方法
大多数电气位置图是在建筑平面图基础上绘制的，这种建筑平面图称为基本图。

位置图的布局应清晰，以便于理解图中所包含的信息。对于非电物件，只有其对看图、读图非常重要时，才将其绘制出来，而非电物件与电气物件在绘制上应该有明显区别。为了避免图面过于拥挤，在绘图时应选择适当的比例尺与表示法，另外，文字应该标注在与其他信息不冲突的地方。在电气位置图中，电气元件的表示通常是使用其主要轮廓的简化形状或图形符号，其安装方法、位置与方向也应该在图中加以说明。电气位置图的连接线一般采用单线表示法，只有在需要表示详细复杂连接线时才使用多线表示法。当在图中需要使用项目代号系统时，应该在图中每个图形符号旁标注项目代号。另外，各元件的技术数据应该在元件明细表中详细列出。

2．电气位置图的种类

电气位置图是描述电气设备位置布局的一种图。其分为三种：室外场地设备布置图、室内场地设备布置图、元器件布置图，如图 1-43 所示。

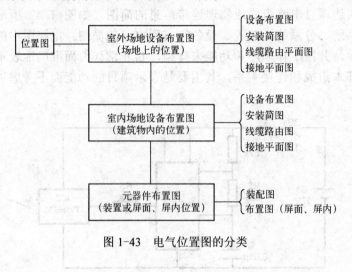

图 1-43　电气位置图的分类

1.7.2　室外场地电气设备配置位置图

室外场地电气设备配置位置图是在建筑总平面图的基础上绘制出来的，它简要地表示建筑物外部的电气装置的布置，对各类建筑物只用外轮廓线绘制的图形表示。如图 1-44 所示。

室外场地电气设备配置位置图分为：设备布置图、安装简图、电缆路由平面图、接地平面图。

1．设备布置图

设备布置图是表现各种电气设备和装置的平面与空间的位置、安装方式及其互相之间的尺寸关的图纸，通常由平面图、立面图、断面图、剖面图及各种构件详图等组成。设备布置图是按三视图原理绘制的。

2．安装简图

室外场地安装简图是补充了电气部件之间连接信息的安装图。

3．电缆路由平面图

电缆路由平面图大多数是以总平面图为基础的一种位置图。在该图中示出了电缆沟、导管线槽、固定件等和实际电缆或电缆束的位置。

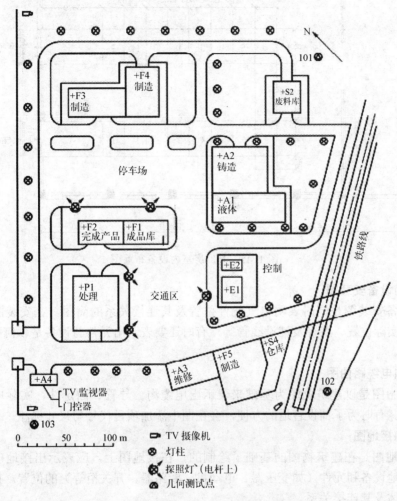

图 1-44 某工厂室外场地电气设备配置位置图

4. 接地平面图

接地平面图可以在总平面图的基础上绘制，接地平面图表示出接地极与接地网的位置，同时也要表示出重要电气元件的脱扣环与接地点。

1.7.3 室内场地电气设备配置位置图

室内场地电气设备配置位置图分为：室内设备布置图、室内设备安装图、室内电缆路由图、室内接地图。

1. 室内设备布置图

室内设备布置图是以建筑图为基础绘制的，用图形符号或简化图形来表示电气设备的元件，在图中表示电气设备之间的实际距离与尺寸等详细信息，而不用给出元件之间的连接信息。如图 1-45 所示。

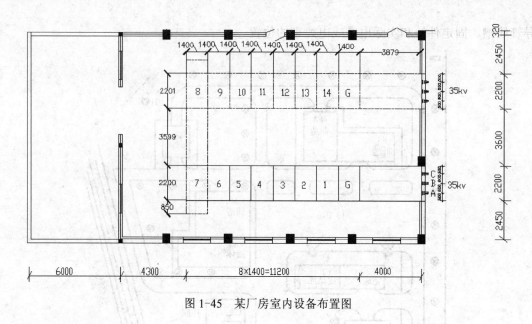

图 1-45　某厂房室内设备布置图

2．室内设备安装图

室内设备安装图是同时表明电气元件位置及其连接关系的简图。在安装图中，应表示出连接线的实际位置、路径及铺设线管等，有时还要表示出元件与设备是以何种顺序连接的等具体情况。

3．室内电缆路由图

电缆路由图是以建筑物图为基础来表示出电缆沟、导管、固定件、实际电缆、电缆束等位置的图。有时为了铺设管道的方便，会在图中添加项目代号与尺寸标注。

4．室内接地图

室内接地图是在建筑物图的基础了绘制的，在接地图上，应表示出接地电极和接地排以及主要接地设备和元件（如变压器、电动机、断路器、开关柜等）的位置。接地图还应表示出接地导体及其连接关系。

1.7.4　装置和设备内电气元器件配置位置图

1．电气装配图

电气装配图是表示电气装置、设备及其组成部分的连接和装配关系的位置图。装配图应该按真实的比例来绘制，应准确地绘制出元器件的形状、尺寸及元器件与安装位置之间的关系和元器件的识别标记。

2．电气布置图

电气布置图是用于表示配电屏、控制屏、电气装置的屏面及屏内设备和元件的布置图。如图 1-46 所示。在图中，应用简化的外形或者其他图形符号的形式，表示出一个项目上的设备与元件的位置，同时，应该在图中加上设备的识别与代号信息。

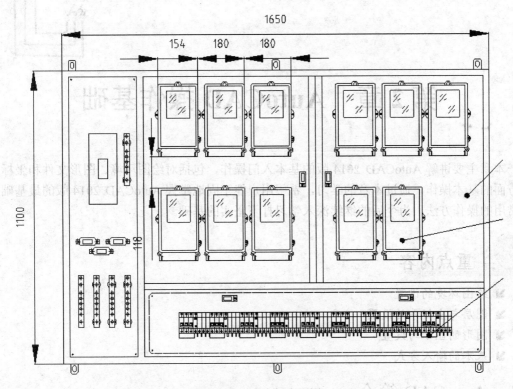

图 1-46　配电柜布置图

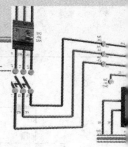

第 2 章　AutoCAD 操作基础

本章主要讲解 AutoCAD 2014 版的基本入门操作，包括对绘图环境、图形文件和坐标系等方面的基本操作，通过本章的学习，希望用户能牢固地掌握 AutoCAD 2014 版的最基础、最常用的操作方法，为今后的继续深入学习打下坚实的基础。

　重点内容

❯ 绘图环境的设置
❯ 图层与坐标系的设置
❯ 图形的显示与设置
❯ 基本的输入方式

2.1　AutoCAD 简介

AutoCAD（Auto Computer Aided Design）是由美国欧特克（Autodesk）公司在 1982 年首次开发的计算机辅助设计软件，广泛地应用于二维绘图、详细绘制、设计文档与基本三维设计等工作中，是世界上最为流行的绘图软件之一。AutoCAD 2014 是 Autodesk 公司推出的最新版本，此版本较以前的版本功能更强，使用户能够更方便地进行图形绘制。

由于 AutoCAD 出色的绘图功能，已经广泛应用于土木建筑、装饰装潢、城市规划、园林、电气、机械、航空航天、轻工化工等诸多设计领域。

2.2　启动与退出

2.2.1　AutoCAD 的启动

启动 AutoCAD 的方法通常有两种。

1）直接双击桌面上的 AutoCAD 快捷方式图标▲。

2）执行菜单命令→"所有程序"→"Autodesk"→"AutoCAD 2014-简体中文（Simplified Chinese）"。

初次启动 AutoCAD 2014，会出现"欢迎"窗口，如图 2-1 所示。该窗口主要介绍了 AutoCAD 2014 的新增功能与快速入门视频教程，有需要的读者可以自行选择观看学习，如果想下次启动时不出现该窗口，可以在该窗口的左下角取消勾选"启动时显示"选项即可。

AutoCAD 2014 启动完成后，会出现如图 2-2 所示的初始界面。

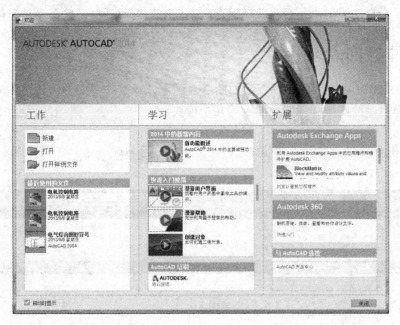

图 2-1 "欢迎"窗口

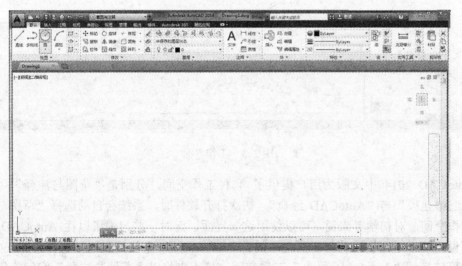

图 2-2 初始界面

2.2.2 AutoCAD 的退出

AutoCAD 的退出有以下三种方法：

1）直接单击 AutoCAD 界面右上角的退出图标 按钮。

2）单击工具栏中"文件"→"退出"按钮。

3）在命令栏中输入"EXIT"，然后按〈Tab〉或〈Enter〉键。

在退出 AutoCAD 之前，需要先保存绘制好的图形文件，然后再退出，如果在未保存的情况下退出，会自动弹出"是否将改动保存到文件中"的对话框，单击"是"按钮即可。

2.3 软件界面及功能

AutoCAD 2014 中文版的工作界面如图 2-3 所示，该工作界面中包含菜单浏览器、标题栏、下拉菜单栏、绘图区和功能区面板等几个模块。

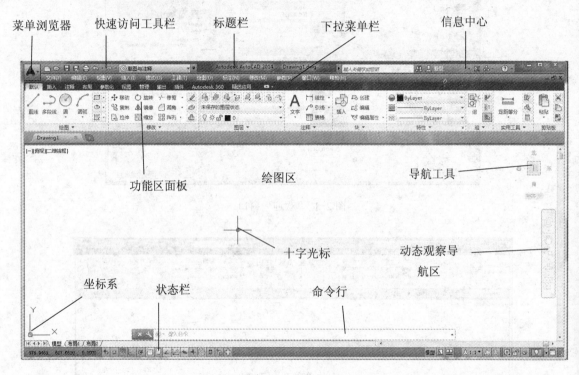

图 2-3 工作界面

AutoCAD 2014 中文版为用户提供了 4 种工作空间，分别是"草图与注释"、"三维基础"、"三维建模"与"AutoCAD 经典"。初次打开软件时，系统会自动选择"草图与注释"这一工作空间，对初学者来说，可以使用这一界面，而对一些习惯了以往 AutoCAD 版本的用户来说，可以单击快速访问工具栏中的 ⊙草图与注释 下拉列表框，选择"AutoCAD 经典"即可转换到"AutoCAD 经典"工作空间。接下来将以"草图与注释"空间为例介绍软件界面及其功能。

1．标题栏

标题栏中包含 4 个模块，即"快速访问工具栏"、"标题栏"、"信息中心"，以及最右侧的"最小化"/"最大化"/"关闭"按钮。

1）快速访问工具栏：在默认的情况下，系统在该栏中定义了新建、打开、保存、放弃等几个常用工具，用户如有需要，可以对其进行自定义。方法是单击该工具栏中的下拉按钮，然后再选择所需的工具即可。

2）标题栏：标题栏表示了 AutoCAD 所打开的图样或文件的名称。

3）信息中心：在信息中心一栏中，用户可以快速便捷地在"帮助"中搜索所需的主题（即"搜索"工具），也可以在此登录 Autodesk360、启动 Autodesk Exchange 应用程序网站、选择保持产品更新并与 AutoCAD 社区联机连接和访问帮助工具。

4）"最小化"、"最大化"、"关闭"按钮：即分别负责窗口的最小化、最大化及关闭。

2．菜单浏览器

菜单浏览器中包含了 AutoCAD 中常用的大部分功能，单击左上角的图标，即可弹出菜单浏览器，如图 2-4 所示，用户选择其中所需的功能，单击相应图标即可执行。

图 2-4　菜单浏览器

3．下拉菜单栏

在默认的"草图与注释"工作空间中是没有显示下拉菜单栏的，此时，用户可以单击快速访问工具中的下拉按钮，选择"显示菜单栏"即可调出下拉菜单栏，如图 2-5 所示。

AutoCAD 中绝大部分命令都可以在下拉菜单栏中找到，如果想显示某个下拉菜单，可以直接单击该菜单项即可显示。

文件(F)　编辑(E)　视图(V)　插入(I)　格式(O)　工具(T)　绘图(D)　标注(N)　修改(M)　参数(P)　窗口(W)　帮助(H)

图 2-5　下拉菜单栏

4．功能区

功能区面板位于绘图区的上方，绘图时许多命令都可以从此处快捷选取，使用起来十分方便。功能区面板由多个选项卡组成，每个选项卡又由多个面板组成，而每个面板上则大量放置了某一类的常用命令，如图 2-6 所示。由于每个面板的面积有限，故不可能放置某一类的全部命令，所以许多命令后面都带有下拉图标，表明该按钮下还有其他的命令，单击该下拉图标即可显示出来。

图 2-6　功能区面板

5．绘图区

绘图区占用了屏幕的大部分区域，是用户的主要工作区域，用户所进行的大部分操作（如图形绘制，文本输入等）均在此显示出来，相当于手工绘图中的图纸。如果用户在使用中，需要较大的绘图区域，则可以关闭其他的一些窗口元素。

绘图区中，除了显示绘图结果外，还会显示当前坐标系，在默认的情况下是使用世界坐标系（WCS），坐标系图标中的 X、Y 分别表明了图形中 X 轴与 Y 轴的方向。

6．命令行

在默认的"草图与注释"工作空间内，命令行与文本窗口处于悬浮状态，用户可以将其拖到绘图区边框的下方，如图 2-7 所示。

命令行是用户进行命令输入和显示 AutoCAD 系统信息的地方，而在命令行的上方就是文本窗口，它显示用户与 AutoCAD 系统之间的对话，同时也记录了用户所有的操作历史，用户可通过滚动文本窗口的滚动条来回看自己详细的操作历史。

图 2-7　命令行

7．状态栏

状态栏位于屏幕的最下端，最左边的是"图形坐标"栏，用于显示当前光标在绘图区的坐标值，用鼠标单击即可关闭，再次单击就开启。状态栏中间的一列图标则是绘图时经常用到的工具，包括"推断约束"、"捕捉模式"、"栅格显示"等。而在状态栏最右边则是"注释比例"、"切换工作空间"等一系列工具。

8．十字光标

十字光标用于绘图和选取对象，相当于手工绘图中的笔，使用起来十分方便。

9．导航工具

导航工具（ViewCube）是用户在二维模型空间或三维视觉样式中处理图形时显示的导航工具。通过导航工具，用户可以在标准视图和等轴测视图间切换。

10．动态观察导航区

动态观察导航区中放置了若干种用于观察图形的工具，分别是：全导航控制盘、平移、范围缩放、动态观察、ShowMotion。而且这个导航区位于绘图区的右方，用户可以非常方便地调用这些功能。

11．坐标系

关于"坐标系"在 2.7 节中已有介绍，在此不再重复。

2.4　绘图环境设置

在使用 AutoCAD 2014 绘图之前，需要对绘图环境进行一些基本的设置，即系统参数设置、绘图界限设置和绘图单位设置。

2.4.1 系统参数设置

在正式绘图前，需进行系统参数设置，其方法是：单击"菜单浏览器"按钮，选择"选项"，即可弹出"选项"对话框，该对话框中有"文件"、"显示"、"打开和保存"、"打印和发布"、"系统"等共 11 个选项卡，如图 2-8 所示。接下来将对这些选项卡一一进行介绍。

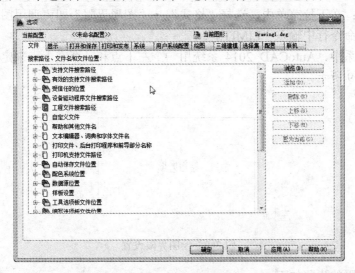

图 2-8 系统参数设置

1）文件：用于显示 AutoCAD 2014 系统中的重要文件的路径，如支持文件搜索路径、工程文件搜索路径和文件源位置等。

2）显示：用于对窗口元素、布局元素、显示精度、性能、十字光标大小和淡入度控制等参数的设置。

3）打开和保存：用于设置文件保存的格式、文件是否自动保存与保存间隔、外部参照等参数的设置。

4）打印和发布：用于选择 AutoCAD 输出设备，通常默认为 Windows 系统的打印机，但可以根据实际需要来选择别的设备。另外，还可以设置打印和发布日志文件和一些常规打印选项。

5）系统：用于对三维性能的设置、当前定点设备的选择以及对提示信息的常规选项的设置。

6）用户系统配置：用于设置 Windows 标准操作、插入比例、坐标数据输入的优先级等选项的设置。

7）绘图：用于设置自动捕捉、自动捕捉标记大小、靶框大小等选项。

8）三维建模：用于设置三维十字光标的显示标签，选择视口中要显示的工具和选择三维导航的方式。

9）选择集：用于设置拾取框大小、夹点尺寸和夹点的显示。

10）配置：用于新建、重命名、删除和选择系统配置文件。

11）联机：用于设置与 Autodesk360 的联机连接。

2.4.2　绘图界限设置

一般而言，在 AutoCAD 2014 中，如果用户没有设置绘图界限，那么 AutoCAD 对绘图范围没有限制，用户可以将绘图区看成是一张无限大的理想图纸。然而，现实中的图纸是有一定范围的，有时为了打印输出的方便或者更好地绘制图形，用户需要对绘图界限进行设置。设置方法是：在下拉菜单中，选择"格式"→"图形界限"即可调用图形界限的命令，或者可以直接在命令行中输入"LIMITS"。

在世界坐标系中，AutoCAD 2014 系统用一个左下点和一个右上点来定义一个矩形的绘图范围，如图 2-9 所示。

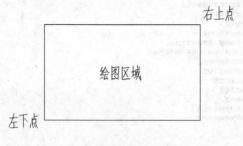

图 2-9　绘图界限设置

设置图形界限的步骤如下：

1）选择"格式"→"图形界限"命令，调用图形界限命令。

2）命令行中出现提示 ⊞ · **LIMITS** 指定左下角点或 [开(ON) 关(OFF)] <0.0000,0.0000>: ，输入左下点坐标（注意，要在英文字符格式下输入坐标值），格式为：输入 X 坐标值，输入英文逗号 "," ，输入 Y 坐标值，然后按〈Enter〉键结束。

3）输入右上点坐标，按〈Enter〉键结束。

另外，在调用"图形界限"命令时，命令行中会有"开(ON)"、"关(OFF)"的提示，这两个相当于图形界限检查的开关，如果选择了"开(ON)"，则在绘图时开启图形界限检查，用户不能在图形界限范围之外的区域进行绘图；如果选择了"关(OFF)"，则关闭图形界限检查，用户可以超出图形界限来绘制图形。

2.4.3　绘图单位设置

AutoCAD 2014 广泛应用于多个领域，各行各业所使用的单位则是千差万别，另外，各个国家之间的单位体系也不尽相同，例如我国使用的是国际单位，而西方国家则大多使用英制单位。所以在绘图前，需要根据行业与项目的实际需要来设置图纸所使用的单位。

在 AutoCAD 2014 中，设置单位的方法如下：单击下拉菜单中的"格式"→"单位"按钮即可弹出"图形单位"对话框。如图 2-10 所示。以下将对对话框中的各个选项作具体介绍。

1）长度类型与精度：在此选项中，用户可以根据实际需要来选择所需的长度类型与精度。系统默认的长度类型是小数，长度精度是小数点后四位。

2）角度类型与精度：在些选项中，用户可能选择所需的角度类型与精度，系统默认的角度类型是十进制度数，角度精度为整数。角度单位中，一般默认逆时针为正方向，但如果勾选了"顺时针"一项，则会变为顺时针为正方向。

3）插入时的缩放单位：此选项控制插入当前图形中的块和图形的测量单位。如果块或图形创建时使用的单位与该选项指定的单位不同，则在插入这些块或图形时，将对其按比例缩放。

4）光源：该选项控制当前图形中光度，控制光源的强度测量单位。

5）"方向"按钮：单击"图形单位"对话框下方的"方向"按钮，会弹出"方向控制"对话框，如图 2-11 所示，该对话框用于选择基准方向，在默认情况下，会选择"东"为基准角度，即 0° 的方向向右。

图 2-10 "图形单位"对话框

图 2-11 "方向控制"对话框

2.5 图形文件操作

AutoCAD 2014 与 Windows 系统一样，为用户提供了多种文件操作命令，使用户能方便快捷地新建、保存、打开与关闭文件。

2.5.1 新建图形

在 AutoCAD 2014 中，新建图形文件的方法有以下 5 种：

1）单击菜单浏览器，选择"新建"命令。

2）在下拉菜单栏中执行"文件"→"新建"命令。

3）在快速访问工具栏中直接单击"新建"按钮 。

4）在绘图区上方，有一栏是用标签来标明现在所用图样的名称的，在标签旁边，有按钮 ，单击它也可以执行"新建"命令。

5）在命令行中输入"NEW"，然后按〈Enter〉键。

执行上述操作后，AutoCAD 2014 系统会自动弹出"选择样板"对话框，如图 2-12 所示，用户只需选中自己所需的样板，单击"打开"按钮即可新建一个图形文件。

图 2-12 "选择样板"对话框

2.5.2 保存图形

在 AutoCAD 2014 中，保存文件的常用方法有以下 3 种：

1）单击菜单浏览器，选择其中的"保存"或"另存为"命令。

2）在下拉菜单栏中单击"文件"→"保存"按钮或"另存为"按钮。

3）在快速访问工具栏中直接单击"保存"按钮 或"另存为"按钮 。

执行上述操作之后，AutoCAD 2014 系统会弹出"图形另存为"对话框，如图 2-13 所示，选择图形的储存路径并命名，单击"保存"按钮。

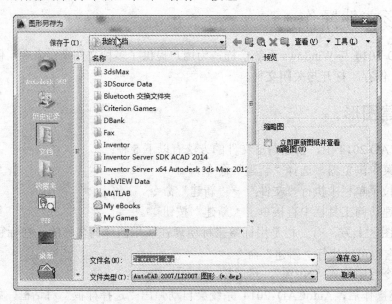

图 2-13 "图形另存为"对话框

2.5.3 打开图形

在 AutoCAD 2014 中，打开图形文件的方法有以下 4 种：

1）单击菜单浏览器，选择"打开"命令。

2）在下拉菜单中执行"文件"→"打开"命令。

3）在快速访问工具栏中直接单击"打开"按钮 。

4）在命令行中输入"OPEN"，然后按〈Enter〉键。

在执行完上述步骤之后，系统会弹出"选择文件"的对话框，如图 2-14 所示，选择需要打开的图形文件，然后单击"打开"按钮即可。

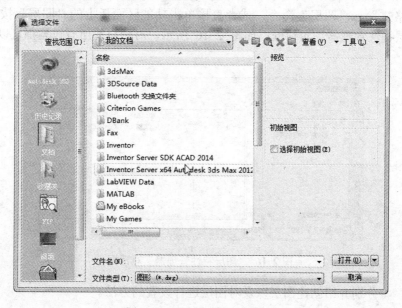

图 2-14 "选择文件"对话框

2.5.4 关闭图形

在 AutoCAD 2014 中，关闭图形文件的方法有以下 3 种：

1）单击菜单浏览器，然后选择"退出 Autodesk AutoCAD 2014"命令。

2）在下拉菜单中选择"文件"→"退出"命令。

3）直接在标题栏的右端单击"关闭"按钮 。

执行上述步骤后，AutoCAD 2014 系统会关闭。如果在关闭前有文件未进行保存，则会提出一个对话框，如图 2-15 所示。如果单击"是"按钮则保存图形并关闭文件，如果单击"否"按钮，则不保存文件并关闭文件，如果单击"取消"按钮，则不执行关闭文件的命令，并返回图形文件中。

图 2-15 "关闭图形"对话框

2.6 图层设置

在 AutoCAD 2014 中，图层是一个用于管理图样的强大工具。简单来说，一个图层相当于一张"透明图样"，而多张"透明图样"的叠加则最终形成了一个完整的图形。用户在绘图的过程中，可以将同一类的图形元素放在一个图层中，如将尺寸标注、中心线、剖面线等各类元素分别设在同一个图层上，归类处理，那样以后在绘制、显示、修改与打印图样时就显得非常方便。

图层的数量可以是无限的，另外，AutoCAD 中的所有图层共用同一坐标系、同一缩放比例与同一图形界限。用户只能在当前的图层上进行绘图。

执行"格式"→"图层"命令，或者直接单击功能区面板上的"图层"按钮 ，系统会弹出"图层特性管理器"对话框，如图 2-16 所示，对图层的所有设置都可以在该对话框内完成。

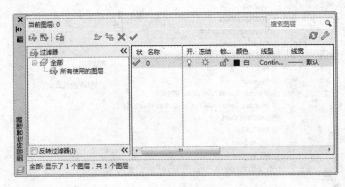

图 2-16 "图层特性管理器"对话框

接下来，将分别介绍创建图层以及对图层进行设置的方法。

1. 新建图层

当新建一个图形文件时，AutoCAD 2014 会自动地新建一个图层 0，在该图层中，线型为"Continuous"（即直线），线宽为"默认"，而图层颜色则为黑色或白色，具体要视绘图区的背景颜色而定。如果背景色为白色，则图层颜色为黑色，如果背景色为黑色，则图层颜色则为白色。需要要注意的一点是，图层 0 所绘制的图形只能在屏幕上显示，而不能打印。用户如果使用其他图层，则需要自己新建。

单击"图层特性管理器"中的"新建图层"命令按钮 即可新建一个图层，如图 2-17所示。如果想命名图层，则单击该图层的"名称"一栏，当该栏处于选中状态且有输入光标时，输入图层的名字，按〈Enter〉键即可（注意，图层 0 的名称与相关设置不能更改）。若想将某个图层置为当前，可以选中该图层，单击对话框中 按钮即可将其置为当前。如果想删除某个图层，只需选中该图层，单击 按钮，即可删除该图层。

新建的图层会自动继承上一个图层的所有特性，如果想更改该图层特性，则要用户自行更改。

2. 设置图形颜色

在绘制图形中，图层的颜色非常重要，它可醒目地区分各种图形元素，而且各个图层的颜色可以相同也可以不同，用户可以根据实际需要进行设置。设置的方法是：单击该图层中"颜色"一栏所对应的图标按钮，如 ■白，即可弹出如图 2-18 所示的"选择颜色"对话框，用户在选中自己所需的颜色之后，单击"确定"按钮即可设置颜色。

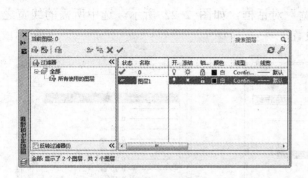

图 2-17　新建图层

图 2-18　"选择颜色"对话框

3. 设置图层线型

在绘图的过程中，用户需要用到各种类型的线条，如实线、虚线、中心线、点画线等，所以就需要对图层的线型作出设置。设置线型时，单击图层中"线型"一栏所对应的图标按钮，如 Continuous，系统会弹出如图 2-19 所示的"选择线型"对话框，在"已加载线型"一栏中选择自己所需的线型，单击"确定"按钮即可。

如果该栏中没有线型符合要求，则可单击"加载"按钮，系统会弹出"加载或重载线型"对话框，如图 2-20 所示。从中选择所需的线型，单击"确定"按钮，即可将线型加载到"选择线型"对话框中。

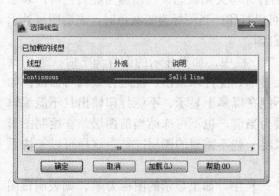

图 2-19　"选择线型"对话框

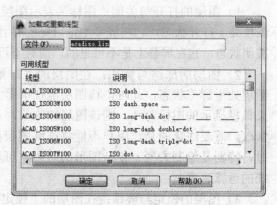

图 2-20　"加载或重载线型"对话框

在实际绘图中，由于画幅可大可小，因此所选线型的比例就不一定符合要求。尤其是使用虚线与中心线时经常出现这种情况。例如在一张较大的图纸中，如果虚线的比例较小，则虚线在图纸中显得像实线一样。所以设置线型的比例就显得非常重要。执行下拉菜单栏中的"格式"→"线型"命令，会弹出"线型管理器"对话框，如图 2-21 所示。选中要设置比例的线型后，单击"显示细节"按钮，则在对话框中会显示线型的"全局比例因子"与"当前对象缩放比例"，在这栏中输入所需的数据，单击"确定"按钮即可完成线型比例的设置。

4. 设置图层线宽

在绘图的过程中，用户需要用到不同粗细的线条，以表达不同的图形，因此就需要对图层的线宽进行设置。在"图层特性管理器"对话框中，单击该图层中"线宽"一栏所对应的图标，例如—— 默认 ，即可弹出"线宽"对话框，如图 2-22 所示。选中所需的线宽之后，单击"确定"按钮即可对线宽进行设置。

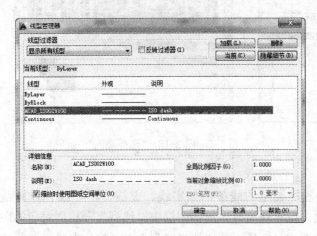

图 2-21 "线型管理器"对话框　　　　　　图 2-22 "线宽"对话框

5. 管理图层状态

用户在绘制图形时，经常会因各种需要而去调整图层的状态，如调整图层的打开与关闭、锁定与解锁等，下面将介绍图层的状态及其设置方法。

1）图层的打开与关闭：图标 ♀ 表示图层的打开与关闭状态，当图标为亮黄色时，表示图层处于打开状态，它在屏幕上是可见的并且可以打印；当图标为暗灰色时，表明图层处于关闭状态，它在屏幕上是不可见的，而且不可打印。

2）图层的冻结与解冻：在图层的"冻结"一栏中，如果显示的图标为 ☼ 时，表明该图层处于解冻状态，此时，该图层能在屏幕上显示、能打印输出、能进行编辑与修改；如果该栏显示的图标为 ❀ ，则该图层被冻结，不能在屏幕上显示、不能打印输出且不能编辑修改。需要注意的是，用户不能将冻结图层设为当前，也不可冻结当前图层。在绘制图形时，特别是绘制大型、复杂图形的时候，可以将一些不需要的图层冻结，这样可以加快系统的运算速度。

3）图层的锁定与解锁：在图层的"锁定"一栏中，如果显示的图标为 ◪ ，则表明该图层已被解锁，该图层上的图形可以进行编辑，也可以在屏幕上显示与打印输出；如果该栏中显示的图标为 🔒 ，表明该图层已经被锁定，该图层上的图形不能被编辑、修改，但依然可以在屏幕上显示和打印输出。

4）图层是否能打印：在图层的"打印"一栏中，如果显示的图标为 ⊜ ，表明该图层上的图形可以被打印输出；如果显示的图标为 ⊘ ，则表明该图层中的图形不能被打印输出。

2.7 坐标系

在 AutoCAD 2014 中，有两种坐标系：世界坐标系（WCS）与用户坐标系（UCS）。两种坐标系均能实现用坐标（X,Y）来精确定位点。

新建一个图形文件的时候，在默认的情况下，系统会自动配置一个坐标系，即世界坐标系（WCS），如图 2-23 所示。世界坐标系有 X 轴与 Y 轴，两坐标轴的交点为坐标原点，原点处有一个方框。绘图时，所有点的坐标均以原点作为参考。

有时为了更好地绘图，在世界坐标系不能满足用户需求的时候，可以对图纸的坐标系进行调整，即使用用户坐标系（UCS）。用户坐标系也有 X 轴与 Y 轴，两坐标轴交点处为坐标原点，但与世界坐标系不同的是，它的原点处没有方框符号，如图 2-24 所示。下面将介绍如何新建一个用户坐标系并对其进行设置。

图 2-23　世界坐标系（WCS）　　　　图 2-24　用户坐标系（UCS）

1. 新建用户坐标系

在新建用户坐标系时，可以在原来坐标系的基础上，对坐标系进行旋转、原点平移等操作。下面以一个例子来说明如何新建一个用户坐标系。

执行下拉菜单栏中的"工具"→"新建 UCS"→"原点"命令后，会出现一个随光标移动的坐标系，如图 2-25 所示。接着可以用鼠标在屏幕上选取一点作为坐标原点，或者在命令行中输入新坐标原点在原坐标系中的坐标值，按〈Enter〉键即可新建一个用户坐标系。

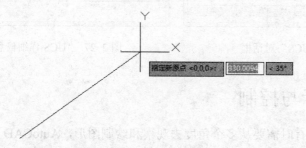

图 2-25　随光标移动的坐标系

其实新建一个用户坐标系的方法比较多样，接下来将逐一进行介绍。

1）世界⌾：其作用是将当前用户坐标系设置为世界坐标系。

2）上一个⌾：恢复上一个用户坐标系。

3）面⌾：将用户坐标系与三维实体上的面对齐。

4）对象⌾：将用户坐标系与选定对象对齐。

5）视图⌾：将用户坐标系的 XY 平面与屏幕对齐。

6）原点⌾：通过移动原点来定义新的用户坐标系。

7）Z 轴矢量⊾：将用户坐标系与指定的正向 Z 轴对齐。

8）三点⊾：使用三个点定义新的用户坐标系。

9）X⊾：绕 X 轴旋转用户坐标系。

10）Y⊾：绕 Y 轴旋转用户坐标系。

11）Z⊾：绕 Z 轴旋转用户坐标系。

2. UCS 的命名与使用

新建了一个用户坐标系之后，如果想对其重新命名，可以执行下拉菜单栏的"工具"→"命名 UCS"命令，系统会弹出"UCS"对话框，如图 2-26 所示。单击"当前 UCS"一栏中的"未命名"，当出现输入光标时，输入 UCS 的名字，按〈Enter〉键即可完成命名。

如果有多个用户坐标系，用户想使用别的 UCS 时，可以在"当前 UCS"一栏中双击所选中的 UCS，或者单击所选中的 UCS，然后单击 置为当前(C) 按钮即可选用。

对于一个用户坐标系，如果用户想了解其详细信息，可以在"当前 UCS"一栏中选中某一个 UCS，然后单击 详细信息(T) 按钮，会弹出如图 2-27 所示的对话框，对话框中详细列出了该用户坐标系的信息。

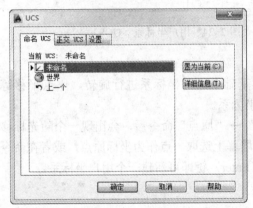

图 2-26 "UCS"对话框

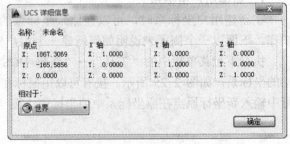

图 2-27 "UCS 详细信息"对话框

2.8 图形显示与控制

在绘制图形时，有时需要从多个角度去观察和绘制图形，AutoCAD 2014 为用户提供了丰富的图形显示与控制的命令，方便用户从多角度去观察和绘制图形。

2.8.1 图形的平移与缩放

在绘制图形时，用户常常需要将图形放大或缩小，有时还要平移图形，以方便观察图形的局部与整体，从而提高绘图的效率与准确性。

1. 缩放图形

图形的缩放是指图形的缩小与放大，这种缩放只是屏幕显示上的缩放，相当于用放大镜来观察图形，而图形的实际尺寸并没有因此而改变。实现图形缩放有以下两种方法：

1）直接滚动鼠标滚轮来实现图形的缩放。

2）在下拉菜单栏中执行"视图"→"缩放"命令，然后选择其中的子命令来实现图形的缩放。

2．平移图形

平移图形相当于移动图形来观察图形的各个部分，以便更清楚地去了解图形。平移图形的常用方法有以下两种：

1）直接按下鼠标中键不放，光标会自动变成图标 🖐，然后移动鼠标，即可平移图形。

2）执行下拉菜单栏中的"视图"→"平移"命令，然后选择其中的子命令来实现平移视图。

2.8.2 图形的重生成

在绘制图形的时候，有时会残留一些小标记，在图形缩放时，也可能使圆弧上出现"棱角"，从而影响了图形的显示质量。为了更好地显示图形，提高图形的质量，此时就需要执行"重生成"命令，"重生成"命令可以在当前视口中重生成整个图形并重新计算所有对象的屏幕坐标。并且重新创建图形数据库索引，从而优化显示和对象选择的性能，执行该命令的效果如图 2-28 所示。如果图形较为复杂，则执行重生成需要要较大的运算量，所消耗的时间较长。

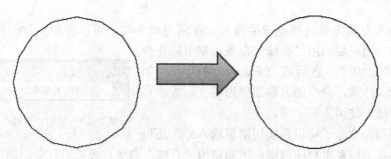

图 2-28 执行"重生成"命令的效果

2.8.3 鸟瞰视图

就像飞行员在飞机上俯瞰大地一般，通过鸟瞰视图功能在图中能显示整张图样。鸟瞰视图是一个定位工具，为用户提供了一种可视化的缩放与平移的操作方法。由于鸟瞰视图是在一个独立的窗口中显示整张图样，所以在平移与缩放图形时就显得非常方便。

在 AutoCAD 2014 的"草图与注释"的工作环境中，由于下拉菜单栏中没有鸟瞰视图的命令选项，所以初次使用鸟瞰视图的方法是：在命令行中输入"DEFINE"然后按〈Enter〉键，接着输入"DSVIEWER"，然后按〈Enter〉键，再输入"DSVIEWER"然后按〈Enter〉键，此时系统弹出"鸟瞰视图"窗口，如图 2-29 所示。下次使用"鸟瞰视图"命令时，只需在命令行中输入"DSVIEWER"即可。

1．使用"鸟瞰视图"平移图形

在"鸟瞰视图"窗口中，将光标移到绿色图框内，单击鼠标左键，然后移动鼠标，即可在视图中平移图形，结束平移时只需单击鼠标右键。

2．在"鸟瞰视图"窗口中缩放图形

"鸟瞰视图"窗口中的图形可以实现缩放，以便更好地观察图形。

1）放大：将"鸟瞰视图"窗口中的图形放大一倍。

2）缩小：将"鸟瞰视图"窗口中的图形变为原来的1/2。

3）全局：可在"鸟瞰视图"窗口中显示整张图样。

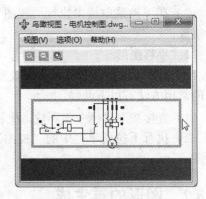

图 2-29 "鸟瞰视图"窗口

2.9 基本输入操作

命令是 AutoCAD 绘制与编辑图形的核心，而键盘和鼠标是输入和执行命令的主要工具，两者通常需要结合使用。键盘主要用于输入命令与相关参数，而鼠标则主要用于执行所激活的命令。接下来将介绍如何输入与执行命令。

2.9.1 命令输入方式

命令的输入方式主要是通过键盘输入，在调用命令时，可以在命令行中直接输入命令的名称，例如，用户要调用"直线"命令，则可以在命令行中输入"LINE"，然后按〈Enter〉键即可，如图 2-30 所示。注意，命令的名称须使用英文，大小写均可，本书中统一使用大写字母。

图 2-30 调用"直线"命令方式 1

另外，调用命令除了可以直接用键盘输入外，还可以直接用鼠标在下拉菜单栏中调用，例如调用"直线"命令，可以执行"绘图"→"直线"命令，如图 2-31 所示。或者在功能面板区的选项卡中直接单击该命令的图标，如图 2-32 所示。

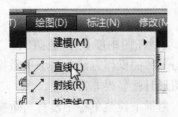

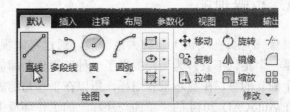

图 2-31 调用"直线"命令方式 2   图 2-32 调用"直线"命令方式 3

在执行命令的时候，经常需要使用相关的参数，例如点的坐标、线的长度和圆的半径等，这些参数的输入都是由键盘来完成的。

2.9.2 命令执行方式

命令的执行主要通过鼠标来完成，例如通过鼠标控制光标在屏幕中选取对象，通过按动鼠标键来执行相应的命令与动作等。下面将对鼠标键的功能作详细的介绍。

1）鼠标左键：该键通常用于选取屏幕中的对象，如拾取点、选择图形中的线条等，还可以用来调用命令（如下拉菜单栏与功能区选项卡中的命令），通过单击左键来完成上述操作。

2）鼠标右键：通过点击右键，可以弹出快捷菜单，如图 2-33 所示。不同的命令状态下，弹出的快捷菜单也不相同。该功能经常用于确定、取消或放弃当前命令，或者重复上一个命令。

3）鼠标右键与〈Shift〉键结合使用：在按下〈Shift〉键的同时再单击鼠标右键，会弹出一个快捷菜单，通常为对象捕捉菜单，如图 2-34 所示。

图 2-33　快捷菜单

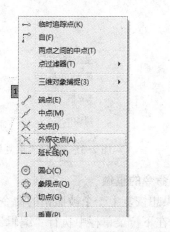

图 2-34　对象捕捉菜单

2.9.3　命令的重复、撤销及重做

在绘图时，用户可以非常方便地连续重复使用同一命令，也可以对上一次执行的命令进行撤销，而对所撤销的命令也可以进行重做，这样，在绘图时就显得十分方便灵活，提高了绘图的效率。

1．命令的重复

在绘图时，用户经常会重复使用同一个命令，如果每次使用都要重新进行调用则显得十分麻烦，也会令绘图效率下降。所以 AutoCAD 中命令重复功能就显得十分方便。命令重复的方法有以下两种：

1）在结束使用上一个命令之后，可以按一下〈Enter〉键或者〈Tab〉键，则可重新调用上一个命令。

2）在上一个命令结束之后，在绘图区单击鼠标右键，会弹出一个快捷菜单，选择其中的"重复"选项。如图 2-35 所示。

2．命令的撤销

在执行完一个命令之后，如果对上一个命令的执行不够满意，则可以直接使用"命令撤销"的功能，命令撤销的方法有以下两种：

1）在下拉菜单栏中执行"编辑"→"放弃"命令即可撤销上一个命令。

2）在快速访问工具栏中单击"放弃"命令按钮，即可撤销上一个命令。如果单击"放弃"图标按钮右边的下拉菜单图标按钮，可以撤销之前连续执行的一组命令。如图 2-36 所示。

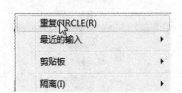

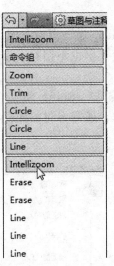

图 2-35 选择"重复"选项   图 2-36 撤销命令

3．命令的重做

如果想恢复上一个被撤销的命令，可以使用命令重做的功能，使用方法有以下两种：

1）在下拉菜单栏中执行"编辑"→"重做"命令即可恢复上一个被撤销的命令。

2）在快速访问工具栏中单击"重做"命令图标按钮，可以重做上一个被撤销的命令。如果单击"重做"按钮右边的下拉菜单图标按钮，在下拉菜单中选择一组被撤销的命令，则可重做该组命令。

2.9.4 坐标系统与数据的输入方法

坐标系是 AutoCAD 精确绘图的基础，坐标系的使用，使用户可以非常精确地定位点。在 AutoCAD 2014 中，通常使用两种坐标系，即直角坐标系与极坐标系。

1）直角坐标系：也叫笛卡尔坐标系，是由 X 轴与 Y 轴构成，两坐标轴的单位长度相同，X 轴与 Y 轴相交于一点，且成 90° 直角，其相交点称为原点，如图 2-37 所示。

2）极坐标系：在平面内由极点、极轴和极径组成的坐标系。在平面上取定一点 O，称为极点。从 O 出发引一条射线 OX，称为极轴。再取定一个长度单位，通常规定角度取逆时针方向为正。这样，平面上任一点 P 的位置就可以用线段 OP 的长度 ρ 以及从 OX 到 OP 的角度 θ 来确定，有序数对（ρ，θ）就称为 P 点的极坐标，记为 P（ρ，θ）；ρ 称为 P 点的极径，θ 称为 P 点的极角，如图 2-38 所示。

在不同坐标系中，数据的输入方式也不相同，就算在同一坐标系中，坐标也分为绝对坐标与相对坐标，它们的输入方式也不相同。总体来说，坐标系分为 4 种：绝对直角坐标、相对直角坐标、绝对极坐标、相对极坐标。

1）绝对直角坐标：是指相对于直角坐标系原点的坐标，其参考点是坐标原点。其表示方法是（x,y），如图 2-39 的 A 点所示。

图 2-37　直角坐标系　　　　　图 2-38　极坐标系

2）相对直角坐标：是指在直角坐标系中，当前点相对某一点的位置的坐标，是当前点相对某一点在 X 轴、Y 轴上的位移。其表示方法是在绝对直角坐标中加上"@"符号，如（@x1,y1）。如图 2-39 的 B 点所示。

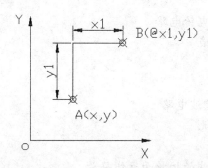

图 2-39　绝对直角坐标与相对直角坐标的输入方式

3）绝对极坐标：是指在极坐标系中，某点相对于极点的位置的坐标，是以极点为参考对象的。其表示方法是（ρ<θ），如图 2-40 的 C 点所示，注意这与数学上常用的表示方式（ρ，θ）不同。

4）相对极坐标：是指在极坐标系中，当前点相对某点的相对位置，其值是当前点相对某点的直线距离和当前点与某点的连线相对极轴的夹角，正方向依然是逆时针方向，其表示方法是在绝对极坐标的前面加"@"，即（@ρ1<θ1），如图 2-40 中的 D 点所示。

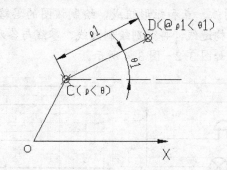

图 2-40　绝对极坐标和相对极坐标的输入方式

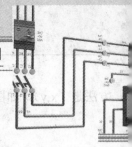

第 3 章 基本图形的绘制

二维绘图是 AutoCAD 2014 中的基本功能，任何复杂的图形均是由点和线构成的。本章将着重介绍点、直线、圆、矩形、多边形等基本图形的绘制。在本章中，会首先通过一个简单的实例，将几个基本图形绘制功能引入并随后进行详细讲解。

 重点内容

- ➥ 实例·模仿——电灯电铃电路
- ➥ 绘制构造线、直线和点
- ➥ 绘制圆及圆弧
- ➥ 绘制圆、圆弧和矩形
- ➥ 实例·模仿——LC 滤波电路
- ➥ 绘制多段线及正多边形
- ➥ 绘制等分点与样条线
- ➥ 要点·应用——带馈线的抛物面天线符号
- ➥ 能力·提高——晶体管电路图

3.1 实例·模仿——电灯电铃电路

在本节中，将绘制如图 3-1 所示的电灯电铃电路。

思路·点拨 ✍

该图形由直线、圆、圆弧、点和矩形组成，绘制该图的思路大致如下：先根据元器件与导线的位置绘制四条水平构造线，再分别绘制火线、零线与各元器件，最后用导线连接各元器件即可完成全图。过程如图 3-2 ~ 图 3-4 所示。

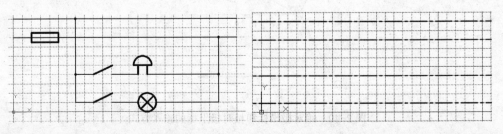

图 3-1　电灯电铃电路　　　　　图 3-2　绘制水平构造线

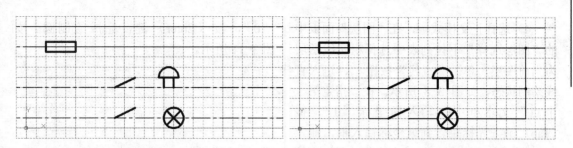

图 3-3　绘制各元器件　　　　　图 3-4　用导线连接各元器件并隐藏构造线

起始文件——附带光盘"Source File\Start File\Ch3\3-1.dwg"

结果文件——附带光盘"Source File\Final File\Ch3\3-1.dwg"

动画演示——附带光盘"AVI\Ch3\ 3-1.avi"

【操作步骤】

1）单击"图层特性🖳"按钮，打开图层特性管理器，新建图层，如图 3-5 所示。

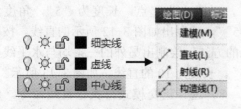

图 3-5　新建图层

2）在"图层"面板中的"图层选择"下拉列表中选择中心线图层为当前图层，然后执行"绘图"→"构造线"命令，如图 3-6 所示。

图 3-6　执行构造线命令

构造线的固定点坐标为（0，100），在固定点的横坐标中输入 0，按〈Tab〉键，光标跳至下一个输入框中，输入纵坐标"100"，按〈Enter〉键，完成固定点的定位。然后会出现"指定通过点"的文本框，拖动鼠标，按〈Enter〉键，在角度输入框中输入 180°，按〈Enter〉键，完成构造线的绘制。如图 3-7 所示。

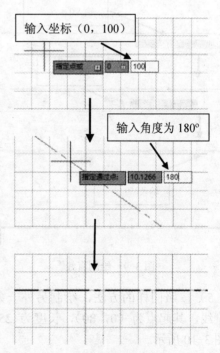

输入坐标（0，100）

输入角度为 180°

图 3-7　绘制构造线

3）与上述方法相似，以点（0，80）、（0，40）、（0，10）为固定点分别绘制另外的 3 条水平构造线，如图 3-2 所示。

4）选择正交模式，在"图层"面板中的"图层选择"下拉列表中选择粗实线图层为当前图层，单击"直线"按钮，进入直线绘制状态，如图 3-8 所示。在"指定第一个点"文本框中，输入横坐标"0"，按〈Tab〉键，光标跳转到纵坐标输入框，输入100，按〈Enter〉键，然后水平移动鼠标，然后在长度输入框中输入长度 250；按〈Enter〉键，完成直线的绘制，再按〈Enter〉键，结束直线命令，如图 3-9 所示。

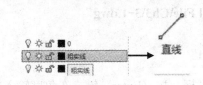

图 3-8 选取直线命令

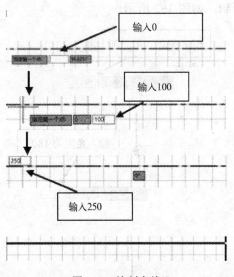

图 3-9 绘制直线

5）按照同样的方法，绘制另外一条水平直线，其起点为（0，80），长度为 250。如图 3-10 所示。

6）单击圆命令按钮，进入绘制圆的命令状态，以点（150，10）为圆心，在"指定圆的圆心"输入框中输入横坐标"150"，按〈Tab〉键，输入纵坐标"100"，按〈Enter〉键，然后在半径输入框中输入

"10"，按〈Enter〉键，完成绘制圆，如图 3-11 所示。

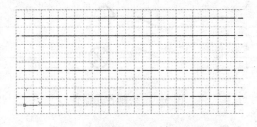

图 3-10 绘制另外一条水平直线

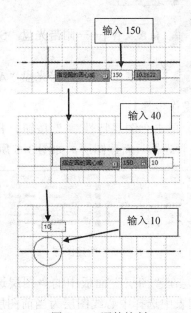

图 3-11 圆的绘制

7）取消正交模式，执行直线命令按钮，以圆心为起点，长度为"5"，角度为"45°"，绘制出如图 3-12 所示的直线。按类似的方法，绘制出另外的三条均与水平线呈45°，长度为 10 的直线，如图 3-13 所示。

8）选择正交模式，执行直线命令，起点为（140，40），然后向上拖动鼠标，长度选择为"10"，然后绘制另一直线，起点为（150，40），长度为"10"；再绘制一水平直线，起点为（135，50），长度为"20"，如图 3-14 所示。

9）单击圆弧命令中的下拉按钮，选取按钮，进入绘制圆的状态。首先以

水平直线的右端点作为圆弧的起点，以直线的左端点作为圆弧的终点，然后输入半径值为"10"，按〈Enter〉键，完成圆弧的绘制，如图 3-15 所示。

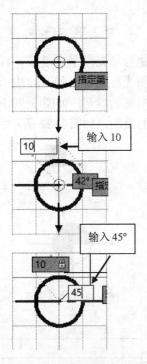

图 3-12 绘制直线 1

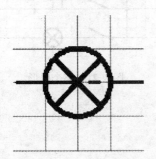

图 3-13 绘制直线 2

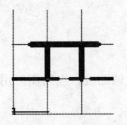

图 3-14 绘制直线 3

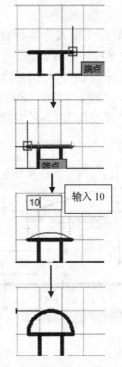

图 3-15 圆弧的绘制

10）取消正交模式，单击直线命令，分别以点（90，40）、（90，10）为起点，长度为 23，角度为 25°，绘制两条直线。如图 3-16 所示。

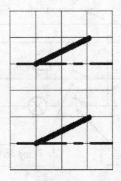

图 3-16

11）选取矩形命令按钮 ，在"指定第一个触点"的输入框中输入"20"，按〈Tab〉键，再输入纵坐标"85"，按〈Enter〉键，在"指定另一个角点"输入框中输入"30"，按〈Tab〉键，再输入"-10"，按〈Enter〉键，完成矩形的绘制，如图 3-17

所示。

12）选取正交模式，执行直线命令，把图 3-18 中的坐标绘制或直线。

13）执行圆命令，分别以点（70，100）、（70，40）、（230，80）与（230，10）为圆心，半径均为 1，绘制圆，如图 3-19 所示。

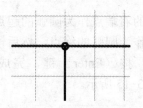

图 3-19　绘制圆

14）执行填充命令按钮，再选择 solid 图案，用光标选取步骤 13）中所画的两个圆，进行图案的填充，如图 3-20 所示。完成整个图形的绘制，如图 3-21 所示。

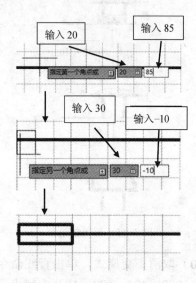

图 3-17　矩形绘制

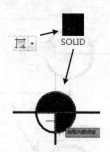

图 3-20　填充图形

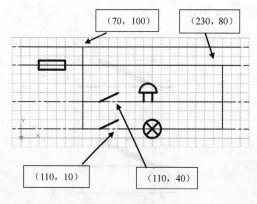

图 3-18　绘制导线

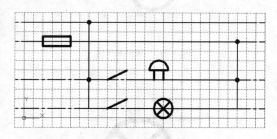

图 3-21　整个图形

3.1.1　构造线

构造线是一条通过指定点的无限延长的直线，常用做辅助线，在绘图时用于参考。其中，构造线所通过的指定点被称为构造线的中点。

调用构造线命令的方法通常有以下两种：

1）在工具选项卡中的绘图面板上，单击 绘图▼ ，在展开工具栏中选取构造线 ✐ 。

2）单击下拉菜单栏中的"绘图"→"构造线"命令，调用构造线命令。

1．绘制水平构造线

在绘图时，经常需要用到一些水平的构造线，下面将介绍如何绘制水平构造线。

单击构造线按钮 ✐ ，在命令行中输入"H"，然后按〈Enter〉键，最后在屏幕中指定构造线的中点，单击左键，即可绘制水平构造线，如图 3-22 所示。

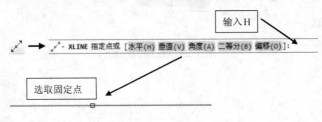

图 3-22 绘制水平构造线

2．绘制垂直构造线

如果要绘制的构造线是垂直的，则单击构造线命令按钮 ✐ ，在命令行中输入"V"，然后在屏幕中选择构造线的中点，单击左键即可完成垂直构造线的绘制。

3．绘制带角度的构造线

如果要绘制的构造线既不水平也不垂直，即带有一定的角度，则单击构造线命令按钮 ✐ ，在命令行中输入"A"，然后在"输入构造线的角度"文本框中输入与 X 轴的夹角，按〈Enter〉键，然后在屏幕中选取构造线的中点即可完成绘制，如图 3-23 所示。

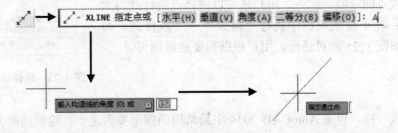

图 3-23 绘制带角度的构造线

3.1.2 直线

直线是 AutoCAD 2014 绘图时使用得最多的图形要素，它可以组成大部分常见的图形。下面将介绍如何绘制直线。

调用直线命令通常有以下两种方法：

1）在下拉菜单栏中执行"绘图"→"直线"命令。

2）在工具选项卡的"默认"面板中直接单击直线命令按钮 ✐ 。

绘制直线的步骤为：单击直线命令按钮 ✐ ，在"指定第一个点"的文本框中输入第一个点的横坐标，按〈Tab〉键，再输入第一个点的纵坐标，按〈Enter〉键，接着输入直线的长度与角度，按〈Enter〉键即可完成的直线的绘制。如图 3-24 所示。

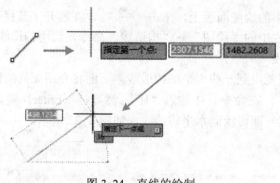

图 3-24　直线的绘制

3.1.3　点

在 AutoCAD 2014 中，点通常用做节点或参考点。点的命令分为单点和多点，单点一次只能绘制一个点，而多点则可一次绘制多个点。

点命令的调用方法通常有以下两种方法：

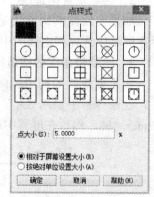

1）在工具选项卡中的绘图面板上，单击按钮 绘图 ▼ ，在展开工具栏中单击选取多点按钮 。

2）在下拉菜单栏中执行"绘图"→"点"命令，选取"单点"或"多点"。

调用点命令后，移动光标，在屏幕中相应的位置单击左键，即可完成点的绘制。此外，用户还可以选择点的样式与大小。方法是：在下拉菜单栏中执行"格式"→"点样式"命令，会弹出如图 3-25 的对话框，用户根据需要选取即可。

图 3-25　选择点的样式与大小

3.1.4　圆

圆与直线一样，也是 AutoCAD 2014 中最常用的图形要素之一，绘制圆的方法有多种，以下将对其一一介绍。

1. 圆命令的调用方法

1）在工具选项卡的"默认"面板上直接单击"圆"命令按钮 。

2）在下拉菜单栏中执行"绘图"→"圆"命令。

3）在命令行中直接输入"circle"，然后按〈Enter〉键即可调用。

2. 多种绘制圆的方式

（1）圆心，半径

该命令是用圆心与半径来确定一个圆，其操作方式如下：单击圆命令按钮中的下拉菜单按钮 ，执行其中的"圆心，半径"命令按钮 圆心，半径 ，然后在屏幕中选取一点作圆心或者输入圆心坐标，接着输入半径的值，按〈Enter〉键，即可完成圆的绘制，如图 3-26 所示。

（2）圆心，直径

该命令是用圆心与直径来确定一个圆，其操作方式为：单击圆命令按钮中的下拉菜单按钮圆，选择其中的"圆心，直径"命令按钮⊘圆心，直径，然后在屏幕中选取一点作圆心或者输入圆心坐标，接着输入直径的值，按〈Enter〉键，即可完成圆的绘制，如图 3-27 所示。

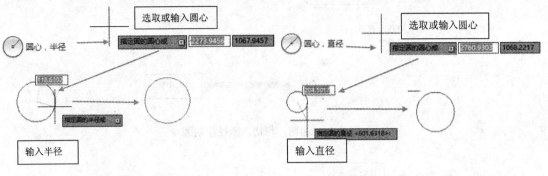

图 3-26　圆心，半径绘制圆　　　　　　图 3-27　圆心，直径绘制圆

（3）两点

该命令是用直径上的两点来绘制圆，其操作方式为：单击圆命令按钮中的下拉菜单按钮圆，选择其中的"两点"命令按钮⊙两点，然后在屏幕中选取一点作直径起点或者输入点的坐标，接着选取或者输入直径上的另一点，按〈Enter〉键，即可完成圆的绘制。如图 3-28 所示。

（4）三点

三点法绘制圆是用圆周上的三点来创建圆。其操作方法是：单击圆命令按钮中的下拉菜单按钮圆，选择其中的"三点"命令按钮⊙三点，然后在屏幕中选取或输入三个点，按〈Enter〉键，即可完成圆的绘制。如图 3-29 所示。

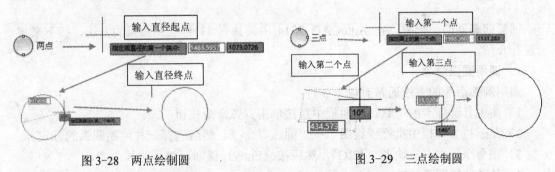

图 3-28　两点绘制圆　　　　　　　　　图 3-29　三点绘制圆

（5）相切，相切，半径

该命令是用以指定半径创建一个相切于两个对象的圆。其操作方法是：单击圆命令按钮中的下拉菜单按钮圆，执行其中的"相切，相切，半径"命令按钮⊘相切，相切，半径，先选择两个与圆相切的对象，再输入半径，按〈Enter〉键，即可完成圆的绘制，如图 3-30 所示。

（6）相切，相切，相切

该命令是用三个与圆相切的对象来创建圆。其操作方法是：单击圆命令按钮中的下拉菜单按钮圆，执行其中的"相切，相切，相切"命令按钮⊙相切，相切，相切，然后先后选择三个与圆相切的对象，即可完成圆的绘制，如图 3-31 所示。

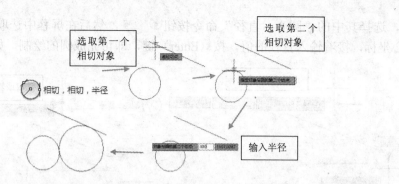

图 3-30　相切，相切，半径绘制圆

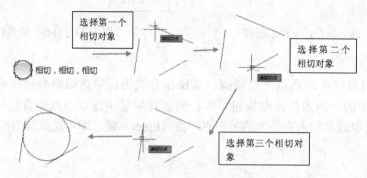

图 3-31　相切，相切，相切绘制圆

3.1.5　圆弧

圆弧即是圆的一部分，在 AutoCAD 2014 中，共有 11 种绘制圆弧的方法，接下来将一一进行介绍。

1. 调用圆弧命令

调用圆弧命令的方法通常有以下 3 种：

1）在工具选项卡的"默认"面板中直接单击圆弧命令按钮 。

2）在下拉菜单栏中执行"绘图"→"圆弧"命令，然后选择一种绘制圆弧的方式。

3）在命令行中直接输入"ARC"，然后按〈Enter〉键即可调用圆弧命令。

2. 多种绘制圆弧的方式

（1）三点

该命令是用圆弧上的三点来创建圆弧，如图 3-32 所示。其操作方式如下：单击圆弧命令的下拉按钮，选取"三点"命令按钮 ，进入圆弧绘制状态，然后分别在屏幕中选取三点，即可完成圆弧的绘制，如图 3-33 所示。

（2）起点，圆心，端点

该命令是用起点、圆心和端点来创建圆弧，如图 3-34 所示。其操作方法为：单击圆弧命令的下拉按钮，选取"起点，圆心，端点"命令按钮 ，进入圆弧绘制状态，然后分别在屏幕中选取圆弧起点、圆心、圆弧端点，即可完成圆弧的绘制，如图 3-35 所示。

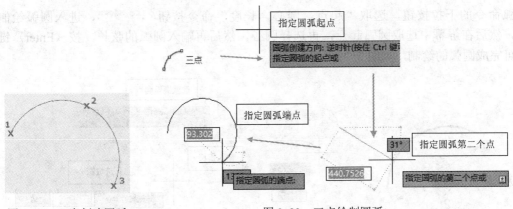

图 3-32 三点创建圆弧　　　　　图 3-33 三点绘制圆弧

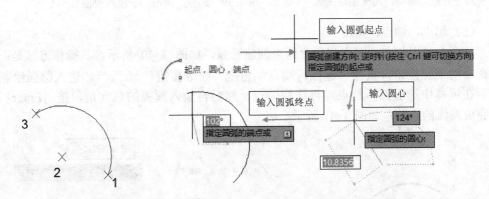

图 3-34 起点、圆心、端点创建圆弧　　　图 3-35 起点，圆心，端点绘制圆弧

（3）起点，圆心，角度

该命令是用圆弧起点，圆心与包含角来创建圆弧，如图 3-36 所示。其操作方法是：单击圆弧命令的下拉按钮，选取"起点，圆心，角度"命令按钮 ，进入圆弧绘制状态，然后在屏幕中选取圆弧起点，再选择圆心，然后再输入圆弧的包含角，按〈Enter〉键，即可完成圆弧的绘制，如图 3-37 所示。

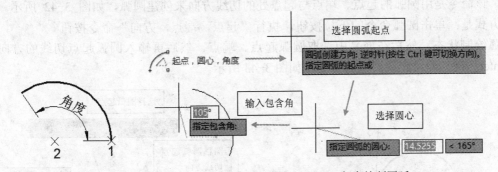

图 3-36 起点，圆心，角度创建圆弧　　　图 3-37 起点，圆心，角度绘制圆弧

（4）起点，圆心，长度

该命令是用圆弧起点，圆心与弦长来创建圆弧，如图 3-38 所示。其操作方式是：单击

圆弧命令的下拉按钮，选取"起点，圆心，长度"命令按钮，进入圆弧绘制状态，然后在屏幕中选取圆弧起点，再选择圆心，然后再输入圆弧的弦长，按〈Enter〉键，即可完成圆弧的绘制，如图3-39所示。

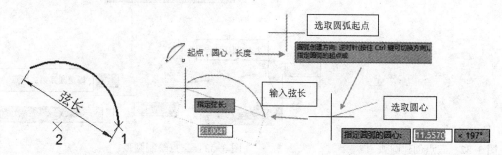

图 3-38　起点，圆心，角度创建圆弧　　　图 3-39　起点，圆心，长度绘制圆弧

（5）起点，端点，角度

该命令是用起点，端点与包含角来创建圆弧，如图 3-40 所示。其操作方法是：单击圆弧命令的下拉按钮，执行"起点，端点，角度"命令按钮，进入圆弧绘制状态，然后在屏幕中选取圆弧起点，再选择端点，然后再输入圆弧的包含角，按〈Enter〉键，即可完成圆弧的绘制，如图 3-41 所示。

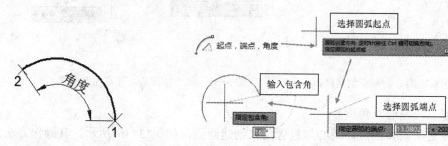

图 3-40　起点，端点，角度创建圆弧　　　图 3-41　起点，端点，角度绘制圆弧

（6）起点，端点，方向

该命令是用圆弧的起点、端点与起点处的切线方向来创建圆弧，如图 3-42 所示。其操作方式是：单击圆弧命令的下拉按钮，执行"起点，端点，方向"命令按钮，进入圆弧绘制状态，然后在屏幕中选取圆弧起点、端点，然后再输入圆弧起点切线的方向，按〈Enter〉键，即可完成圆弧的绘制，如图 3-43 所示。

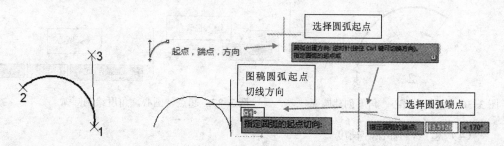

图 3-42　起点，端点，方向创建圆弧　　　图 3-43　起点，端点，方向绘制圆弧

（7）起点，端点，半径

该命令用圆弧的起点、端点与半径来创建圆弧。其操作方法是：单击圆弧命令的下拉按钮，选取"起点，端点，半径"命令按钮，进入圆弧绘制状态，然后在屏幕中选取圆弧起点，再选择端点，然后再输入圆弧半径的值，按〈Enter〉键，即可完成圆弧的绘制，如图 3-44 所示。

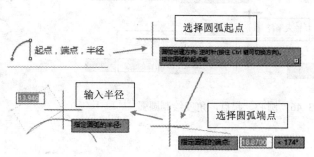

图 3-44　起点，端点，半径绘制圆弧

（8）圆心，起点，端点

该命令是用圆心、起点、端点来创建圆弧，其操作方式是：单击圆弧命令的下拉按钮，选取"圆心，起点，端点"命令按钮，进入圆弧绘制状态，然后在屏幕中选取圆弧圆心，再选择起点与端点，按〈Enter〉键，即可完成圆弧的绘制，如图 3-45 所示。

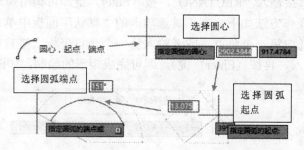

图 3-45　圆心，起点，端点绘制圆弧

（9）圆心，起点，角度

该命令是用圆心、起点与包含角来创建圆弧，其操作方法是：单击圆弧命令的下拉按钮，选取"圆心，起点，角度"命令按钮，进入圆弧绘制状态，然后在屏幕中选取圆弧圆心，再选择起点，然后再输入圆弧包含角的值，按〈Enter〉键，即可完成圆弧的绘制，如图 3-46 所示。

（10）圆心，起点，长度

该命令是用圆心、起点与弦长来创建圆弧。其操作方法是：单击圆弧命令的下拉按钮，选取"圆心，起点，角度"命令按钮，进入圆弧绘制状态，然后在屏幕中选取圆弧圆心、起点，然后再输入圆弧弦长的值，按〈Enter〉键，即可完成圆弧的绘制。如图 3-47 所示。

（11）连线

该命令是创建圆弧相切于上一次的直线或圆弧。在这种方式下，用户可以从以前绘制的圆弧终点继续下一段圆弧，以前的直线或圆弧的终点及其方向即是此时的圆弧的起点与方向。

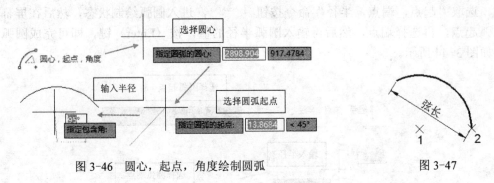

图 3-46　圆心，起点，角度绘制圆弧　　　　　　图 3-47

3.1.6　矩形

在 AutoCAD 2014 中，绘制矩形时需要指定矩形的两个角点。

调用矩形命令的方法如下：

1）在工具选项卡的"默认"面板中单击"矩形"命令按钮 ▭。

2）在下拉菜单栏中执行"绘图"→"矩形"命令，调用矩形命令。

3）在命令行中直接输入"RECTANG"，按〈Enter〉键即可调用矩形命令。

"矩形"命令的操作方法如下：在工具选项卡的"默认"面板中单击"矩形"命令按钮 ▭，然后在屏幕中选取第一个角点，或者输入第一个角点坐标，接着在屏幕中指定另一个角点（或者用坐标输入，再按〈Enter〉键），即可完成矩形的绘制，如图 3-48 所示。

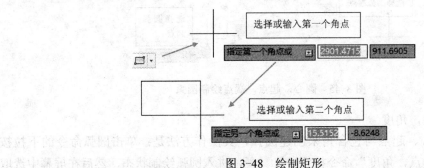

图 3-48　绘制矩形

3.1.7　小结：基本图形绘制的流程

基本图形的绘制流程如下：

1）在工具选项卡或下拉菜单栏中选取所需的命令，或者直接在命令行中输入该命令的名称。

2）根据命令行的提示，进行几何参数的选择或输入，如起点、端点、角度等，最后完成图形的绘制。

3.2 实例·知识点——电感二极管交流电路

在本节中，将绘制如图 3-49 所示的电感二极管交流电路，如图 3-49～图 3-52 所示。

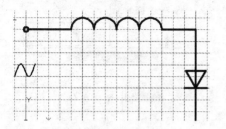

图 3-49 电感二极管交流电路

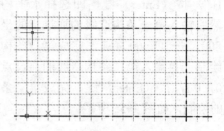

图 3-50 绘制构造线

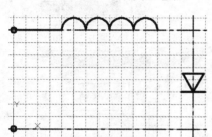

图 3-51 绘制元件

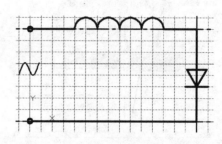

图 3-52 用导线连接并画上电源

思路·点拨

该图由多段线、正多边形、样条曲线组成，绘制过程中还会用到等分点。其绘制思路是：先根据元件与导线的位置画出构造线作辅助线，再分别绘制元件，最后用导线将元件连接并画上电源。

 起始文件——附带光盘"Source File\Start File\Ch3\3-2.dwg"

 结果文件——附带光盘"Source File\Final File\Ch3\3-2.dwg"

 动画演示——附带光盘"AVI\Ch3\ 3-2.avi"

【操作步骤】

1）单击"图层特性"按钮，进行图层设置，如图 3-53 所示。

状	名称	开.	冻结	锁...	颜色	线型	线宽
✓	0		☼		■白	Continuous	—— 默认
	粗实线		☼		■白	Continuous	—— 0.50...
	细实线		☼		■白	Continuous	—— 0.30...
	中心线		☼		■10	CENTER2	—— 0.30...

图 3-53 图层设置

2）单击图层下拉按钮，选择中心线作为当前图层，如图 3-54 所示。

图 3-54 选择图层

3）单击工具选项卡的"默认"面板中的"绘图"下拉按钮，单击"构造线"命令按钮 ⟋，进入绘制构造线的状态，在命令行中输入"H"，按〈Enter〉键，即选择水平构造线，然后输入第一条构造线的通过点的坐标（0，80），按〈Enter〉键，完成第一条构造线的绘制；再输入第二条构造线的通过点坐标（0，0），按〈Enter〉键，完成第二条构造线的绘制，如图 3-55 所示。

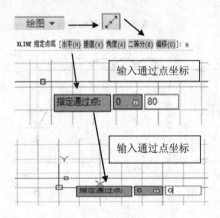

图 3-55　绘制水平构造线

4）单击工具选项卡中"默认"面板中的"绘图"下拉按钮，单击"构造线"命令按钮 ⟋，进入绘制构造线的状态，在命令行中输入"V"，按〈Enter〉键，即选择水平构造线，然后输入第一条构造线的通过点的坐标（150，40），按〈Enter〉键，完成垂直构造线的绘制，如图 3-56 所示。

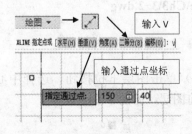

图 3-56　绘制垂直构造线

5）单击图层下拉按钮，选择粗实线作为当前图层，单击"圆"命令按钮 ⊙，分别以点（0，0）与点（0，80）为坐标，绘制

半径为 2 的圆，如图 3-57 所示。

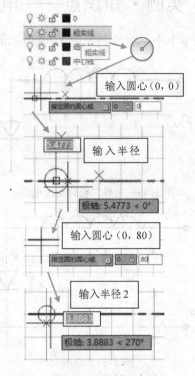

图 3-57　绘制两个圆

6）选择正交模式 ⊾，执行直线命令按钮 ⟋，输入直线起点坐标（40，80），按〈Enter〉键，再水平移动光标，输入直线长度为"80"，按〈Enter〉键，完成水平直线绘制。如图 3-58 所示。

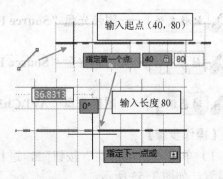

图 3-58　绘制水平直线

7）在下拉菜单栏中执行"绘图"→"点"→"定数等分"命令，调用等分点命令。选择步骤 6）中所给的水平直线作为等分的对象，输入等分段数为"4"，按

〈Enter〉键，完成等分点绘制。其中，点的样式选择⊠。如图 3-59 所示。

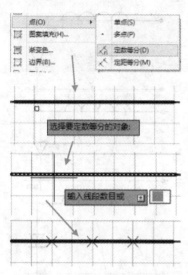

图 3-59 绘制等分点

8）选择多段线命令按钮⤵，以上面圆右面的四分之一点作为直线的起点，以水平直线的左端点作为直线的终点，绘制一条直线，然后在命令行中输入"A"，按〈Enter〉键，进入到绘制圆弧的状态，接着在命令行中输入"D"，按〈Enter〉键，用圆弧起点切线的方向来创建圆弧，身上拖动光标，当切线角度值显示为 90°时，按〈Enter〉键，接着选择第一个等分点作为圆弧的端点，再在命令行中输入"D"，按〈Enter〉键，如上述的方法一样，继续绘制其余的三个圆弧，最后按〈ESC〉键结束命令，再删除直线与三个等分点，如图 3-60 所示。

9）单击矩形右边的下拉按钮▭⋅，选择多边形命令按钮⬠，进行绘制多边形的命令状态，输入多边形的边数"3"，按〈Enter〉键，接着输入多边形的中心坐标为（150，40），按〈Enter〉键，选择内接于圆的方式，然后输入中心点到一个角点的距离为"70"，按〈Shift+<〉键，再输入中心点到角点的连线的角度为"270°"，按〈Enter〉键，完成多边形的绘制，如图 3-61 所示。

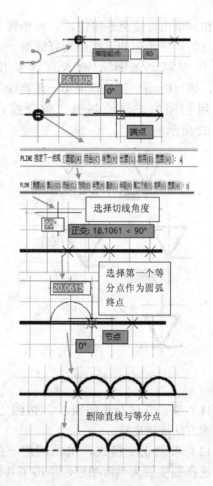

图 3-60 绘制多段线

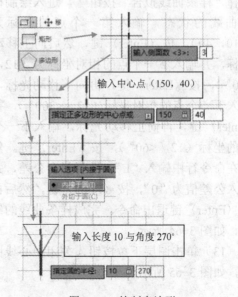

图 3-61 绘制多边形

10）单击直线命令按钮 ，以步骤 9）中所给的正三角形的下端点为直线第一点，然后向左移动光标，输入直线长度为"10"，按〈Enter〉键，完成第一条直线的绘制。用相同的方法绘制第二条直线，如图 3-62 所示。

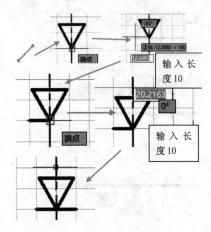

图 3-62　绘制直线

11）单击直线命令按钮 ，按图 3-63 所示的方法连接电路。

12）取消正交模式，单击图层下拉按钮，选择细实线为当前图层，单击工具选项卡的"默认"面板中的"绘图"下拉按钮，选择"样条曲线拟合"按钮 ，进入绘制样条曲线的状态，输入第一个点的坐标为（-10，40），按〈Enter〉键，然后向上移动光标，并输入下一个点的相对坐标为（12，<60°），按〈Enter〉键，再向下移动光标，输入下一个点的相对坐标（12，<300°），按〈Enter〉键，再向上移动光标，输入下一个点的坐标（12，<60°），按〈Enter〉键。然后在命令行中输入"L"，选择拟合公差，并输入公差值为"0"，按〈Enter〉键，然后再按〈Enter〉键退出命令。完成样条曲线的绘制，如图 3-64 所示。

13）单击图层下拉按钮，关闭中心线图层，如图 3-65 所示。

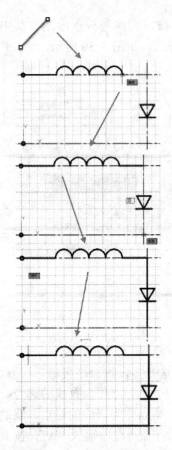

图 3-63　连接导线

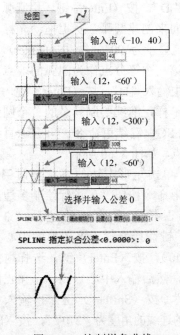

图 3-64　绘制样条曲线

图 3-65　关闭中心线图层

3.2.1　多段线

多段线是作为单个平面对象创建的相互连接的线段序列。可以创建直线段、圆弧段或两者的组合线段，在 AutoCAD 2014 二维绘图中非常有用。另外，多段线与单独的圆与直线等对象不同，它是一个整体并可以拥有一定宽度，而且其宽度不但可以是一个常数，也可以沿线段的方向变化。下面将分别介绍多段线的绘制方法。

绘制多段线即是创建多段线，调用创建多段线的命令通常有以下 3 种方法：

1）执行下拉菜单栏中的"绘图"→"多段线"命令；

2）在工具选项卡的"默认"面板中，直接单击多段线命令按钮 ⌐⌐ᴐ。

3）在命令行中输入"PLINE"，按〈Enter〉键即可调用。

多段线可以创建多种图形，以下将分别作详细介绍。

1. 绘制普通直线段的多段线

绘制普通直线段的多段线相当于连续绘制多条直线段，只是绘制出来的多条直线段是一个整体而已，如图 3-66 所示。其操作方法如下：单击"多段线"命令按钮，进入绘制多段线的命令状态，用光标分别在屏幕中选取第 1、2、3、4 点，然后按〈Enter〉键或〈Esc〉键退出命令，完成普通直线段的多段线的绘制，如图 3-67 所示。

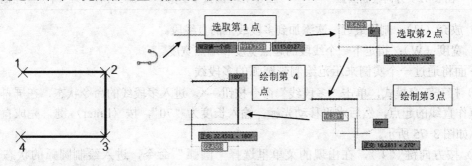

图 3-66　绘制普通直线段的多段线　　图 3-67　普通直线段的多段线绘制方法

2. 绘制带圆弧的多段线

在绘制多段线的时候，只要选择了 圆弧(A) 选项，或者在命令行中输入"A"，按〈Enter〉键时，即可进入绘制圆弧的状态。在多段线中，绘制圆弧也是有多种方法的。当进入绘制圆弧状态时，命令行中会出现如图 3-68 所示的提示信息，此时输入所需的字母，然后进行绘制圆弧。

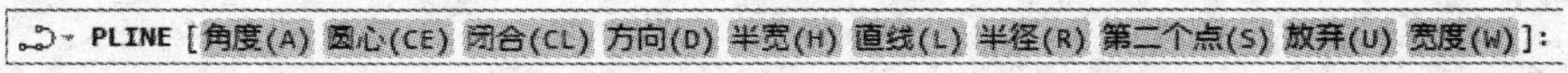

⌐ᴐ ▾ PLINE [角度(A) 圆心(CE) 闭合(CL) 方向(D) 半宽(H) 直线(L) 半径(R) 第二个点(S) 放弃(U) 宽度(W)]:

图 3-68　提示信息

其中图 3-68 中的提示信息的含义如下：

- 角度（A）：指定圆弧段的从起点开始的包含角。如图 3-69 所示。
- 圆心（CE）：基于其圆心指定圆弧段。如图 3-70 所示。
- 闭合（CL）：从指定的最后一点到起点绘制圆弧段，从而创建闭合的多段线。必须至少指定两个点才能使用该选项。如图 3-71 所示。

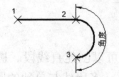 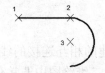 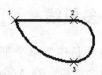

图 3-69　包含角　　　　　　图 3-70　圆弧段　　　　　图 3-71　闭合绘制多段线

- 方向（D）：指定圆弧起点上的切线方向来创建圆弧。如图 3-72 所示。
- 半宽（H）：即指定圆弧的半线宽。如图 3-73 所示。
- 直线（L）：切换到绘制直线段的状态。
- 半径（R）：指定圆弧段的半径。
- 第二个点（S）：指定三点圆弧的第二点和端点，如图 3-74 所示。

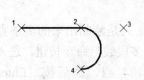 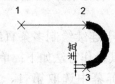 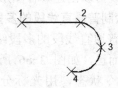

图 3-72　方向绘制圆弧　　　图 3-73　圆弧"半宽"　　图 3-74　"第二个点"绘制圆弧

- 放弃（U）：删除最近一次添加到多段线上的直线段。
- 宽度（W）：指定下一个线段的起点宽度和端点宽度。

下面将通过一个实例来示范绘制带圆弧的多段线。

1）打开正交模式，单击"多段线"命令按钮 ，进入多段线的命令状态，在屏幕中任选一个点作直线的起点，然后水平移动光标，输入长度为"70"，按〈Enter〉键，完成直线段的绘制，如图 3-75 所示。

2）按方向键〈↓〉，在出现的菜单里选择"圆弧"命令，进入绘制圆弧的状态，然后再按方向键〈↓〉，在出现的菜单栏中选择"角度"，输入圆弧包含角"-180°"，按〈Enter〉键，再输入圆弧端点极轴长度"40"，按〈Tab〉键，再输入极角"270°"，按〈Enter〉键，完成圆弧绘制，如图 3-76 所示。

3）按方向键〈↓〉，在出现的菜单中执行"圆心"命令，进入绘制圆心的状态，然后输入圆心坐标（13，<90°），按〈Enter〉键，接着输入圆弧端点角度"90°"，按〈Enter〉键完成一段圆弧的绘制。

4）按方向键〈↓〉，在菜单栏中执行"闭合"命令，完成绘图。

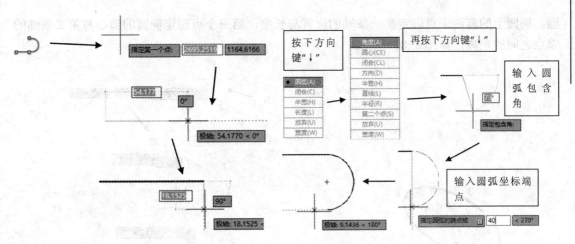

图 3-75　绘制直线段　　　　　　　　图 3-76　用"角度"绘制圆弧

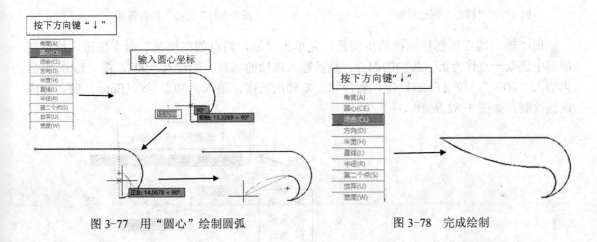

图 3-77　用"圆心"绘制圆弧　　　　　　图 3-78　完成绘制

3.2.2　椭圆（弧）

在 AutoCAD 2014 中，椭圆由两条轴来定义，即椭圆的长轴与椭圆的短轴，而绘制椭圆弧时则需另外增加椭圆弧起点与端点角度。绘制椭圆（弧）的方法有以下 3 种。

1. "圆心"创建椭圆

"圆心"创建椭圆即用指定的中心点创建椭圆。使用中心点、第一个轴的端点和第二个轴的长度来创建圆弧。可以通过选择所需距离处的某个位置或输入长度值来指定距离。如图 3-79 所示。

用"圆心"创建椭圆的过程是：先单击"圆心创建椭圆"按钮 ，在屏幕中选取一点作为椭圆圆心，接着输入第一个轴的端点坐标，先输入"40"，按〈Tab〉键，然后输入角度为"30°"，按〈Enter〉键，然后输入第二个轴的长度为"20"，按〈Enter〉键，完成椭圆绘制，如图 3-80 所示。

2. "轴，端点"创建椭圆

"轴，端点"创建椭圆即用椭圆第一个轴的两个端点与第二个轴的一个端点来创建椭圆。椭圆上的前两个点确定第一条轴的位置与长度，第三个点确定椭圆的圆心与第二条轴的端点之间的距离，如图 3-81 所示。

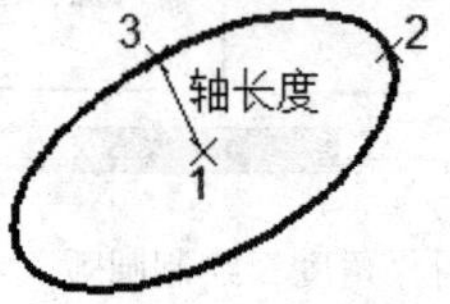

图 3-79 “圆心”创建椭圆

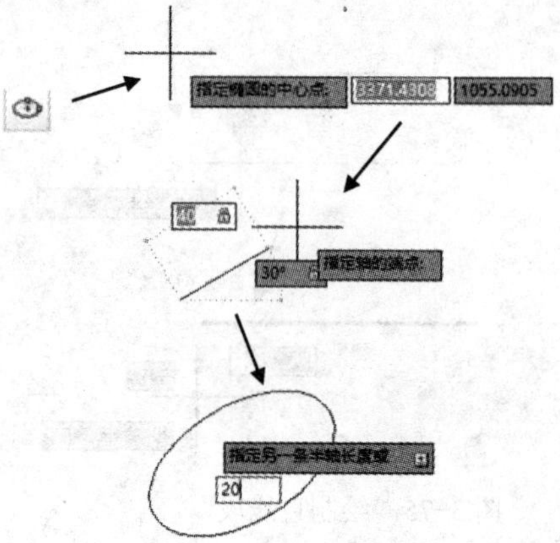

图 3-80 “圆心”绘制椭圆

用“轴，端点”创建椭圆的步骤是：先单击“轴，端点创建椭圆”命令按钮，然后在屏幕中选取一点作为第一条轴的起点，然后输入该轴的端点，先输入“90”，按〈Tab〉键后再输入“60°”，按〈Enter〉键，然后第二条轴的长度，输入“30”，按〈Enter〉键，完成椭圆绘制，如图 3-82 所示。

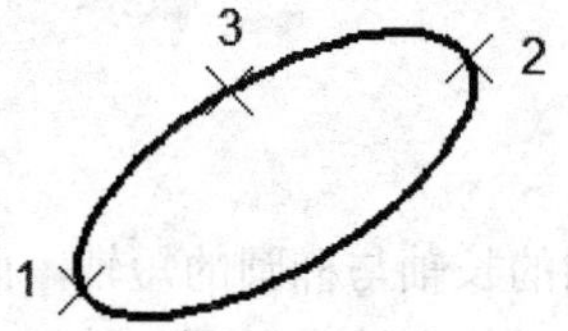

图 3-81 “轴，端点”创建椭圆

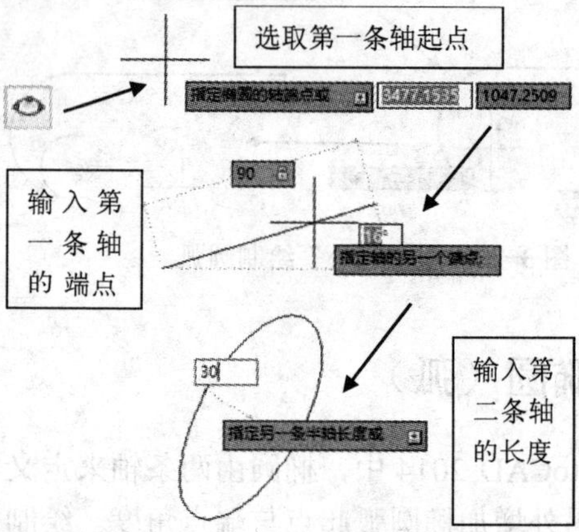

图 3-82 “轴，端点”绘制椭圆

3．椭圆弧

“椭圆弧”命令是用来创建椭圆弧的。椭圆弧的前两个点确定第一条轴的位置和长度，第三个点确定椭圆弧的圆心与第二条轴的端点之间的距离。第四、五个点确定起点和端点的角度，如图 3-83 所示。

绘制“椭圆弧”的步骤是：单击“椭圆弧”命令按钮，在屏幕中选取第一条轴的起点，然后输入该轴的端点坐标，先输入“90”，按〈Tab〉键，再输入“30°”。按〈Enter〉键，然后再输入第二条轴的长度为“30”，按〈Enter〉键，再输入椭圆弧起点角度为“120°”，按〈Enter〉键，接着向下拖动鼠标，输入椭圆弧端点角度为“160°”，按〈Enter〉键，完成椭圆弧绘制，如图 3-84 所示。

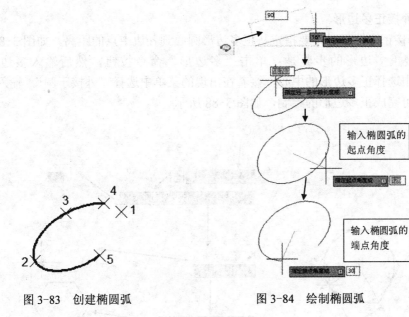

图 3-83 创建椭圆弧 　　　　　图 3-84 绘制椭圆弧

3.2.3 正多边形

在 AutoCAD 2014 中，正多边形是由至少 3 条、最多 1024 条行长直线段组成的封闭图形。

1. 绘制内接正多边形

在绘制内接正多边形时，应指定外接圆的半径，正多边形的所有顶点都在此圆周上，如图 3-85 所示。

绘制内接正多边形的步骤是：单击"多边形"命令按钮，然后输入多边形边数为"6"，在屏幕中选择正多边形的中心，接着在出现的菜单中选择"内接于圆"，输入圆的半径为"40"，即可完成正多边形的绘制，如图 3-86 所示。

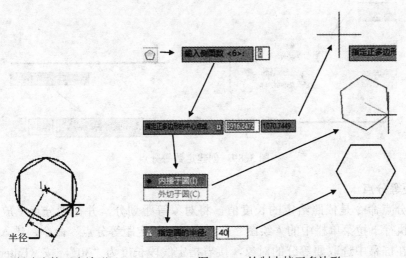

图 3-85 创建内接正多边形 　　　　　图 3-86 绘制内接正多边形

2．创建外接正多边形

在绘制外接正多边形时，要指定从正多边形圆心到各边中点的距离，如图 3-87 所示。

绘制内接正多边形的步骤是：单击"多边形"命令按钮，然后输入多边形边数为"6"，在屏幕中选择正多边形的中心，接着在出现的菜单中选择"外接于圆"，输入圆的半径为"40"，即可完成正多边形的绘制，如图 3-88 所示。

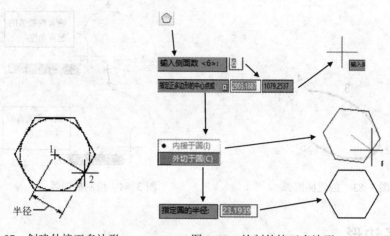

图 3-87　创建外接正多边形　　　　　图 3-88　绘制外接正多边形

3.2.4　等分点

等分点分为两种：定数等分点与定距等分点。

1．定数等分点

定数等分点是沿选定对象等间距旋转点对象，其操作步骤是：执行下拉菜单栏中的"绘图"→"点"→"定数等分点"命令，进入绘制等分点状态，选择屏幕中的直线对象，然后输入线段数目"5"，按〈Enter〉键，完成定数等分点的绘制，如图 3-89 所示。

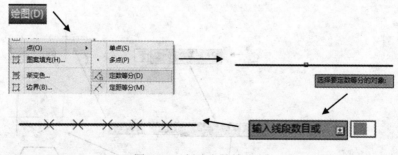

图 3-89　创建定数等分点

2．定距等分点

定距等分点命令是依照给定的长度值，将对象等距划分，并在划分点上放置点。其操作步骤是：执行下拉菜单栏中的"绘图"→"点"→"定距等分点"命令，进入绘制等分点状态，然后在屏幕中选取要等分的对象，接着指定线段长度为"30"，按〈Enter〉键，完成定距等分点的绘制，如图 3-90 所示。

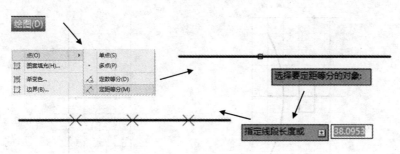

图 3-90　创建等距等分点

3.2.5　样条曲线

样条曲线是创建经过或靠近一组拟合点或由控制框顶点定义的平滑曲线。该命令所创建的曲线又称为非均匀有理 B 样条曲线（NURBS）。样条曲线使用拟合点或控制点进行定义。默认情况下，拟合点与样条曲线重合，如图 3-91 所示。

样条曲线的绘制步骤是：在工具选项卡的"默认"面板上单击"绘图"下拉按钮，执行"样条曲线"命令按钮 ，进入样条曲线绘制状态，在屏幕中连续选取 4 个点，然后按方向键〈↓〉，在出现的菜单栏中选择"公差"，然后输入公差为"0"，按〈Enter〉键完成样条曲线的绘制，再按〈Enter〉键，退出命令，如图 3-92 所示。

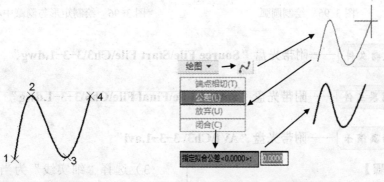

图 3-91　样条曲线　　　　　　图 3-92　绘制样条曲线

3.3　要点·应用

3.3.1　应用 1——带馈线的抛物面天线符号

带馈线的抛物面天线符号如图 3-93 所示。

思路·点拨

带馈线的抛物面天线的符号中含有一个圆弧、一条直线与一个矩形。绘制步骤为：先绘制水平直线与中心线，接着绘制圆弧，最后绘制矩形，过程如图 3-94～图 3-96 所示。

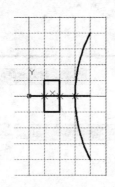

图 3-93　带馈线的抛物面天线

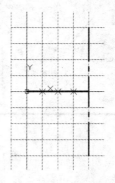

图 3-94　绘制水平直线与中心线

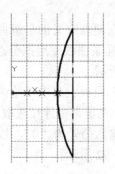

图 3-95　绘制圆弧

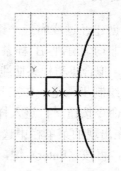

图 3-96　绘制矩形与隐藏中心

——附带光盘"Source File\Start File\Ch3\3-3-1.dwg"

——附带光盘"Source File\Final File\Ch3\3-3-1.dwg"

——附带光盘"AVI\Ch3\ 3-3-1.avi"

【操作步骤】

1）单击"图层特性 鱼"按钮，打开图层特性管理器，新建图层，如图 3-97 所示。

状	名称	开...	冻结	锁...	颜色	线型	线宽
⌀	0	♀	☀	♂	■白	Continuous	—— 默认
✓	粗实线	♀	☀	♂	■白	Continuous	━ 0.40...
⌀	细实线	♀	☀	♂	■白	Continuous	━ 0.30...
⌀	中心线	♀	☀	♂	■10	CENTER2	━ 0.30...

图 3-97　设置图层

2）选择"粗实线"为当前图层，单击"直线"按钮 ✎，指定第一个点为（0，0），接着往右拖动光标，输入直线的长度为"40"，按〈Enter〉键，完成直线的绘制，如图 3-98 所示。

3）选择"细实线"为当前图层，执行下拉菜单栏中的"绘图"→"点"→"定数等分"命令，然后选择水平直线为定数等分对象，输入线段数目为"4"，按〈Enter〉键，完成等分点的绘制，如图 3-99 所示。

4）选择"中心线"为当前图层，单击"直线"按钮 ✎，指定第一个点为（40，40），接着往下拖动光标，输入直线的长度为"80"，按〈Enter〉键，完成垂直中心线的绘制，如图 3-100 所示。

5）选择"粗实线"为当前图层，单击"三点"圆弧命令按钮 ✎，以垂直中心线的上端点为圆弧起点，水平直线上第三个等分点为圆弧的第二点，以垂直中心线的下端点为圆弧的端点。完成圆弧的绘制，如图 3-101 所示。

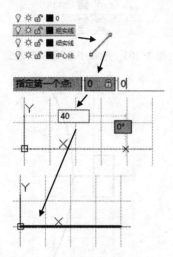

图 3-98　绘制水平直线

图 3-99　绘制等分点

6）单击"矩形"命令按钮 ，指定矩形的第一个角点为（10，10），第二个角点为（10，-20），按〈Enter〉键，完成矩形的绘制，如图 3-102 所示。

7）单击"图层"下拉按钮，隐藏"中心线"与"细实线"图层，如图 3-103 所示。最终完成图如图 3-104 所示。

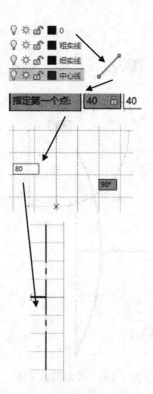

图 3-100　绘制垂直中心线

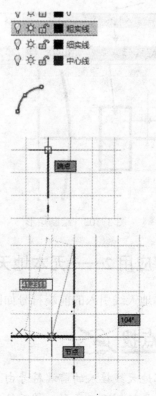

图 3-101　绘制圆弧

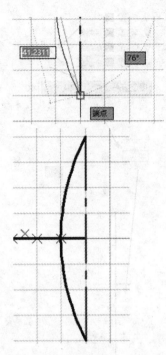

图 3-101　绘制圆弧（续）

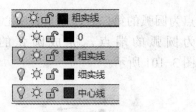

图 3-103　隐藏中心线与细实线

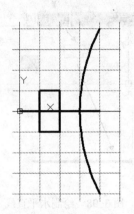

图 3-104　最终完成图

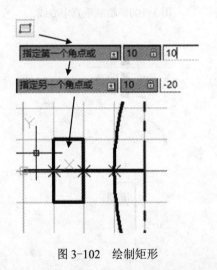

图 3-102　绘制矩形

3.3.2　应用2——无本地天线引入的前端符号

无本地天线引入的前端符号如图 3-105 所示。

思路·点拨 ✍

无本地天线接入的前端符号由三个图形组成：圆、正三角形与直线。其绘制步骤为：先绘制圆，再绘制正三角形，最后绘制直线，过程如图 3-106～图 3-108 所示。

图 3-105　无本地天线引入的前端符号

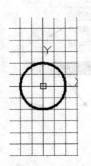

图 3-106　绘制圆

图 3-107　绘制正三角形

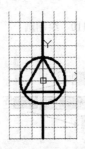

图 3-108　绘制直线

起始文件——附带光盘"Source File\Start File\Ch3\3-3-2.dwg"

结果文件——附带光盘"Source File\Final File\Ch3\3-3-2.dwg"

动画演示——附带光盘"AVI\Ch3\ 3-3-2.avi"

【操作步骤】

1）单击"图层特性"按钮，打开图层特性管理器，新建图层，如图 3-109 所示。

图 3-109　设置图层

2）选择"粗实线"为当前图层。单击"圆"命令按钮，以点（0，0）为圆心，输入半径为"20"，按〈Enter〉键，完成圆的绘制，如图 3-110 所示。

3）单击"正多边形"命令按钮，输入正多边形的边数为"3"，按〈Enter〉键，

选择正多边形的中心为（0，0），按〈Enter〉键，然后选择"内接于圆"，往上拖动光标，选择并单击圆的上象限点，完成正三角形的绘制，如图 3-111 所示。

4）单击"直线"命令按钮，按〈Shift〉键，同时右键单击鼠标，在下拉菜单中选择象限点，然后选择圆的上象限点，接着向上拖动光标，输入直线的长度为"30"，按〈Enter〉键，完成直线的绘制，如图 3-112 所示。用类似的方法，绘制圆下部分的直线。完成图形的绘制，如图 3-113 所示。

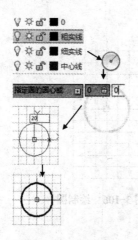

图 3-110　绘制圆

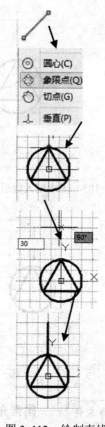

图 3-112　绘制直线

图 3-111　绘制正多边形

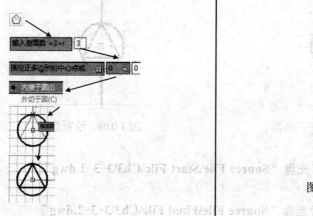

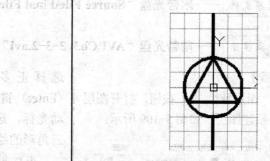

图 3-113　绘制另一条直线

3.3.3　应用3——滤波器符号

滤波器符号如图 3-114 所示。

思路·点拨 ✍

滤波器符号由正四边形、样条曲线与直线组成，其绘制步骤是：先绘制正四边形，再绘制样条曲线，最后绘制直线，过程如图 3-115～图 3-117 所示。

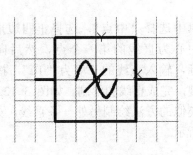

图 3-114　滤波器符号

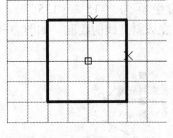

图 3-115　绘制正四边形

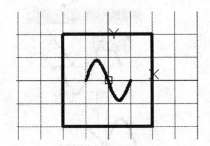

图 3-116　绘制样条曲线

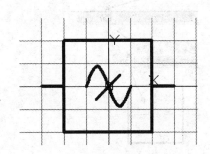

图 3-117　绘制直线

 ——附带光盘 "Source File\Start File\Ch3\3-3-3.dwg"

 ——附带光盘 "Source File\Final File\Ch3\3-3-3.dwg"

 ——附带光盘 "AVI\Ch3\ 3-3-3.avi"

【操作步骤】

1）单击"图层特性 "按钮，打开图层特性管理器，新建图层，如图 3-118 所示。

状	名称	开.冻结	锁...	颜色	线型	线宽
▱	0	♀ ☼	🔓	■白	Continuous	—— 默认
✓	粗实线	♀ ☼	🔓	■白	Continuous	—— 0.40...
▱	细实线	♀ ☼	🔓	■白	Continuous	—— 0.30...
▱	中心线	♀ ☼	🔓	■10	CENTER2	—— 0.30...

图 3-118　设置图层

2）选择"粗实线"为当前图层，单击"正多边形"命令按钮 ，输入正多边形的边数为"4"，按〈Enter〉键，然后输入正多边形的中心坐标为（0，0），按〈Enter〉键，然后选择"外切于圆"，接着向上拖动光标，输入圆的半径为"20"，按〈Enter〉

键，完成正四边形的绘制，如图 3-119 所示。

3）单击"样条曲线"命令按钮 ，进入绘制样条曲线的状态，输入第一个点的坐标（-10，0），按〈Enter〉键，然后向上移动光标，并输入下一个点的相对坐标（10，<60°），按〈Enter〉键，再向下移动光标，输入下一个点的相对坐标（10，<300°），按〈Enter〉键，再向上移动光标，输入下一个点的坐标（10，<60°），按〈Enter〉键。然后在命令行中输入"L"，选择拟合公差，并输入公差值为"0"，按〈Enter〉键，然后再按〈Enter〉键退出命令。完成样条曲线的绘制，如图 3-120 所示。

4）单击"直线"命令按钮，指定第一个点为（5，5），然后向下拖动光标，输入第二个点的坐标为（15，<135°），按〈Enter〉键，完成斜直线的绘制，如图 3-121 所示。

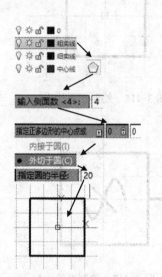

图 3-119 绘制正四边形

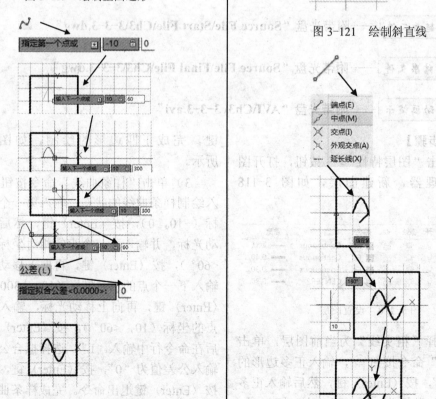

图 3-120 绘制样条曲线

5）单击"直线"命令按钮，然后按〈Shift〉键，同时单击鼠标右键，在弹出菜

单中选择"中点"，选择正四边形的左边的中心为直线的第一个点，然后向右移动光标，输入直线的长度为"10"，按〈Enter〉键，完成直线的绘制。如图 3-122 所示。用类似的方法绘制另外一条直线，如图 3-123 所示。

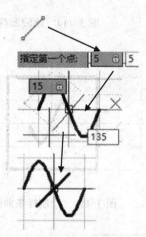

图 3-121 绘制斜直线

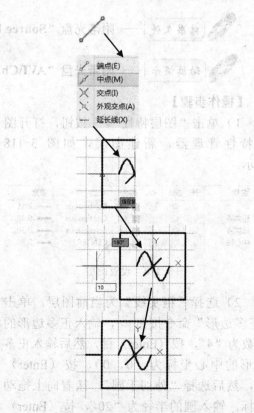

图 3-122 绘制直线

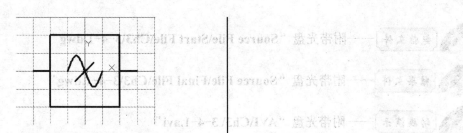

图 3-123　绘制另外的直线

3.4　能力·提高

3.4.1　案例 1——晶体管电路图

晶体管电路图如图 3-124 所示。

思路·点拨 ✎

晶体管电路由一个晶体管、一个电阻与导线组成，其绘制步骤是：先绘制电阻与晶体管，再绘制导线，最后绘制电源输入端与地线，过程如图 3-125～图 3-127 所示。

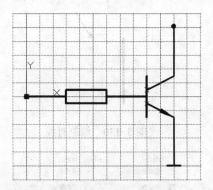

图 3-124　晶体管电路

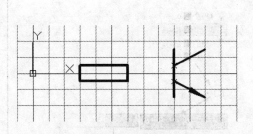

图 3-125　绘制电阻与晶体管

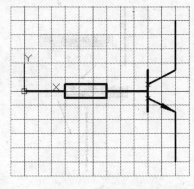

图 3-126　绘制导线

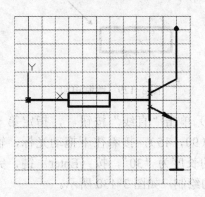

图 3-127　绘制电源输入端与地线

起始文件——附带光盘"Source File\Start File\Ch3\3-4-1.dwg"

结果文件——附带光盘"Source File\Final File\Ch3\3-4-1.dwg"

动画演示——附带光盘"AVI\Ch3\ 3-4-1.avi"

【操作步骤】

1）单击"图层特性🔲"按钮，打开图层特性管理器，新建图层，如图 3-128 所示。

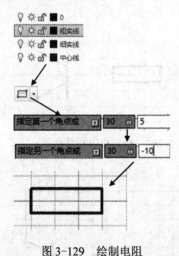

图 3-128　设置图层

2）选择"粗实线"为当前图层，单击"矩形🔲"按钮，指定第一个角点的坐标为（30，5），按〈Enter〉键，然后指定第二个角点的坐标为（30，-10），按〈Enter〉键，完成电阻的绘制，如图 3-129 所示。

图 3-129　绘制电阻

3）单击"直线"按钮📏，指定第一个点为（90，15），接着往下拖动光标，输入直线的长度为"30"，按〈Enter〉键，完成直线的绘制，如图 3-130 所示。

4）执行下拉菜单栏中的"绘图"→

"点"→"定数等分"命令，然后选择步骤3）中所画直线为定数等分对象，输入线段数目为"3"，按〈Enter〉键，完成等分点的绘制，如图 3-131 所示。

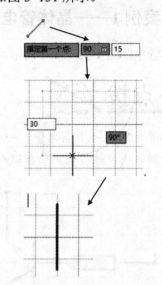

图 3-130　绘制直线

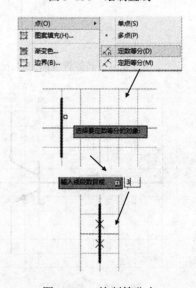

图 3-131　绘制等分点

5）选择"细实线"为当前图层，然后单击"直线"命令按钮，指定第一点坐标为（110，15），按〈Enter〉键，然后选择步骤 4）中的等分点作为直线的端点，如图 3-132 所示。

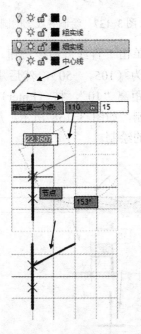

图 3-132　绘制直线 1

6）选择"中心线"为当前图层，然后单击"直线"命令按钮，指定第一点坐标为（110，-15），然后选择直线上另外一个等分点为直线的端点，如图 3-133 所示。

7）选择"细实线"为当前图层，然后单击"多段线"命令按钮，以竖直直线的下等分点为起点，按〈Shift〉键，单击鼠标右键，在弹出菜单中选择"中点"，然后选取中心线直线的中心为直线的端点，然后按下方向键〈↓〉，选择"宽度"，然后指定起点宽度为"9"，按〈Enter〉键，再指定端点宽度为"0.3"，按〈Enter〉键，然后选择中心线直线的一个端点为直线的端点，完成多段线的绘制，如图 3-134 所示。

8）单击"直线"命令按钮，指定第一点坐标为（0，0），然后向右移动光标，

选择矩形左边线的中点为直线端点，然后按〈Enter〉键结束命令。按类似的方法，绘制各段导线，最终如图 3-135 所示。

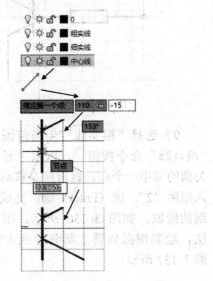

图 3-133　绘制直线 2

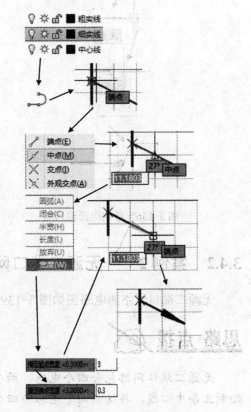

图 3-134　绘制多段线

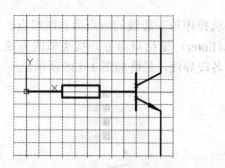

图 3-135 绘制导线

9）选择"粗实线"为当前图层，单击"两点圆"命令按钮⊙，以水平导线的端点为圆的其中一个点，然后向左移动光标，输入距离"2"，按〈Enter〉键，完成电源输入端的绘制，如图 3-136 所示。用类似的方法，绘制图晶体管上部分导线上的圆，如图 3-137 所示。

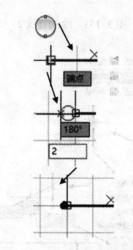

图 3-136 绘制电源输入端

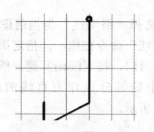

图 3-137 绘制导线上的圆

10）单击"直线"命令按钮╱，指定第一点坐标为（105，-50），然后水平移动光标，输入距离"10"，按〈Enter〉键，完成地线的绘制，如图 3-138 所示。从而完成整个电路图的绘制。

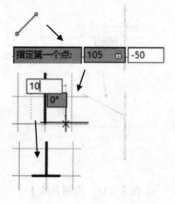

图 3-138 绘制地线

3.4.2 案例 2——无源二端口网络

无源二端口网络的电路图如图 3-139 所示。

思路·点拨 ✍

无源二端口网络包含四个电感，两个电容以及导线和电源输入端。其绘制步骤是：先绘制三条中心线，再绘制两个电容与四个电感，最后连接导线与添加电源输入端，过程如图 3-140～图 3-142 所示。

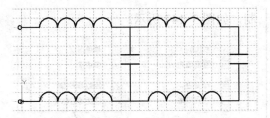

图 3-139　无源二端口网络

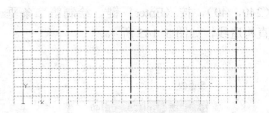

图 3-140　绘制四个电感器

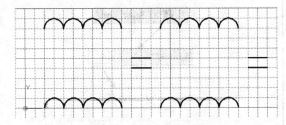

图 3-141　绘制两个电容器

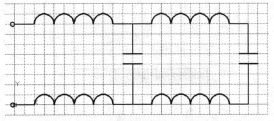

图 3-142　绘制导线与电源输入端

——附带光盘 "Source File\Start File\Ch3\3-4-2.dwg"

——附带光盘 "Source File\Final File\Ch3\3-4-2.dwg"

——附带光盘 "AVI\Ch3\ 3-4-2.avi"

【操作步骤】

1）单击 "图层特性 🖻" 按钮，打开图层特性管理器，新建图层，如图 3-143 所示。

状	名称	开.	冻结	锁...	颜色	线型	线宽
✔	0	♀	☼	♎	■ 白	Continuous	—— 默认
✔	粗实线	♀	☼	♎	■ 白	Continuous	—— 0.40...
✔	细实线	♀	☼	♎	■ 白	Continuous	—— 0.30...
✔	中心线	♀	☼	♎	■ 10	CENTER2	—— 0.30...

图 3-143　设置图层

2）选择 "中心线" 为当前图层，然后单击 "构造线" 命令按钮 ✒，在命令行中输入 "H"，选择水平构造线，然后指定通过点为（0，0），按〈Enter〉键，绘制第一条水平构造线；指定通过点为（0，80），按〈Enter〉键，绘制第二条水平构造线，如图 3-144 所示。

3）单击 "构造线" 命令按钮 ✒，在命令行中输入 "H"，选择垂直构造线，然后指

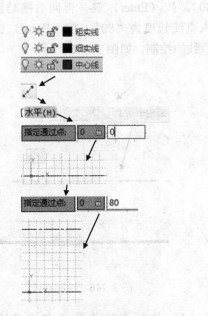

图 3-144　绘制水平构造线

定通过点为（120，40），按〈Enter〉键，绘制第一条垂直构造线；指定通过点为

（240，40），按〈Enter〉键，绘制第二条垂直构造线，如图 3-145 所示。

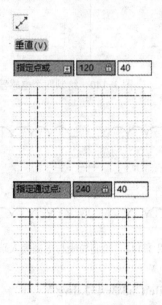

图 3-145　绘制垂直构造线

4）选择"粗实线"为当前图层，单击"直线"命令按钮，指定第一个点为（20，80），按〈Enter〉键，再向右拖动鼠标，输入直线长度为"80"，按〈Enter〉键，完成直线的绘制，如图 3-146 所示。

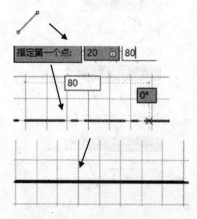

图 3-146　绘制直线

5）执行下拉菜单栏中的"绘图"→"点"→"定数等分"命令，然后选择步骤3）中所画直线为定数等分对象，输入线段数目为 3，按〈Enter〉键，完成等分点的绘制，如图 3-147 所示。

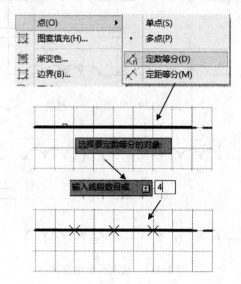

图 3-147　绘制等分点

6）执行多段线命令按钮，单击直线的左端点，作为多段线起点，然后在命令行中输入"A"，按〈Enter〉键，进入到绘制圆弧的状态，接着在命令行中输入"D"，按〈Enter〉键，用圆弧起点切线的方向来创建圆弧，向上拖动光标，当切线角度值显示为"90°"时，按〈Enter〉键，接着选择第一个等分点作为圆弧的端点，再在命令行中输入"D"，按〈Enter〉键，用相同的方法继续绘制剩余的三个圆弧，最后按〈Esc〉键结束命令，再删除直线与三个等分点，如图 3-148 所示。

7）重复步骤 6），分别绘制其余的三个电感器，如图 3-149 所示。

8）执行"直线"绘制命令按钮，指定直线的第一个点的坐标为（110，50），向右拖动光标，输入直线长度为"20"，按〈Enter〉键，完成直线绘制，按〈Esc〉键，退出直线命令，再按〈Enter〉键，进入绘制直线命令状态，指定直线第一个点为（110，40），向右拖动鼠标，输入直线长度为"20"，按〈Enter〉键，完成直线绘制，如图 3-150 所示。

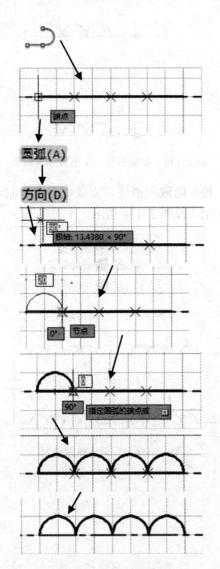

图 3-148　绘制电感器

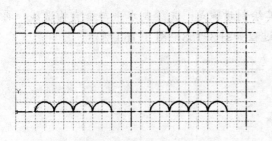

图 3-149　绘制另外三个电感器

9）按类似 8）中的步骤，绘制另外一个电容。如图 3-151 所示。

10）选择"细实线"为当前图层，执行

"直线"命令，连接各导线，如图 3-152 所示。

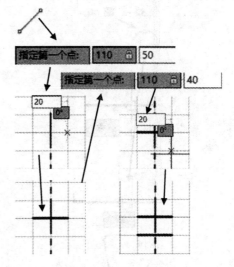

图 3-150　绘制电容器

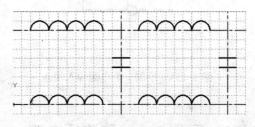

图 3-151　绘制另外一个电容器

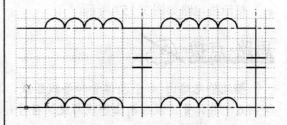

图 3-152　绘制导线

11）选择"粗实线"为当前图层，单击"两点圆"命令按钮○，以水平导线的端点为圆的其中一个点，然后向左移动光标，输入距离"4"，按〈Enter〉键，完成圆的绘制，如图 3-153 所示。用类似的方法，绘制另一个电源输入端点，如图 3-154 所示。

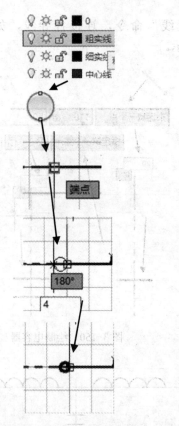

图 3-153　绘制一个电源输入端点

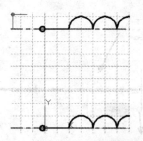

图 3-154　绘制另外一个电源输入端点

12）隐藏构造线，完成电路图绘制。如图 3-155 及图 3-156 所示。

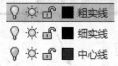

图 3-155　隐藏构造线

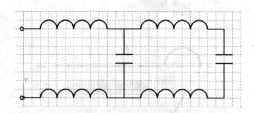

图 3-156　完成电路图绘制

3.4.3　案例3——整流桥电路

整流桥电路如图 3-157 所示。

思路·点拨 ✍

整流桥电路由 4 个晶体管和导线组成，其绘制步骤是：先绘制水平与垂直构造线，再绘制 6 个晶体管，最后画出导线与交流符号，过程如图 3-158～图 3-160 所示。

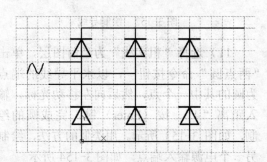

图 3-157　整流桥电路

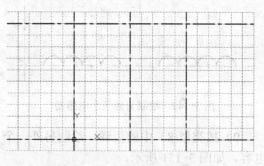

图 3-158　绘制水平与垂直构造线

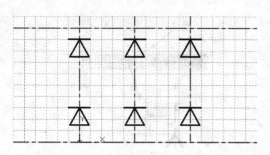

图 3-159　绘制 6 个晶体管

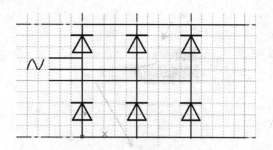

图 3-160　绘制导线与交流符号

——附带光盘"Source File\Start File\Ch3\3-4-3.dwg"

——附带光盘"Source File\Final File\Ch3\3-4-3.dwg"

——附带光盘"AVI\Ch3\ 3-4-3.avi"

【操作步骤】

1）单击"图层特性 "按钮，打开图层特性管理器，新建图层，如图 3-161 所示。

状	名称	开.	冻结	锁	颜色	线型	线宽
	0				白	Continuous	默认
	粗实线				白	Continuous	0.40...
	细实线				白	Continuous	0.30...
	中心线				10	CENTER2	0.30...

图 3-161　设置图层

2）选择"中心线"为当前图层，然后单击"构造线"命令按钮 ，在命令行中输入"H"，选择水平构造线，然后指定通过点为（0，0），按〈Enter〉键，绘制第一条水平构造线；指定通过点为（0，100），按〈Enter〉键，绘制第二条水平构造线，如图 3-162 所示。

3）单击"构造线"命令按钮 ，在命令行中输入"H"，选择垂直构造线，然后指定通过点为（0，50），按〈Enter〉键，绘制第一条垂直构造线。按此方法，再绘制通过点（50，50）与（100，50）两点的两条垂直构造线，如图 3-163 所示。

4）选择"粗实线"为当前图层，单击"多边形"命令按钮 ，进入绘制多边形的命令状态，输入多边形的边数"3"，按

〈Enter〉键，接着输入多边形的中心坐标为（0，30），按〈Enter〉键，选择内接于圆的方式，然后往上拖动光标，输入中心点到一个角点的距离为"10"，按〈Shift+<〉键，输入中心点到角点的连线的角度为"90°"，按〈Enter〉键，完成正多边形的绘制，如图 3-164 所示。

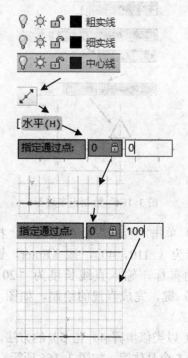

图 3-162　绘制水平构造线

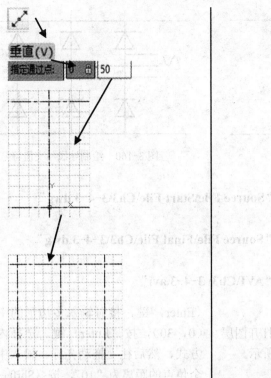

图 3-163　绘制垂直构造线

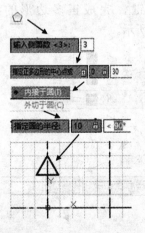

图 3-164　绘制正多边形

5）单击"直线"命令按钮，指定第一个点为（-110，40），按〈Enter〉键，向右拖动鼠标，输入直线长度为"20"，按〈Enter〉键，完成直线的绘制，如图 3-165 所示。

6）以类似步骤 4）与 5）的方法，绘制其余的 5 个晶体管。如图 3-166 所示。

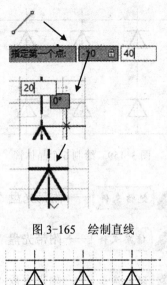

图 3-165　绘制直线

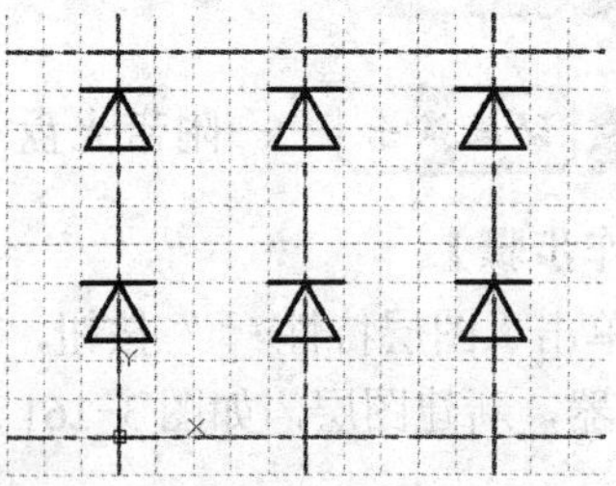

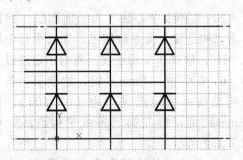

图 3-166　绘制晶体管

7）选择"细实线"为当前图层，单击"直线"命令按钮，绘制如图 3-167 所示的导线。

图 3-167　绘制导线

8）单击"样条曲线拟合"按钮，进入绘制样条曲线的状态，输入第一个点的坐标（-50，60），按〈Enter〉键，然后向上移动光标，并输入下一个点的相对坐标（12，<60°），按〈Enter〉键，再向下移动光标，输入下一个点的相对坐标（12，<300°），按〈Enter〉键，再向上移动光标，输入下一个

点的坐标（12，<60°），按〈Enter〉键。然后在命令行中输入"L"，选择拟合公差，并输入公差值为"0"，按〈Enter〉键，然后再按〈Enter〉键退出命令。完成样条曲线的绘制，如图 3-168 所示。

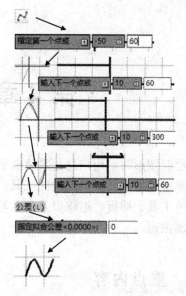

图 3-168　绘制交流符号

3.5　习题·巩固

1．绘制图 3-169 所示的电路图，其中主要用到构造线、圆、直线、矩形和圆弧命令。

2．绘制图 3-170 所示的图形，其中主要用到直线、矩形、多段线、样条曲线命令。

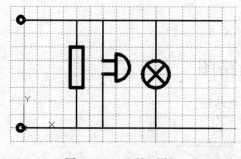

图 3-169　习题 1 图

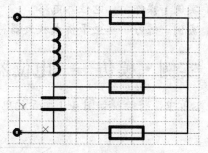

图 3-170　习题 2 图

3．绘制图 3-171 所示的电路图，其中主要用到样条曲线、正多边形、多段线、直线和圆的命令。

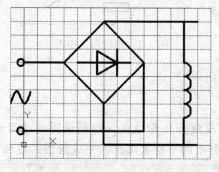

图 3-171　习题 3 图

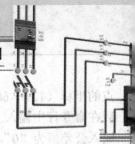
第 4 章 绘 图 工 具

在绘制图形时，用户总是希望能够既快速又精确地绘图，在 AutoCAD 2014 中，只要能灵活、熟练地运用其提供的绘图工具，就可以达到这个目的。本章主要讲解图层、颜色、线型、定位工具、捕捉、追踪以及尺寸与几何约束等内容。这些工具均可帮助用户快速而又准确地绘制图形。

 重点内容

- ❯ 实例·模仿——电位器电路图
- ❯ 图层的设置与颜色、线型的选择
- ❯ 定位工具、对象捕捉与对象追踪
- ❯ 实例·模仿——RC 电路
- ❯ 几何约束与尺寸约束
- ❯ 实例·操作——电位器电路
- ❯ 实例·练习——主干桥式放大器符号

4.1 实例·模仿——电位器电路图

在本节中，将绘制如图 4-1 所示的电位器电路图。

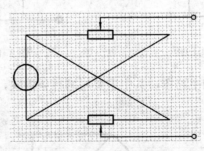

图 4-1 电位器电路图

思路·点拨 ✍

该图形由直线、圆、多段线和矩形组成，绘制该图的步骤如下：先绘制电压源与两个电位器，再连接导线，最后引出两个输出端点，完成绘图。过程如图 4-2~图 4-4 所示。

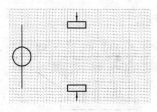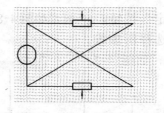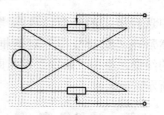

图 4-2 绘制电压源与电位器　　　图 4-3 绘制导线　　　图 4-4 绘制输出端点

——附带光盘"Source File\Start File\Ch4\4-1.dwg"

——附带光盘"Source File\Final File\Ch4\4-1.dwg"

——附带光盘"AVI\Ch4\ 4-1.avi"

【操作步骤】

1）单击"图层特性 📇"按钮，打开图层特性管理器，单击"新建图层"按钮 ，在图层窗口中会出现一个新的图层，将其命名为"中心线"，其线型为"CENTER2"，颜色为"红色"，线宽为"0.3mm"。命名时，先选中图形，再单击名称栏，然后输入图层的名字即可完成图层的命名，如图 4-5 所示。

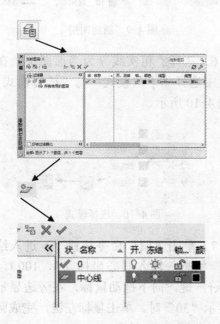

图 4-5 新建图层并命名

2）选择图层颜色时，可以直接单击图层的"颜色"一栏，在弹出的"选择颜色"对话框中选择所需的颜色，然后单击"确定"按钮即可，如图 4-6 所示。

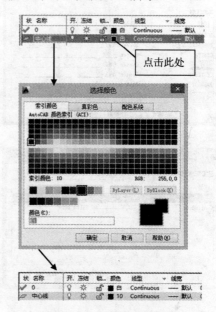

图 4-6 设置图层颜色

3）选择图层线型时，可以直接单击图层的"线型"一栏，在"选择线型"对话框中选择所需的线型，如果在该窗口中没有用户所需的线型，则可单击"加载"按钮，在弹出的"加载或重载线型"对话框中选择所需的线型，单击"确定"按钮，然后在"选择线型"对话框中选择所加载的线型，单击"确定"按钮即可，如图 4-7 所示。

图 4-7　设置图层线型

4）单击图层中的"线宽"一栏，在弹出的"线宽"对话框中选择所需的线宽，在此选择"0.3mm"，然后单击"确定"按钮即

可，如图 4-8 所示。

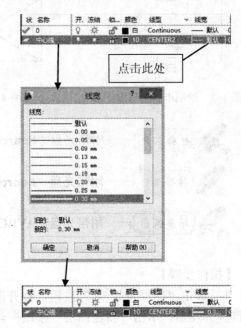

图 4-8　设置图层线宽

5）用类似的方法，分别新建"粗实线"图层与"线实线"图层，如图 4-9 所示。

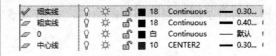

图 4-9　新建图层

6）选择"粗实线"为当前图层，在状态栏中选择"下次模式"与"捕捉模式"，如图 4-10 所示。

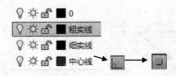

图 4-10　选择模式

7）单击"圆"命令按钮⊘，进入绘制"圆"状态。输入圆心坐标（0，100），按〈Enter〉键，向下拖动鼠标，在旁边显示框中显示"30"时，单击鼠标左键，完成圆的绘制，如图 4-11 所示。

第 4 章
绘图工具
89

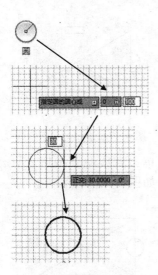

图 4-11　绘制圆

8）选择"细实线"为当前图层，执行直线命令，移动光标，在坐标原点处指定直线的第一个点，然后向上移动光标，在长度为"200"处指定直线的第二个点。完成直线的绘制，如图 4-12 所示。

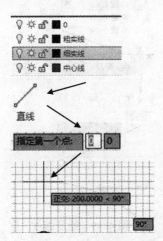

图 4-12　绘制直线

9）选择"粗实线"为当前图层，然后单击"矩形"命令按钮 □，移动光标，在点（150，10）处单击鼠标左键，以该点为矩形的第一个角点，然后右向下拖动光标，当显示的坐标为（60，-20）时，单击鼠标左键，完成矩形的绘制，如图 4-13 所示。

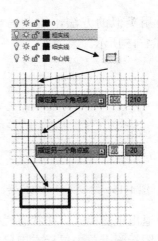

图 4-13　绘制矩形

10）单击"多段线"命令按钮 ，移动光标，选择点（180，240）作为多段线的第一个起点，往下拖动光标，在纵向距离为"10"的地方单击鼠标，作为多段线的第二个点，然后在命令行中单击选择"线宽 W"，然后指定线段起点宽度为"5"，端点宽度为"0.4"，最后选择矩形的上边线的中心作战线段的端点，如图 4-14 所示。

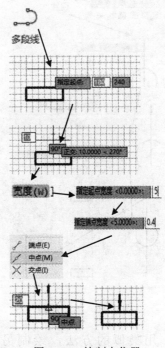

图 4-14　绘制电位器

11）用类似的方法，绘制另一个电位
器，如图 4-15 所示。

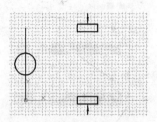

图 4-15　绘制另一个电位器

12）退出正交模式，在状态栏中的"极
轴追踪"图标 上单击鼠标右键，在弹出的
菜单中选择"30"，然后选择"极轴追踪"，
进入极轴追踪模式。

13）选择"细实线"为当前图层，单击
直线命令按钮，选择竖直的直线的上端点
作为直线的起点，然后移动光标，当出现角度
为 30°时，输入长度为"200"，按〈Enter〉
键，完成斜线的绘制，如图 4-16 所示。

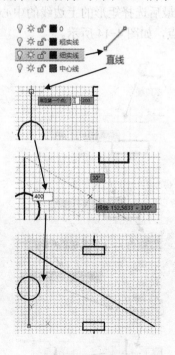

图 4-16　绘制斜线

14）用类似的方法，绘制另一条斜
线，如图 4-17 所示。

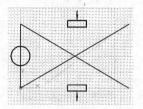

图 4-17　绘制另一条斜线

15）单击直线命令按钮，绘制其余
的导线，如图 4-18 所示。

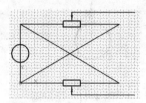

图 4-18　绘制其余的导线

16）选择"粗实线"为当前图层，然后
执行"两点圆"命令，绘制两个端点，直径
为"10"，如图 4-19 所示。

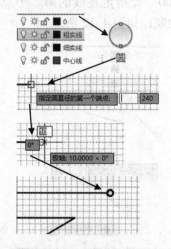

图 4-19　绘制端点

17）绘制另一个端点，从而完成整个图
形的绘制，如图 4-20 所示。

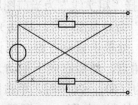

图 4-20　绘制完成

4.1.1 图层设置

在 AutoCAD 2014 中，图层是用于管理图样的有效工具，它相当于许多层"透明纸"叠在一起而形成完整的图形。使用图层来管理图样，可以在绘图时判断复杂度，同时也方便图样上图形的修改。

用户可以根据自身的需求，在"图层特性"窗口中对图层进行设置，如图 4-21 所示。如新建图层、选择图层、冻结图层、设置图层等。具体设置方法在 2.6 节中有详细介绍。

图 4-21 "图层特性"窗口

4.1.2 颜色设置

设置图层颜色即对图层中的图形对象进行颜色设置。将一些图层设置成不同的颜色，则可使所绘制的图形层次清晰，大大降低了复杂图形的杂乱程度，同时也极大地方便了用户的绘图。

设置图层颜色时，可以单击所选图层的颜色一栏，在弹出的"选择颜色"对话框中进行颜色的设置。"选择颜色"窗口中有三个选项卡，分别为"索引颜色"、"真彩色"和"配色系统"，用户可以从中选择自己所需的颜色。

- 索引颜色：在该选项卡中可以使用 AutoCAD 的标准颜色（ACI 颜色），如图 4-22 所示。在 ACI 颜色表中，每一种颜色用一个 ACI 编码（1～255）来标识。

- 真彩色：该选项卡使用 24 位颜色定义显示 16M 色，如图 4-23 所示。使用真彩色时，有 RGB 与 HSL 模式可供用户选择。如果使用 RGB 模式，可以指定颜色的红、绿、蓝组合；如果使用 HSL 模式，则可以指定颜色的色调、饱和度与亮度等参数。

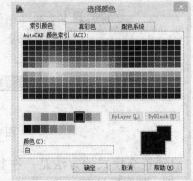

图 4-22 索引颜色

- 配色系统：在该选项卡的"配色系统"下拉列表中提供了 11 种定义好的色库列表，从中选择一种色库后，就可以在下面的颜色条中选择需要的颜色，如图 4-24 所示。

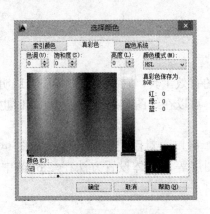

图 4-23 真彩色

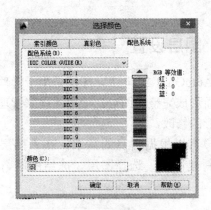

图 4-24 配色系统

4.1.3 线型设置

"图层线型"即指图层上图形对象的线型，如直线、虚线、中心线等，在绘图时，用户可以根据自身的需要设置图层的线型。在默认的情况下，图层的线型设置为实线（Continuous），如果要用其他的线型就需另行设置，设置方法在 2.6 节中有详细介绍。

4.1.4 定位工具

定位工具即在绘图时，帮助用户方便快捷地精确定位的工具。常用的定位工具有正交模式与捕捉模式。使用定位工具能大大地提高绘图效率。

1. 正交模式

正交模式即将光标的移动限制在当前的水平或竖直方向上，在此模式下，用户可以非常方便快捷地准确绘制水平直线与竖直直线。同时，在正交模式下，只能绘制水平或竖直方向上的直线，如图 4-25 所示。

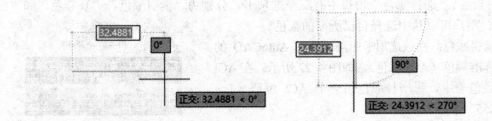

图 4-25 正交模式下绘制直线

启动正交模式的方法是：在状态栏中单击"下次模式"图标按钮，或者直接按〈F8〉键，使图标显亮。

当图标不显亮时，表示当前已退出正交模式。

2. 捕捉模式

捕捉模式用于设定鼠标光标一次移动的间距。一旦打开捕捉模式，鼠标光标就只能在按设定的间距离散跳跃地移动，而不能连续光滑地移动，如图 4-26 所示。在捕捉模式下，光标只能到达栅格的交点上，而栅格内的空白区域则不能到达。要想使光标连续光滑地移动，则必须要关闭捕捉模式。

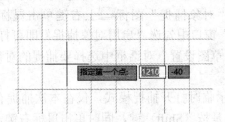

图 4-26　在捕捉模式下的光标

打开捕捉模式的方法通常是：单击状态栏中的"捕捉模式"图标按钮▦，或者直接按〈F9〉键，使该图标显亮即可。如果想关闭"捕捉模式"，可单击该图标或按〈F9〉键，使其不再显亮显示即可。

在绘制图形时，用户可能需要对"捕捉模式"的参数进行设置，此时可以在"捕捉模式"图标▦处单击鼠标右键，在弹出的菜单中选择"设置"，此时会弹出"草图设置"对话框，如图 4-27 所示。在"捕捉和栅格"选项卡中，用户可以设置是否启用捕捉模式，设置捕捉 X 轴、Y 轴的间距，选择捕捉的类型等。用户可以根据自身的需要对相关参数进行设置。

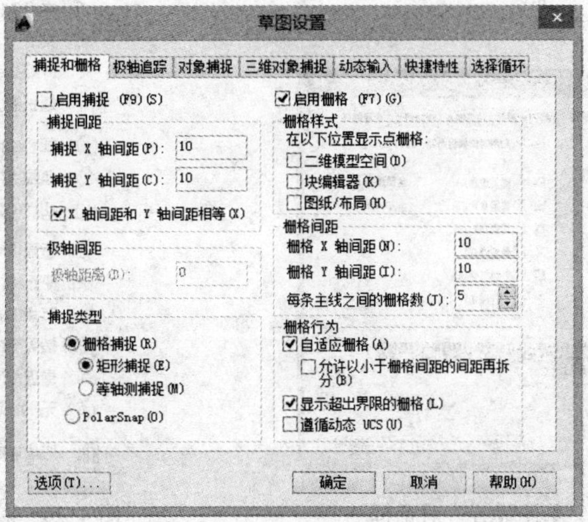

图 4-27　草图设置窗口中对捕捉模式进行设置

4.1.5　对象捕捉

在绘制图形的时候，用户经常需要指定一些现有对象上的特征点，如中心、圆心、切点等，如果单凭目测去选取，不可能很准确地选取到这些特征点，此时，使用对象捕捉功能就可以非常精确地选取这些特征点，从而精确且高效率地绘图。

使用对象捕捉功能的方法有两种，分别是运行捕捉模式与覆盖捕捉模式。

1．运行捕捉模式

"运行捕捉模式"即表示对象捕捉模式始终处于运行状态，直到关闭为止。打开对象捕捉模式的常用方法是在状态栏中直接单击"对象捕捉"图标按钮□或者按〈F3〉键，使其处于显亮状态；也可以在"对象捕捉"图标□上右键单击鼠标，在弹出菜单中选择"设置"，在弹出的"草图设置"窗口中勾选"启用对象捕捉"即可打开对象捕捉功能。

用户可根据需要，在"草图设置"对话框中选择要捕捉的对象类型，如图 4-28 所示。

2．覆盖捕捉模式

"覆盖捕捉模式"即表示临时打开捕捉模式，仅在本次捕捉有效。覆盖捕捉模式的打开方法通常有两种，其中一种是按〈Shift〉键，同时单击鼠标右键，如图 4-29 所示，在弹出的菜单中选择要捕捉的对象类型，即可临时使用对象捕捉功能；或者单击选择"对象捕捉"工具栏中的工具，也可进入覆盖捕捉模式。如果绘图窗口中没有"对象捕捉"工具栏，可以执行"工具"→"工具栏"→"AutoCAD"→"对象捕捉"命令，即可抽出该工具栏，如图 4-30 所示。

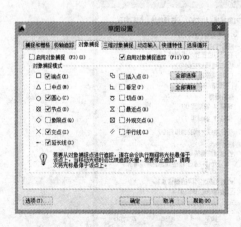

图 4-28　"草图设置"对话框　　　　　　　图 4-29　对象捕捉快捷菜单

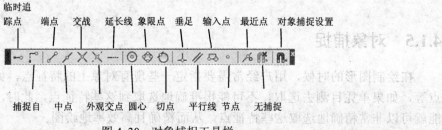

图 4-30　对象捕捉工具栏

4.1.6 对象追踪

使用对象追踪功能可以帮助用户通过与现有对象的特殊关系来创建新的对象，从而帮助用户快速且准确地绘图。对象追踪分为极轴追踪与对象捕捉追踪。

1. 极轴追踪

极轴追踪能够按事先给定的角度增量来追踪点的位置，如图 4-31 所示，在绘制一条直线时，先确定直线的起点，然后在选择第二个点时，光标可以绕第一个点旋转，当转到特定增量角度时（如 30°），则会显示一条无限长的射线，此时只需输入直线的长度即可完成直线的绘制。

打开极轴追踪的方法是：在状态栏中单击"极轴追踪"图标按钮 ，或者按〈F10〉键，使该图标高亮显示，即可进入极轴追踪状态。注意，"极轴追踪"与"正交模式"不能同时使用，两者只能选择其一。

图 4-31 极轴追踪

用户可以根据自身的需要去设置极轴追踪的最小增量角度，其设置方法是：1）可以在"极轴追踪"图标上右键单击，在弹出的菜单栏中选择所需的角度，如图 4-32 所示；2）如果弹出菜单中没有所需的最小增量角，则可以选择弹出菜单中的"设置"选项，弹出"草图设置"对话框，在"极轴追踪"选项卡中"增量角"一栏中输入或选择所需的增量角，最后单击"确定"按钮即可，如图 4-33 所示。

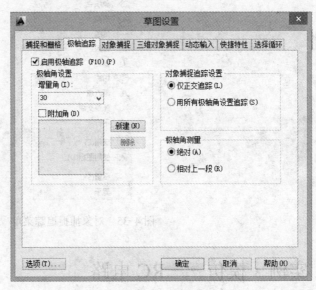

图 4-32 极轴追踪菜单　　　　　　　图 4-33 草图设置

2. 对象捕捉追踪

使用对象捕捉追踪，可以沿着基于对象捕捉点的对齐路径进行追踪。已获取的点将显示一个小加号"+"，一次最多可以获取 7 个追踪点。获取点之后，当在绘图路径上移动光标时，将显示相对于获取点的水平、垂直或极轴对齐路径。例如，可以基于对象端点、中点或者对象的交点，沿着某个路径选择一点，如图 4-34 所示，即在一条过直线端点的水平线上选取一点。

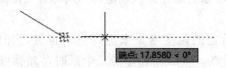

图 4-34　对象捕捉追踪

打开"对象捕捉追踪"的方法是：在状态栏中单击"对象捕捉状栏"图标按钮，或者按〈F11〉键，使得该图标高亮显示，即表示已经打开"对象捕捉追踪"。注意，"对象捕捉追踪"与"对象捕捉"必须同时使用。

设置"对象捕捉追踪"，即设置"对象捕捉"中所要自动捕捉的对象，可以在"草图设置"对话框的"对象捕捉"选项卡中设置。可以在"对象捕捉追踪"图标上单击鼠标右键，在弹出菜单栏中选择所需的捕捉对象，或者选择菜单栏中的"设置"选项，进入"草图设置"对话框，在"对象捕捉"选项卡中进行相应的设置，如图 4-35 所示。

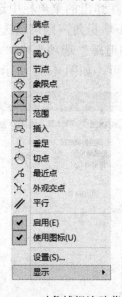

图 4-35　对象捕捉追踪菜单

4.2　实例·模仿——RC 电路

在本节中，将绘制如图 4-36 所示的 RC 电路图，该电路图已经初步绘制，如图 4-37 所示，但是其中的尺寸关系与几何关系尚没有精确地确定下来。在本节中，将主要讲述如何由图 4-37 绘制成图 4-40。

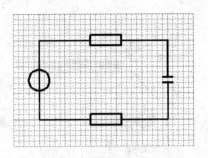

图 4-36　RC 电路

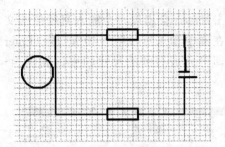

图 4-37　RC 电路的初步绘制

思路·点拨

在图 4-37 中，已经绘制了 RC 电路图中的所有几何要素了，这些图形的尺寸与几何关系尚没有精确地确定下来，此时，可以调用 AutoCAD 中提供的参数化设计工具：尺寸约束、几何约束与自动约束。其操作步骤是：先用尺寸约束来确定圆的半径与右上角水平直线的长度，再确定各个几何要素之间的几何关系，最后将尺寸约束与几何约束全部隐藏，如图 4-38～图 4-40 所示。

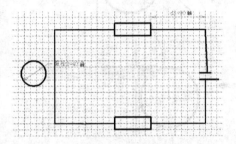

图 4-38　尺寸约束

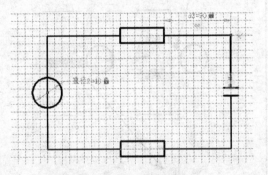

图 4-39　几何约束与自动约束

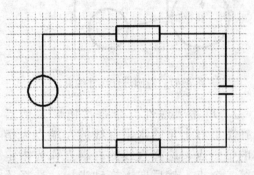

图 4-40　隐藏所有约束

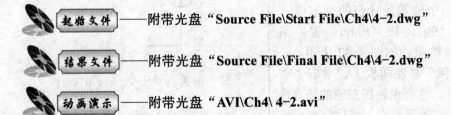

起始文件——附带光盘"Source File\Start File\Ch4\4-2.dwg"

结果文件——附带光盘"Source File\Final File\Ch4\4-2.dwg"

动画演示——附带光盘"AVI\Ch4\ 4-2.avi"

【操作步骤】

1）首先打开光盘中的 4-2.dwg 文件，然后选择功能区面板中的"参数化"选项卡，该选项卡中有几何、标注与管理面板，在标注面板中单击"直径"命令按钮，然后选择图中的圆的圆周，向外拖动光标，然后后单击鼠标，会出现一个输入直径值的文本框，在框中输入直径值"40"，按〈Enter〉键，即可完成对圆的尺寸约束，如图 4-41 所示。

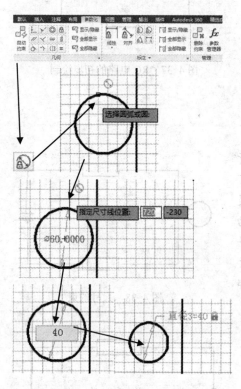

图 4-41　对圆进行尺寸约束

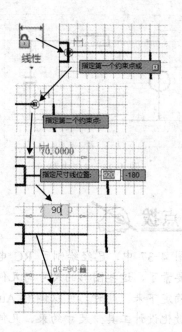

图 4-42　对直线进行尺寸约束

2）单击"线性"命令按钮，然后选择图形右上角的水平直线的左端点为指定的第一点，选择直线的右端点作为指定的第二个点，然后向上拖动光标，选择适当的位置放置尺寸线，放置完后，尺寸线位置上会出现一个输入尺寸值的文本框，在此输入数值"90"，按〈Enter〉键，完成对直线的尺寸约束，如图 4-42 所示。

3）在"几何"功能面板上，单击"重合"命令按钮，选择电路图左侧的竖直直线的中心作为指定的第一点，然后将光标移到圆的圆周上并点击，选择圆的圆心作为指定的第二个点，然后按〈Enter〉键，即可将竖直直线的中点与圆的圆心重合，如图 4-43 所示。

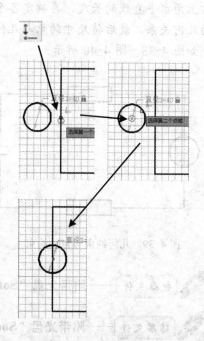

图 4-43　圆心与直线中点重合

4）单击"自动约束"命令按钮，先选择右上角的水平直线，然后选择水平直线旁边的斜线，然后按〈Enter〉键，则可用"自动约束"使斜线与水平直线垂直，如图 4-44 所示。

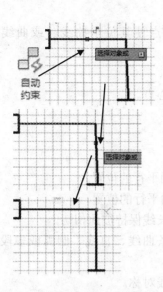

图 4-44 使用自动约束

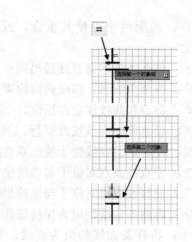

图 4-45 使用"相等"几何约束

5）单击几何功能面板上的"相等"命令按钮 ═，然后选择位于图的右边的较短的水平线，然后再选择较短的水平线下方的较长的水平线，即可使第二条水平线与第一条水平线等长。从而完成电路图的绘制，如图 4-45 所示。

6）分别单击几何面板与标注面板上的"隐藏约束"按钮，使图上的约束图标不能显示，完成电路图的绘制，如图 4-46 所示。

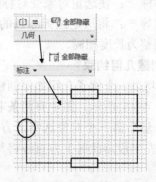

图 4-46 隐藏约束

4.2.1 建立几何约束

用户草绘完成后，有时需要对现有的对象之间的几何关系进行约束，此时，AutoCAD 中的几何约束功能就能满足用户的需求。几何约束即是用户在现有图形的基础上，在图形中的几何要素之间添加几何关系，如相切、相等、平行等，以更改图形。在 AutoCAD 2014 的草图环境中，用户可以随时对草图进行几何约束。

1．几何约束的种类

几何约束的面板如图 4-47 所示。AutoCAD 2014 为用户提供了多种几何约束，现在分别介绍如下：

图 4-47 几何约束的面板

- 重合 ⊥：约束两个点使其重合，或者约束一个点使其位于曲线（或曲线的延长线）上。
- 共线 ✓：使两条或多条直线段沿同一直线方向。
- 同心 ◎：将两个圆弧、圆或椭圆约束到同一个中心点。
- 固定 🔒：将点和曲线锁定在原位。
- 平行 //：使选定的直线彼此平行。
- 垂直 ⟨：使选定的直线位于彼此垂直的位置。
- 水平 ―：使直线或点对位于与当前坐标系的 X 轴平行的位置。
- 竖直 ⫴：使直线或点对位于与当前坐标系的 Y 轴平行的位置。
- 相切 ○：将两条曲线约束为保持彼此相切或其延长线保持彼此相切。
- 平滑 ⌐：将样条曲线约束为连续，并与其他样条曲线、直线、圆弧或多段线保持 G2 连续性。
- 对称 ⟨⟩：使选定对象受对称约束，相对于选定直线对称。
- 相等 ＝：将选定圆弧和圆的尺寸重新调整使其半径相同，或将选定直线的尺寸重新调整为长度相同。

2. 创建几何约束

下面将以一个例子介绍如何创建几何约束。

如图 4-48 所示，图中有两条非平行的直线。在"几何"功能面板上单击"平行"命令按钮 //，然后第一个对象选择下方的直线，第二个对象选择上方的直线，且在选择时，单击直线的左半段，此时上方直线将与正文直线平行。

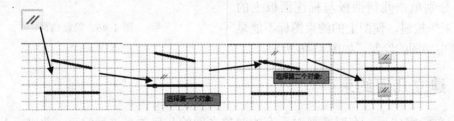

图 4-48 平行约束

注意，采用几何约束时，第一个选择的对象通常是默认固定不动第一个对象，所选择的第二个对象会根据几何约束的类型，以第一个对象为参考而变动。

4.2.2 设置几何约束

在"几何"功能面板上，有 显示/隐藏 、 全部显示 与 全部隐藏 三个按钮，用于单独或整体对几何约束符号进行隐藏或显示。用户在绘图时可以根据需要选取。下面将以一个例子简单介绍其用法。

如图 4-49 所示，图中的图形有多个几何约束符号，在"几何"功能面板中单击"显示/隐藏"按钮，然后选择单击图形上方的水平直线，按〈Enter〉键，在弹出菜单中单击"隐藏"按钮，即可将两个"平行"几何约束符号隐藏。

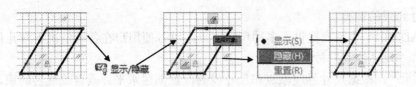

图 4-49　隐藏"平行"约束符号

另外一种方法是：在"几何"功能面板的右下角有一个斜右向下的箭头，单击这个箭头，会弹出"约束设置"对话框，选择"几何"选项卡，在"约束栏显示设置"一栏中勾选所要隐藏与显示的几何约束即可，如图 4-50 所示。

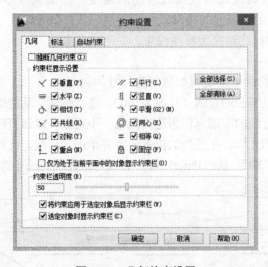

图 4-50　几何约束设置

4.2.3　建立尺寸约束

在使用"几何约束"确定了草图中各几何要素的几何关系之后，其尺寸还是没有确定下来，此时就需要最终确定各几何要素的尺寸。在 AutoCAD 2014 中，这些任务是由"尺寸约束"功能来完成的。尺寸约束就是以准确的尺寸值来驱动草图的大小，使草图的大小发生改变。

使用尺寸约束可以准确地设定几何对象的大小，尺寸约束的功能面板如图 4-51 所示。

图 4-51　尺寸约束面板

1. 尺寸约束的种类

AutoCAD 2014 为用户提供了多种尺寸约束，以方便用户在各种情况下对几何对象的尺寸进行限制，"尺寸约束"种类如下：

- 线性 ⬚ 线性：根据尺寸界线原点和尺寸线的位置创建水平、垂直或旋转约束。
- 水平 ⬚ 水平：约束对象上的点或不同对象上两个点之间的 X 距离。
- 竖直 ⬚ 竖直：约束对象上的点或不同对象上两个点之间的 Y 距离。
- 半径 ⬚：约束圆或圆弧的半径。
- 直径 ⬚：约束圆或圆弧的直径。
- 角度 ⬚：约束直线段或多段线段之间的角度、由圆弧或多段线圆弧扫掠得到的角度，或对象上三个点之间的角度。
- 转换 ⬚：将关联标注转换为标注约束。

2. 创建尺寸约束

下面将以一个简单的例子来说明如何创建尺寸约束。

下图中有两条平行且等长的直线（长度为 60），在"标注"功能面板中，单击"纯属"命令按钮，然后选择下方直线的左端点作为选择的第一个对象。以该直线的右端点作为选择的第二个对象，然后向下拖动光标，在适当的位置放置并单击尺寸线，此时会出现一个输入尺寸值的文本框，输入尺寸值"80"，按〈Enter〉键，完成对该直线的尺寸约束，如图 4-52 所示。

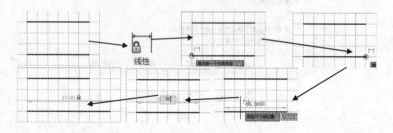

图 4-52 "线性"尺寸约束

注意，第一个选择的对象通常默认为固定不动，第二个选择的对象为可动，它会根据输入的尺寸值移动。

4.2.4 设置尺寸约束

在使用 AutoCAD 2014 绘图时，用户有时会需要对尺寸约束进行设置，例如对个别或全部尺寸约束的尺寸线进行显示或隐藏，或者设置尺寸线的样式，以取得更好的视觉效果。对尺寸线进行显示或隐藏的操作方法与对几何约束的显示与隐藏的方法相同。设置尺寸线的样式可以在"约束设置"对话框的"标注"选项卡中进行设置。

下面将以一个简单的例子来介绍如何设置尺寸线样式。

图 4-53 中的所有尺寸线中均有标注的名称与值，此时可以单击"标注"功能面板右下角斜向下的箭头 ，此时会弹出一个尺寸约束设置对话框，如图 4-54 所示。选择"标注"选项卡，单击"标注名称格式"的下拉选择按钮，选择下拉列表框中的"值"选项，单击"确定"按钮，则图中的尺寸线只有值而没有名称。

图 4-53 "约束设置"对话框

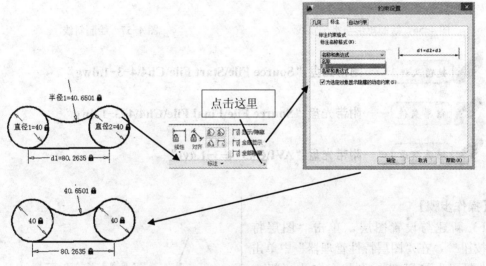

图 4-54 尺寸约束设置

4.3 能力·提高

4.3.1 应用 1——压敏电阻器

在本节中,将绘制如图 4-55 所示的压敏电阻器的图形。

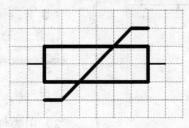

图 4-55 压敏电阻器

思路·点拨

压敏电阻器符号由矩形与直线构成，为了方便画图，用户可以在绘图区设置栅格，每个栅格的边长为 10mm，在正交模式与捕捉模式下，绘制矩形与水平直线，如图 4-56 所示。然后采用极轴追踪，绘制斜线，如图 4-57 所示。

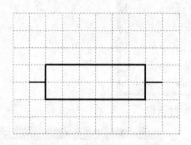
图 4-56 绘制矩形与水平直线

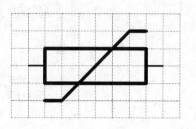
图 4-57 绘制斜线

【操作步骤】

1) 新建与设置图层。单击"图层特性"按钮 ，在"图层特性管理器"中单击"新建图层"按钮 ，将其命名为"粗实线"，使用默认的颜色与线型，单击该图层的"线宽"一栏，选择线宽为 0.4mm，从而完成新建"粗实线"图层，如图 4-58 所示。

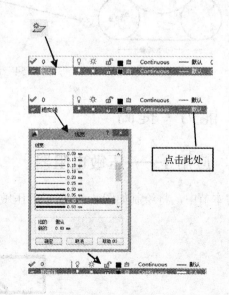

点击此处

图 4-58 新建"粗实线"图层（续）

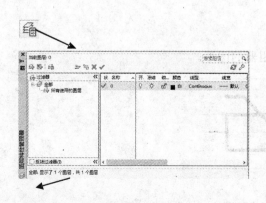
图 4-58 新建"粗实线"图层

2) 用类似的方法，新建"细实线"图层与"中心线"图层，如图 4-59 所示。

图 4-59 新建"细实线"图层与"中心线"图层

3）在状态栏中分别单击"正交模式"、"捕捉模式"、"栅格显示"命令图标按钮、、，使它们均高亮显示。然后单击"矩形"命令按钮，在屏幕中适当取一点单击，拖动光标，向右拖动 6 个栅格的距离，向下拖动 2 个栅格的距离，单击鼠标，完成矩形的绘制，如图 4-60 所示。

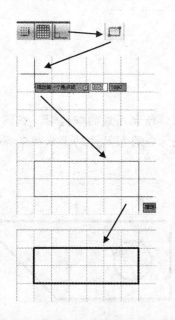

图 4-60 绘制矩形

4）单击"直线"命令按钮，然后按〈Shift〉键，同时单击鼠标右键，在弹出的菜单中选择"中心"，然后在选择矩形左边线的中心，接着向左移动光标，移动一格的距离后单击鼠标，完成水平直线的绘制，如图 4-61 所示。

5）用类似的方法，绘制右边的水平直线，如图 4-62 所示。

6）单击"直线"命令按钮，选择图 4-63 所示的地方为直线的第一个点。然后将光标向右移动一格，单击鼠标，完成水平直线的绘制，然后按〈F10〉键，向右上角移动并旋转光标，当屏幕中出现一条无限长的虚线并且显示角度为 45°时，沿着虚线移动光标，直至图中所示的栅格点上，单击鼠标，完成斜线的绘制，如图 4-63 所示。

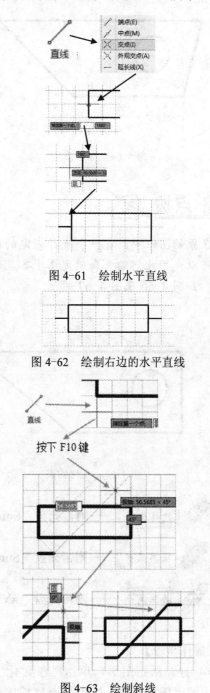

图 4-61 绘制水平直线

图 4-62 绘制右边的水平直线

图 4-63 绘制斜线

4.3.2　应用2——几何图形的调整

在本节中，主要讲解如何将图 4-64 所示的原始图形调整成为图 4-65 所示的目标图形。

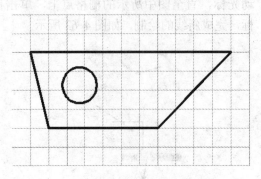

图 4-64　原始图形

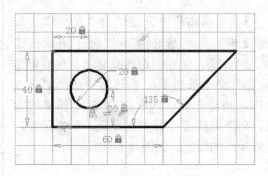

图 4-65　目标图形

思路·点拨

在原始图形中，有一个直径未定的圆及一个由多段线绘制而成的四边形，在调整过程中，可以先用几何约束来确定图中各几何要素的几何关系，再用尺寸约束来确定各图形的大小，如图 4-66 及图 4-67 所示。

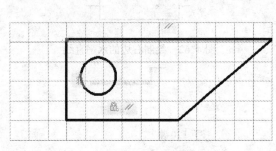

图 4-66　几何约束

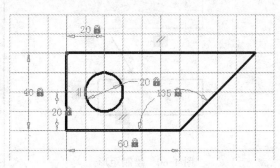

图 4-67　尺寸约束

起始文件——附带光盘"Source File\Start File\Ch4\4-3-2.dwg"

结果文件——附带光盘"Source File\Final File\Ch4\4-3-2.dwg"

动画演示——附带光盘"AVI\Ch3\ 4-3-21.avi"

【操作步骤】

1）打开原始图形，单击"参数化"选项卡中的"固定"命令按钮，然后选择图

中的梯形的下边线作为固定对象，如图 4-68 所示。

2）单击"竖直"命令按钮，然后移

动光标，单击梯形的左边线的下半部分，使其变成竖直，如图 4-69 所示。

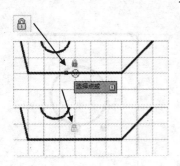

图 4-68　固定梯形下边线

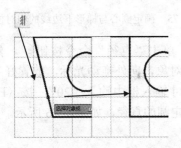

图 4-69　"竖直"约束梯形左边线

3）单击"重合"命令按钮，然后选择梯形左边线的上端点，再选择梯形上边线的左端点，从而使两个端点重合，如图 4-70 所示。

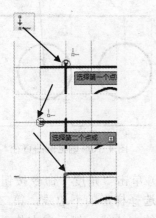

图 4-70　两个端点重合

4）单击"平行"命令按钮，然后第一个对象选择梯形的下边线，第二个对象选择梯形的上边线，从而确立梯形上下边线的平行关系，如图 4-71 所示。

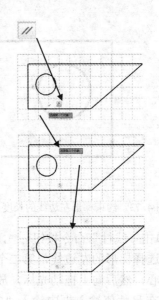

图 4-71　使上下边线平行

5）单击"线性"命令按钮，第一个点选择梯形下边线的左端点，第二个点选择该线的右端点，向下拖动光标，在适当的位置放置好尺寸线，在尺寸输入框中输入长度值"60"，按〈Enter〉键，完成对直线的长度约束，如图 4-72 所示。

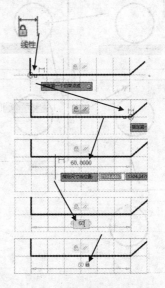

图 4-72　约束直线的长度

6）用类似的方法调整梯形左边线的长度，令其长度为"40"，如图 4-73 所示。

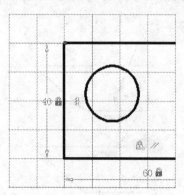

图 4-73　约束梯形左边线的长度

7）单击"线性"命令按钮，然后第一个对象选择梯形的左边线，第二个对象选择圆的圆心，然后向上拖动光标，放置好尺寸线后，在尺寸值输入框中输入"20"，按〈Enter〉键，从而确定圆心与梯形左边线的相对位置，如图 4-74 所示。

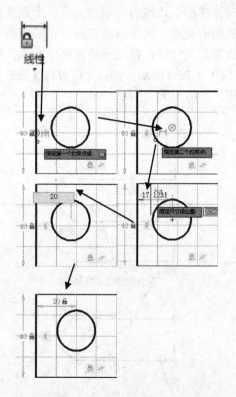

图 4-74　确定圆心与梯形左边线的相对位置

8）用类似的方法，确定圆心与梯形下边线的相对位置，其距离为"20"，如图 4-75 所示。

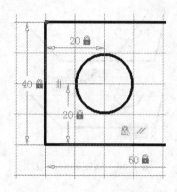

图 4-75　确定圆心与梯形下边线的相对位置

9）单击"直径"命令按钮，然后选择圆为对象，向外拖动光标，放置好尺寸线后在尺寸输入框中输入"20"，按〈Enter〉键，确定圆的直径，如图 4-76 所示。

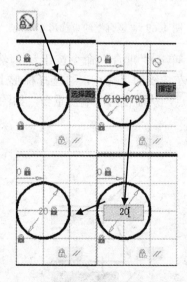

图 4-76　确定圆的直径

10）单击"角度"命令按钮，第一个对象选择梯形的下边线，第二个对象选择梯形的右边线，然后向右拖动光标，在适当的位置放置好尺寸线，在角度输入框中输入角度"135°"，按〈Enter〉键，完成对角度的确定，如图 4-77 所示。

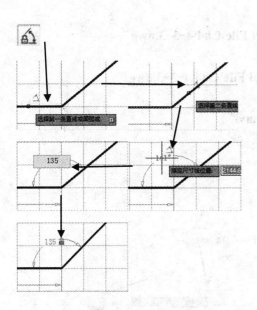

图 4-77　角度约束

11）分别选择"几何"功能面板中的"全部隐藏"与"标注"功能面板中的"全部隐藏"，将几何约束与尺寸约束的符号与尺寸线全部隐藏，如图 4-78 所示。

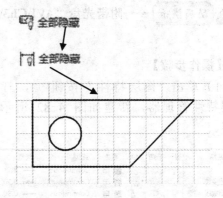

图 4-78　隐藏几何约束与尺寸约束

4.3.3　应用 3——中心馈线单元符号

在本节中，将绘制如图 4-79 所示的中心馈线单元的符号。

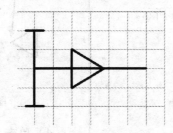

图 4-79　中心馈线单元

思路·点拨

绘制该图时，先绘制基本图形，如图 4-80 所示，然后用几何约束与尺寸约束来调整图形，以符合所需的要求，如图 4-81 所示。

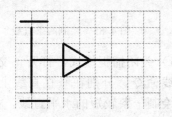

图 4-80　绘制基本图形

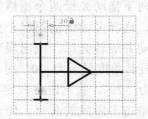

图 4-81　几何与尺寸约束调整

起始文件 ——附带光盘"Source File\Start File\Ch4\4-3-3.dwg"

结果文件 ——附带光盘"Source File\Final File\Ch4\4-3-3.dwg"

动画演示 ——附带光盘"AVI\Ch3\ 4-3-3.avi"

【操作步骤】

1）单击"图层特性"按钮 🔲，打开图层特性管理器，新建如图 4-82 所示的图层。

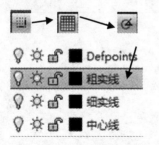

图 4-82 新建图层

2）在状态栏中打开"捕捉模式" 🔲、"栅格显示" 🔲 与"极轴追踪" 🔄，然后选择"粗实线"为当前图层，如图 4-83 所示。

图 4-83 设置模式并选择图层

3）单击"多段线"命令按钮 ⌐⌐，在绘图区中的适当位置选择多段线的第一个点，然后向下拖动光标两个栅格的距离，单击鼠标，选择多段线的第二个点，接着斜向上移动并旋转光标，当出现一条无限长的虚线且其角度显示为 30°时，输入线段的长度为"20"，按〈Enter〉键，然后移动光标，单击多段线的起点，闭合图形，完成正三角形的绘制，如图 4-84 所示。

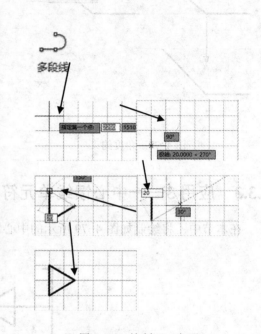

图 4-84 绘制正三角形

4）单击"直线"命令按钮 ✏，如图 4-85 所示，在绘图区中绘制两条直线。

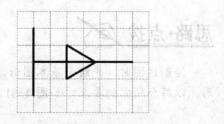

图 4-85 绘制两条直线

5）关闭捕捉模式，打开正交模式，执行直线命令，分别在竖直直线上、下端点附近绘制一条较短的水平直线，如图 4-86 所示。

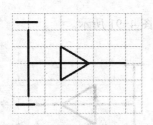

图 4-86　绘制水平直线

6）打开"参数化"选项卡，在"标注"功能面板中单击"水平"命令按钮 ▯，第一个对象选择步骤 5）中所绘的第一条水平直线的左端点，第二个对象选择该直线的右端点，选择适当的位置放置尺寸线，在尺寸输入框中输入尺寸值"10"，按〈Enter〉键，完成水平直线长度的约束，如图 4-87 所示。

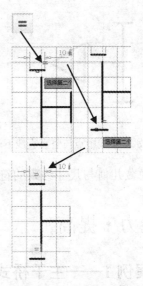

图 4-88　两水平短线等长

8）单击"重合"命令按钮 ▯，第一个对象选择竖直直线的上端点，第二个对象选择图形上方的水平短线的中点，使水平短线的中点与竖直直线的上端点重合，如图 4-89 所示。

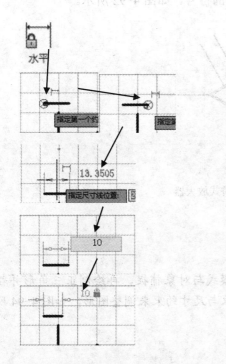

图 4-87　完成水平直线长度的约束

7）单击"相等"命令按钮 ▯，第一个对象选择图形上方的短的水平直线，第二个对象选择图形下方短的水平直线，使下方的水平短线与上方的水平短线等长，如图 4-88 所示。

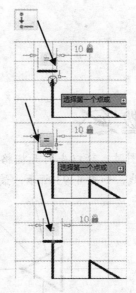

图 4-89　水平短线中点与竖直直线上端点重合

9）用类似的方法，使竖直直线的下端点与图形下方的水平短线的中点重合，如图 4-90 所示。

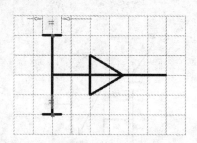

图 4-90　水平短线中点与竖直直线下端点重合

10）隐藏几何与尺寸约束的符号，完成

绘图，如图 4-91 所示。

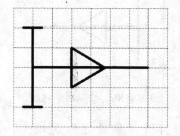

图 4-91　隐藏几何与尺寸约束

4.4　能力·提高

4.4.1　案例1——主干桥式放大器符号

在本节中，将介绍如何绘制主干桥式放大器的符号，如图 4-92 所示。

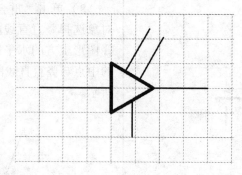

图 4-92　主干桥式放大器

思路·点拨

绘制该图时，可以先打开栅格显示、捕捉模式与对象捕捉，再绘制正三角形并粗略地绘制其余直线，如图 4-93 所示，最后用几何约束与尺寸约束来调整图形，如图 4-94 所示。

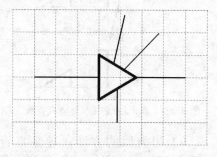

图 4-93　绘制图形

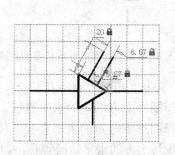

图 4-94　调整图形

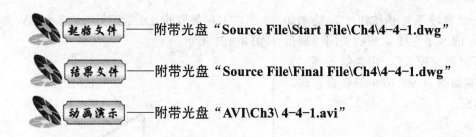

起始文件——附带光盘"Source File\Start File\Ch4\4-4-1.dwg"

结果文件——附带光盘"Source File\Final File\Ch4\4-4-1.dwg"

动画演示——附带光盘"AVI\Ch3\ 4-4-1.avi"

【操作步骤】

1）单击"图层特性 "按钮，打开图层特性管理器，新建如图 4-95 所示的图层。

图 4-95　新建图层

2）在状态栏中打开"捕捉模式" 、"栅格显示" 与"极轴追踪" ，然后选择"粗实线"为当前图层，如图 4-96 所示。

图 4-96　设置模式并选择图层

3）单击"多段线"命令按钮 ，在绘图区中的适当位置选择多段线的第一个点，然后向下拖动光标两个栅格，单击鼠标，选择多段线的第二个点，接着斜向上移动并旋转光标，当出现一条无限长的虚线且其角度显示为 30° 时，输入线段的长度为"20"，按〈Enter〉键，然后移动光标，单击多段线的起点，闭合图形，完成正三角形的绘制。如图 4-97 所示。

4）选择"细实线"为当前图层，打开"正交模式"，执行"直线"命令，按〈Shift〉键，同时右键单击鼠标，在弹出的菜单中选择"中点"，然后选择正三角形的左边线的中心作为直线的起点，接着向左移

动光标三个栅格的距离，单击鼠标，完成直线的绘制，如图 4-98 所示。

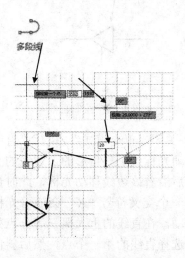

图 4-97　绘制正三角形

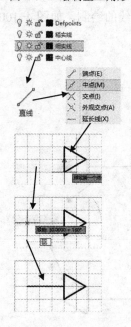

图 4-98　绘制直线

5）单击"直线"命令按钮 ，绘制如图 4-99 所示的水平直线。然后关闭"捕捉模式"，打开"正交模式"，用类似步骤 4）的方法，绘制如图 4-99 所示的竖直直线，其长度为"15"。

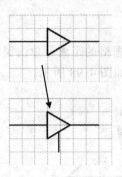

图 4-99　绘制直线

6）关闭"正交模式"，执行"直线"命令，移动光标到正三角形的上边线的上端点处，然后沿着该边线移动光标，此时该边线上会有一个交叉符号"X"会随着光标的移动而移动，在直线的上大概三等分点处单击鼠标，选择直线的第一个点，然后斜向上拖动光标，在适当的位置选择直线的第二个点。完成斜线的绘制，如图 4-100 所示。

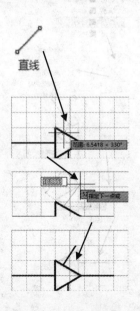

图 4-100　绘制斜线

7）用类似的方法绘制另外一条斜线，如图 4-101 所示。

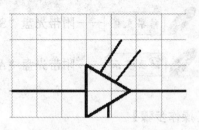

图 4-101　绘制斜线

8）在"参数化"功能面板中单击"对齐"命令按钮 ，然后选择第一条斜线的下端点作第一个对象，然后选择斜线的上端点作为第二个对象，移动光标，在适当的位置放置尺寸线，在尺寸输入框中输入斜线长度"20"，按〈Enter〉键，完成对斜线长度的约束，如图 4-102 所示。

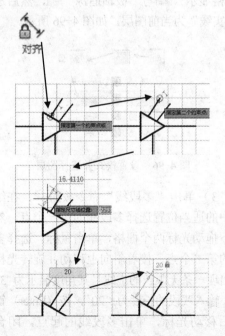

图 4-102　约束斜线的长度

9）单击"相等"命令按钮 ，然后选择第一条斜线作为第一个对象，再选择第二条斜线作为第二个对象，约束两条斜线长度相等，如图 4-103 所示。

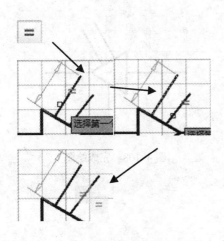

图 4-103　相等约束

10）单击"垂直"命令按钮 ⊻，然后正三角形的上边线作为第一个对象，选择第一条斜线作为第二个对象，使第一条斜线垂直于正三角形的上边线，如图 4-104 所示。

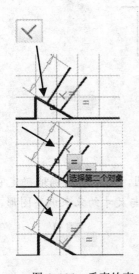

图 4-104　垂直约束

11）单击"平行"命令按钮 ⫽，然后选择第一条斜线作为第一个对象，再选择第二条斜线作为第二个对象，约束两条斜线长度平行，如图 4-105 所示。

12）单击"对齐"命令按钮 ，选择正三角形的上边线的上端点作为第一个对象，选择第一条斜线的下端点作为第二个对象，拖动光标，放置好尺寸线，在尺寸输入框中

输入距离值"6.67"，按〈Enter〉键，如图 4-106 所示。

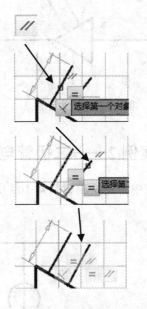

图 4-105　平行约束

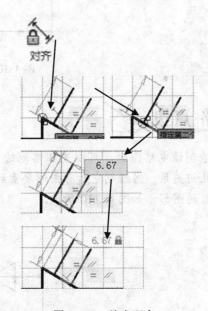

图 4-106　约束距离 1

13）用类似的方法，约束下三角形上边线的下端点与第二条斜线的下端点的距离为"6.67"，如图 4-107 所示。

14）隐藏全部约束，完成绘图，如图 4-108 所示。

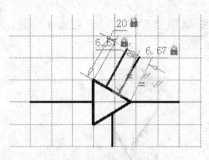

图 4-107 约束距离 2

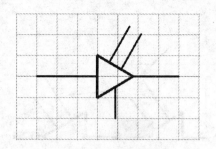

图 4-108 完成绘图

4.4.2 案例 2——二极管电容电路

在本节中，将绘制如图 4-109 所示的二极管电容电路。

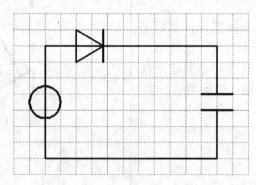

图 4-109 二极管电容电路

思路·点拨

绘制该电路图时，可以先粗略地绘制三角形、直线与圆，而不用精确地确定它们的尺寸与几何关系，当绘制完所有图形要素后，再运用几何约束与尺寸约束来调整图形，最终绘制成目的图形。如图 4-110 所示。

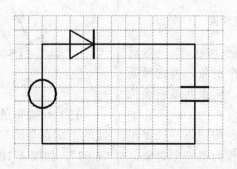

图 4-110 几何与尺寸约束后的最终图

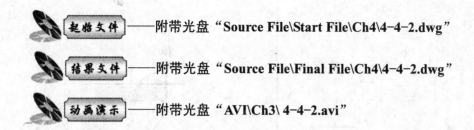

起始文件——附带光盘"Source File\Start File\Ch4\4-4-2.dwg"

结果文件——附带光盘"Source File\Final File\Ch4\4-4-2.dwg"

动画演示——附带光盘"AVI\Ch3\ 4-4-2.avi"

【操作步骤】

1）单击"图层特性"按钮 🔲，打开图层特性管理器，新建如图 4-111 所示的图层。

状	名称	开.	冻结	锁	颜色	线型	线宽
⊘	0	💡	☼	🔓	■白	Continuous	—— 默认 0
✔	粗实线	💡	☼	🔓	■白	Continuous	—— 0.50.. 0
⊘	细实线	💡	☼	🔓	■白	Continuous	—— 0.30.. 0
⊘	虚线	💡	☼	🔓	■白	ACAD_ISO0..	—— 0.30.. 0
⊘	中心线	💡	☼	🔓	■10	CENTER2	—— 0.30.. 0

图 4-111　新建图层

2）以"粗实线"为当前图层，启用捕捉模式，栅格显示与极轴追踪，执行"多段线"命令，在屏幕中选择一点作为直线的起点，然后向下移动光标两格距离，单击鼠标，选择直线的第二个点，接着向右上方移动光标，在出现一条无限长的虚线时且显示角度为 30°时，输入直线的长度"20"，接着连接多段线的起点，完成正三角形的绘制，如图 4-112 所示。

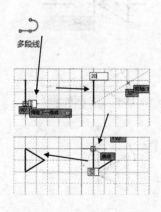

图 4-112　绘制正三角形

3）单击"直线"命令按钮 ✐，在图 4-113 所示的位置选择直线的起点，然后向下拖动光标两格的距离，单击鼠标，选择直线的端点，完成竖直直线的绘制。

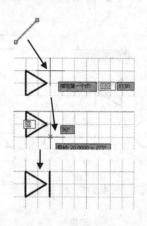

图 4-113　绘制竖直直线

4）用类似的方法，绘制如图 4-114 所示的两条水平直线。

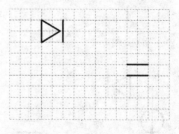

图 4-114　绘制两条水平直线

5）单击"圆"命令按钮 ⊙，选择图 4-115 所示的位置作为圆心，然后向右拖动光标一格的距离，单击鼠标，完成圆的绘制。

6）选择"细实线"为当前图层，执行"多段线"命令 ⤴。然后按〈Shift〉键，选择上水平直线的中心作为多段线的起点，绘制如图 4-116 所示的多段线，以下水平直线的中心作为多段线的端点。

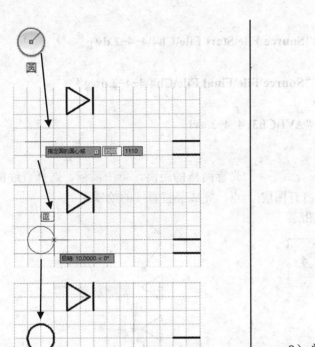

图 4-115　绘制圆

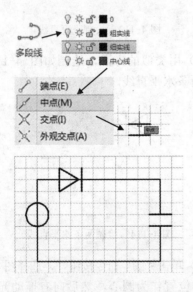

图 4-116　绘制导线

7）在"参数化"选项卡中，单击"平行"命令按钮，第一个对象选择正三角形的竖直边线，第二个对象选择正三角形旁边的竖直边线，从而约束两边直线相互平行，如图 4-117 所示。

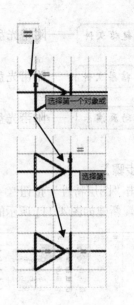

图 4-117　约束两直线平行

8）单击"重合"命令按钮，第一个对象选择正三角形的右顶点，第二个对象选择正三角形右边竖直直线的中点，从而使直线的中点与正三角形的右顶点重合，如图 4-118 所示。

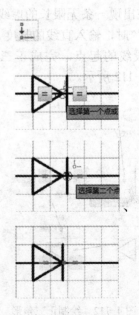

图 4-118　"重合"约束

9）用类似的方法，使图形中左侧竖直导线的中心与圆的圆心重合，如图 4-119 所示。

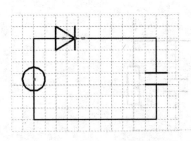

图 4-119　圆心与竖直导线的中心重合

10）单击"几何"功能面板上的"全部隐藏"命令按钮 ^{全部隐藏}，使几何约束的符号不能显示，完成绘图，如图 4-120 所示。

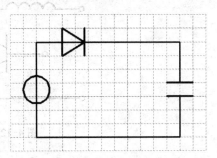

图 4-120　完成绘图

4.4.3　案例 3——并联开关稳压电源

在本节中，将详细介绍如何绘制并联开关稳压电源电路图，如图 4-121 所示。

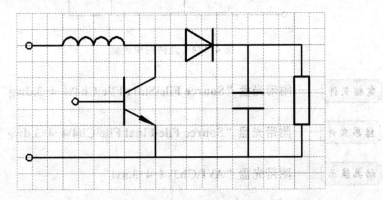

图 4-121　并联开关稳压电源电路图

思路·点拨

绘制该图时，先绘制电容、电感、二极管等元件，然后连接导线与绘制端点，最后用几何约束来调整图形，如图 4-122～图 4-124 所示。

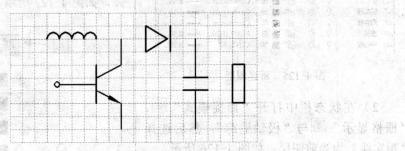

图 4-122　绘制元件

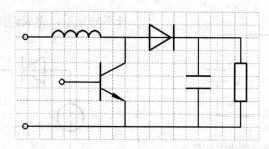

图 4-123　绘制导线与端点

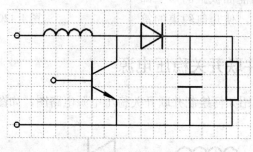

图 4-124　几何约束调整

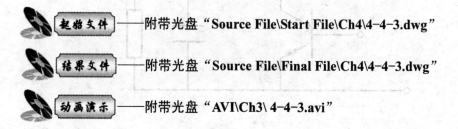

起始文件——附带光盘 "Source File\Start File\Ch4\4-4-3.dwg"

结果文件——附带光盘 "Source File\Final File\Ch4\4-4-3.dwg"

动画演示——附带光盘 "AVI\Ch3\ 4-4-3.avi"

【操作步骤】

1）单击"图层特性"按钮 ，打开图层特性管理器，新建如图 4-125 所示的图层。

状	名称	开.	冻结	锁..	颜色	线型	线宽
✍	0	♀	☼	🔓	■白	Continuous	—— 默认
✔	粗实线	♀	☼	🔓	■白	Continuous	■ 0.50...
✍	细实线	♀	☼	🔓	■白	Continuous	■ 0.30...
✍	虚线	♀	☼	🔓	■白	ACAD_ISO0...	■ 0.30...
✍	中心线	♀	☼	🔓	■10	CENTER2	■ 0.30...

图 4-125　新建图层

2）在状态栏中打开"捕捉模式" 、"栅格显示" 与"极轴追踪"，然后选择"粗实线"为当前图层，如图 4-126 所示。

3）单击"多段线"命令按钮 ，在绘图区的适当位置选择一点作为多段线的起点，然后在命令行中执行"圆弧"→"方向"命令，接着向上拖动光标，单击屏幕，然后在多段线的起点左边一个栅格的距离处选择多段线的第二个点，绘制一个圆弧，用类似的方法绘制另外的三个圆弧，如图 4-127 所示。

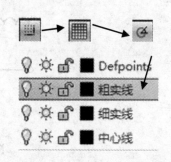

图 4-126　设置模式并选择图层

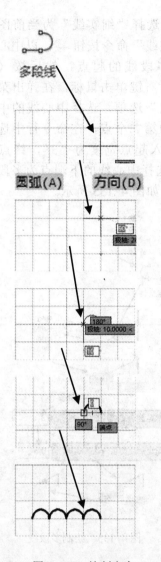

图 4-127　绘制电容

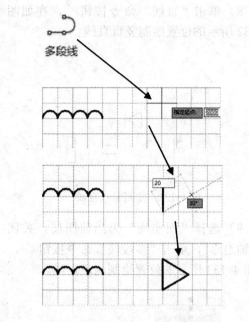

图 4-128　绘制正三角形

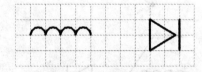

图 4-129　绘制直线

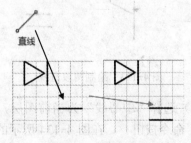

图 4-130　绘制电容

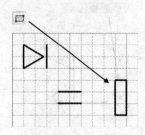

图 4-131　绘制电阻

4）单击"多段线"命令 ⌐ ，在图 4-128 所示的位置选择多段线的起点，然后向下移动光标两格的距离，单击鼠标，选择直线的第二个点，接着向右上方移动光标，在出现一条无限长的虚线时且显示角度为 30° 时，输入直线的长度"20"，接着连接多段线的起点，完成正三角形的绘制，如图 4-128 所示。

5）单击"直线"命令按钮 ╱ ，在图 4-129 所示的位置，绘制直线。

6）单击"直线"命令按钮 ╱ ，在如图 4-130 所示的位置，绘制电容。

7）单击"矩形"命令按钮 ▭ ，在如图 4-131 所示的位置绘制矩形。

8）单击"直线"命令按钮✐，在如图4-132 所示的位置绘制竖直直线。

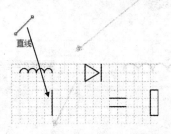

图 4-132　绘制竖直直线

9）选择"细实线"为当前图层，关闭"极轴追踪"，单击"多段线"命令按钮⌐⌐，在图 4-133 所示的位置绘制两段直线。

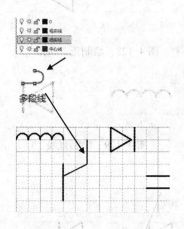

图 4-133　绘制两段直线

10）选择"中心线"为当前图层，单击"直线"命令按钮✐，在图 4-134 所示的位置绘制中心斜线。

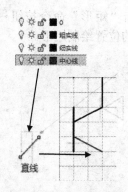

图 4-134　绘制中心斜线

11）选择"细实线"为当前图层，单击"多段线"命令按钮⌐⌐，以中心线的上端点为多段线的起点，然后按〈Shift〉键，同时右键单击鼠标，在弹出菜单中选择"中点"选项，选择中心线的中心作为多段线的第二个点，在命令行中选择"宽度"，输入起点宽度为"3"，终点宽度为"0.3"，选择中心线的下端点为多段线的第三个点，如图 4-135 所示。

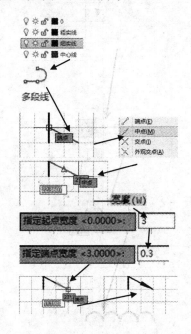

图 4-135　绘制多段线

12）关闭"捕捉模式"，打开"正交模式"，单击"直线"命令按钮✐，按〈Shift〉键，同时单击鼠标右键，在弹出的菜单中选择"中点"，选择竖直直线的中点作为直线的起点，向左拖动光标，输入直线的长度为"30"，按〈Enter〉键，完成水平直线的绘制，如图 4-136 所示。

13）单击"直线"命令按钮✐，绘制如图 4-137 所示的直线与导线。

14）单击"两点圆"命令按钮◯，绘制如图 4-138 所示的端点，其中圆的半径为 4mm。

的右端点，第二个对象选择竖直直线的中点，使两者重合，如图 4-139 所示。

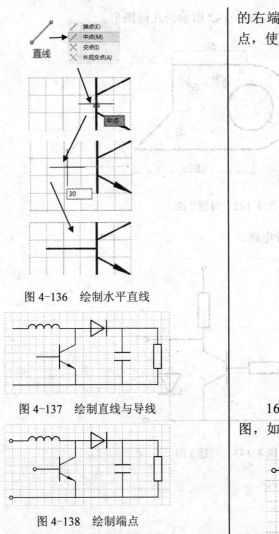

图 4-136 绘制水平直线

图 4-137 绘制直线与导线

图 4-138 绘制端点

15）在"参数化"选项卡中，单击"重合"命令按钮，第一个对象选择正三角形

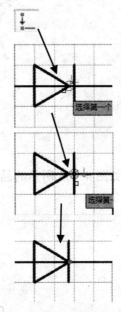

图 4-139 重合约束

16）执行"隐藏约束"命令，完成绘图，如图 4-140 所示。

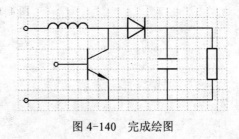

图 4-140 完成绘图

4.5 习题·巩固

1. 绘制图 4-141，请运用正交模式、捕捉模式、极轴追踪及几何与尺寸约束。

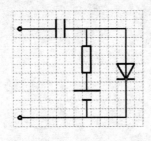

图 4-141 习题 1 图

2. 运用几何约束与尺寸约束绘制如图 4-142 所示的几何图形。

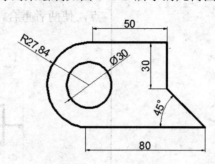

图 4-142　习题 2 图

3. 绘制如图 4-143 所示的晶体管电路。

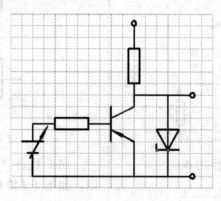

图 4-143　习题 3 图

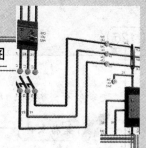

第5章　图形修剪与编辑

在 AutoCAD 2014 中，如果仅使用基本的绘图功能，那样只能绘制一些简单的图形且效率不高，如果要绘制一些复杂的图形，则需要用到一些图形的修改与编辑命令。如修剪、延伸、拉长、分解、复制、移动、阵列等，熟练运用这些命令，可以高效地修改与编辑现有图形来构造新的复杂图形。

 重点内容

- ❯ 实例·知识点——电动机主电路
- ❯ 图形的修剪
- ❯ 实例·知识点——两用直流电源
- ❯ 图形的变换
- ❯ 要点·应用——防止制动电磁铁延时释放电路
- ❯ 能力·提高——温度控制电路

5.1　实例·知识点——电动机主电路

在本节中，将会介绍如何将原始草图（见图5-1）修改成电动机主电路（见图5-2）。

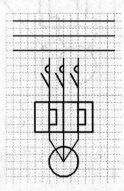

图 5-1　原始草图

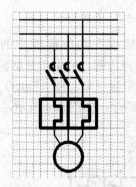

图 5-2　电动机主电路

思路·点拨

使用图形的修改命令将原始草图修改为最终电动机主电路，其中使用到的图形修改命令有：修剪、延伸、拉长、打断、分解、删除等。

起始文件——附带光盘"Source File\Start File\Ch5\5-1.dwg"

结果文件——附带光盘"Source File\Final File\Ch5\5-1.dwg"

动画演示——附带光盘"AVI\Ch5\ 5-1.avi"

【操作步骤】

1）打开随书光盘中的"Source File\Start File\Ch5\5-1.dwg"文件。

2）在"默认"选项卡的"修改"功能面板上，单击"分解"命令按钮，然后选择图中的两个矩形为分解的对象，按〈Enter〉键完成对矩形的分解，如图 5-3 所示。

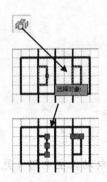

图 5-3　分解矩形

3）单击"修改"功能面板中的"删除"命令，选择步骤 2）中所分解的两个矩形的左边线为删除对象，按〈Enter〉键，完成对左边线的删除，如图 5-4 所示。

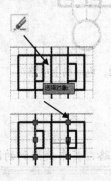

图 5-4　删除矩形左边线

4）单击"修剪"命令按钮，如图 5-5 所示，选择圆与两个矩形的上下边线作为"修剪边"，按〈Enter〉键，再选择圆内的三条直线与大矩形内左右两条直线作为修剪对象，按〈Enter〉键，完成直线的修剪。

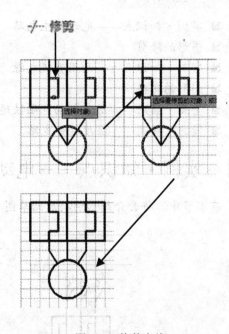

图 5-5　修剪直线

5）单击"修改"功能面板中的下拉按钮 修改▼，单击下拉菜单中的"打断"命令按钮，选择如图 5-6 所示的直线为打断对象，在命令行中选择"第一个点"选项，先选择图中的第一个点，再选择第二个点，完成对该直线的打断。

6）用类似的方法，打断另外两条直线，如图 5-7 所示。

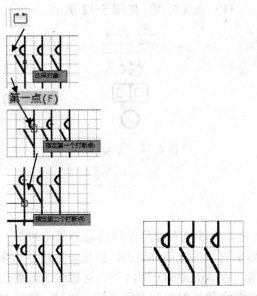

图 5-6　打断直线　　图 5-7　打断另外两条直线

7）单击"延伸"命令按钮 ，选择如图 5-8 所示的直线作为边界边，按〈Enter〉键，然后选择最左边的直线作为延伸对象，按〈Enter〉键，完成对直线的延伸。

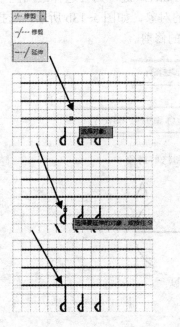

图 5-8　延伸直线

8）在下拉菜单栏中执行"修改"→"拉长"命令，在命令行中单击"增量"命令按

钮 增量(DE)，输入增量"30"，按〈Enter〉键，选择如图 5-9 中所示的直线，完成对直线的拉长。

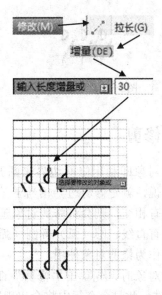

图 5-9　拉长直线

9）在下拉菜单栏中执行"修改"→"拉伸"命令，然后选择如图 5-10 所示的直线，按〈Enter〉键，接着选择该直线上端点，向上拖动该端点至最上面的直线，完成对该直线的拉伸。

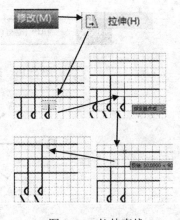

图 5-10　拉伸直线

10）选择"虚线"为当前图层，单击"直线"命令按钮 ，绘制如图 5-11 所示的虚线。

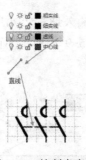

图 5-11 绘制虚直线

11）完成绘图，如图 5-12 所示。

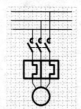

图 5-12 完成绘图

5.1.1 修剪

修剪对象即利用修剪边界来断开要修剪的对象并删除该对象位于修剪边界某一侧的部分。简单说，就是修剪边界相当于一把刀，它将修剪对象的一部分切去。如果修剪边界与修剪对象没有相交，则会将修剪对象延伸至修剪边界。在 AutoCAD 2014 中，可以作为修剪边界的对象有直线、圆（弧）椭圆（弧）构造线、样条曲线、射线和多段线等，同时，这些对象也可以作为修剪对象使用。

修剪对象时，先单击"修剪"命令按钮 ⊁修剪，或者在命令行中输入"TRIM"，然后按〈Enter〉键，此时命令行中将会出现如图 5-13a 所示的文字，表示要选择修剪边界。用光标选择修剪边界，如图 5-14a 中的 A 直线，然后按〈Enter〉键，完成修剪边界的选择。如果在提示选择修道边界时，不选取任何对象，直接按〈Enter〉键，则会选择绘图区中所有的对象作为修剪边界。接着命令行中会提示选择要修剪的对象，如图 5-13b 所示，选择完要修剪的对象后，如图 5-14b 中的 B 直线，完成对 B 直线的修剪。

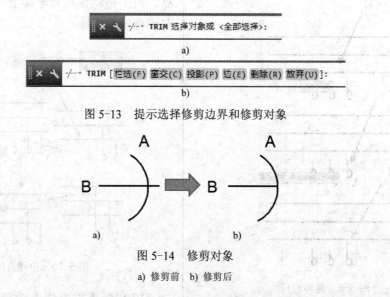

a)

b)

图 5-13 提示选择修剪边界和修剪对象

a) b)

图 5-14 修剪对象

a) 修剪前 b) 修剪后

在提示选择修剪对象时，命令提示行中有若干个选择，下面将对这些选择作详细介绍。

● 栏选(F)：选择与选择栏相交的所有对象。选择栏是一系列临时线段，它们是用两个或多个栏选点指定的。选择栏不构成闭合环，如图 5-15 所示。

● 窗交(C)：选择矩形区域（由两点确定）内部或与之相交的对象。某些要修剪的对象的窗交选择"不确定"。"TRIM"命令将沿着矩形窗交窗口从第一个点以顺时针方向选择遇到的第一个对象，如图 5-16 所示。

图 5-15　栏选　　　　　　　　　　　　　图 5-16　窗交

● 投影(P)：指定修剪对象时使用的投影方式。
● 边(E)：指定修剪边界时使用的投影方式，如图 5-17 所示。选择此选项后，会现在两个选择：延伸与不延伸。延伸(E)：采用延伸的方式实现修剪，在选择修剪边界时，如果修剪的边界太短，不能与被修剪的对象相交，那么系统会将修剪边界延长与被修剪对象相交，然后进行修剪。不延伸(N)：只采用实际相交的情况实现修剪，如果所选择的修剪边界太短，没有与被修剪对象相交，则不能实现修剪对象的效果。

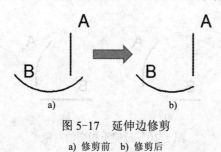

图 5-17　延伸边修剪
a) 修剪前　b) 修剪后

■ 删除(R)：删除选定的对象。此选项提供了一种用来删除不需要的对象的简便方法，而无需退出"TRIM"命令。
■ 放弃(U)：撤销由"TRIM"命令所做的最近一次更改。

在绘图时，有时会遇到修剪一些不与修剪边界相交的对象，此时，在选择修剪对象时，要同时按〈Shift〉键，此时，被修剪的对象就会自动延伸至修剪边界上，如图 5-18 所示。

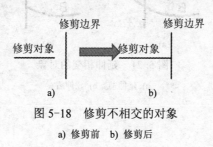

图 5-18　修剪不相交的对象
a) 修剪前　b) 修剪后

5.1.2　延伸

延伸对象是指将某个对象延伸到指定的边界上，其中，直线、圆（弧）椭圆（弧）多段线、构造线、射线、样条曲线等均可作为边界线，而直线、圆弧、椭圆弧、多段线、射线等均可作为被延伸的对象。

延伸对象的操作与修剪对象的操作类似。首先单击"延伸"命令按钮 ，或者在命令行中输入"EXTEND"然后按〈Enter〉键，进入延伸对象的命令状态。接着，命令提示栏中将会提示用户选择边界线，选择边界线，如图 5-19a 中的 A 线段，按〈Enter〉键，完成选择边界线，接着命令提示栏中会提示用户选择要延伸的对象，用光标选择要延伸的对象如图 5-19b 的 B 直线即可实现延伸。

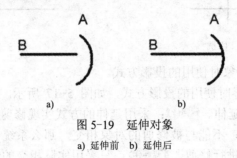

图 5-19　延伸对象

a) 延伸前　b) 延伸后

如果被延伸对象的延长线没有与实际边界相交，在默认的情况下，该对象也可以被延伸，如图 5-20 所示。

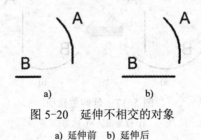

图 5-20　延伸不相交的对象

a) 延伸前　b) 延伸后

如果要延伸的对象与实际边界线实际相交，那么在选择延伸对象时需要同时按〈Shift〉键，则被延伸对象的端点会落在边界线上，相当于执行了"修剪对象"命令，如图 5-21 所示。

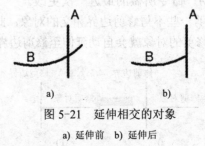

图 5-21　延伸相交的对象

a) 延伸前　b) 延伸后

5.1.3　拉伸

拉伸对象用于改变对象的大小与形状，如图 5-22 所示。可以被拉伸的对象有直线、圆弧、椭圆弧、多段线与区域填充。在拉伸对象时，使用交叉窗口选择要拉伸的对象，按〈Enter〉键，再在拉伸对象中指定一个基点和放置点，或输入一个位移的距离。对于被选择的对象，如果整个对象都落在交叉窗口内，则被选定的对象只能移动（而不是拉伸），如果被选择的对象只是部分落于交叉窗口内，则在交叉窗口外的端点固定，而落于窗口内的端点则能移动，从而改变对象的大小与形状。

对于一些不能被拉伸的对象，如果也落在交叉窗口中，那这些对象就只能移动。

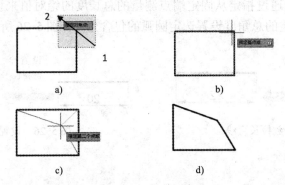

图 5-22　拉伸对象

a) 交叉窗口选择对象　b) 选择基点　c) 选择旋转点　d) 完成拉伸

5.1.4　拉长

拉长对象用于改变对象的长度。可以被拉长的对象有直线、圆弧、椭圆弧与开放的多段线。对象拉长的方向则根据光标单击对象的位置而定，其方向是最靠近光标在对象上单击位置的端点，即单击位置靠近左端点则向左拉长，若靠近右端点，则向右伸长。

拉长对象分为三种类型：增量拉长，百分比拉长与设置全部拉长。以下将逐一加以介绍。

1. 增量拉长

增量拉长是指以指定的增量来修改对象的长度或圆弧角度。如果增量为正值，则扩展对象，如果增量为负值，则修剪对象，如图 5-23 及图 5-24 所示。

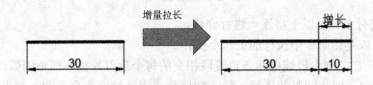

图 5-23　增量拉长直线

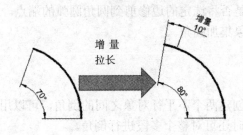

图 5-24　增量拉长角度

2．百分数拉长

百分数拉长是通过指定对象总长度的百分数设定对象长度。如果百分数小于 1，则修剪对象，如果百分数大于 1，则拉长对象，如图 5-25 所示。

3．设置全部拉长

设置全部拉长是指通过指定从固定端点测量的总长度的绝对值来设定选定对象的长度。"全部"选项也按照指定的总角度设置选定圆弧的包含角，如图 5-26 所示。

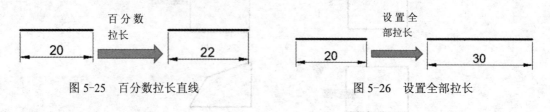

图 5-25　百分数拉长直线　　　　　图 5-26　设置全部拉长

5.1.5　圆角

圆角命令 ⬜圆角 即在两个对象之间建立圆角，圆角命令可以在直线、圆（弧）椭圆（弧）构造线、多段线、射线等之间建立圆角，也可以建立两条相互平行的线之间的圆角。

建立圆角的一般步骤是：先单击"圆角"命令按钮，再在命令行选择"半径"选项 半径(R)，输入圆角的半径，接着选择第一个对象，如图 5-27a 中的 A 直线，然后选择第二个对象，如图 5-27a 中的 B 直线，完成两个对象间圆弧的创建，如图 5-27b 所示。

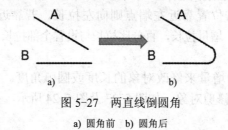

a)　　　　　　　　b)

图 5-27　两直线倒圆角

a) 圆角前　b) 圆角后

圆角的方式有多种，以下将逐一进行介绍。

- 放弃(U)：恢复在命令中执行的上一个操作。
- 多段线(P)：在二维多段线中两条直线段相交的每个顶点处插入圆角圆弧。
- 半径(R)：定义圆角圆弧的半径。输入的值将成为后续圆角命令的当前半径。修改此值并不影响现有的圆角圆弧。
- 修剪(T)：控制圆角是否将选定的边修剪到圆角圆弧的端点。
- 多个(M)：给多个对象集加圆角。

5.1.6　倒角

倒角命令 ⬜倒角 用于创建两个不平行对象之间的倒角，可以用于倒角的对象有直线、多段线、射线和构造线，同时还可对整个多段进行倒角。

建立倒角的一般步骤是：先执行"倒角"命令，在命令行中选择"距离"选项 距离(D)，接着在命令行中输入"第一个倒角距离"为"D1",然后输入"第二个倒角距离"为"D2"跟着移动光标,选择第一条直线,然后选择第二条直线,按〈Enter〉键,完成倒角的操作,如图 5-28 所示。

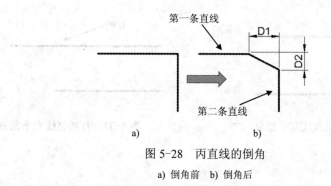

图 5-28　丙直线的倒角

a) 倒角前　b) 倒角后

创建全角的方法有多种,下面将逐一进行介绍。

- 放弃(U):恢复在命令中执行的上一个操作。
- 多段线(P):对整个二维多段线倒角。相交多段线线段在每个多段线顶点被倒角。倒角成为多段线的新线段。如果多段线包含的线段过短以至于无法容纳倒角距离,则不能对这些线段倒角。
- 距离(D):设定倒角至选定边端点的距离。如果将两个距离均设定为零,倒角将延伸或修剪两条直线,以使它们终止于同一点。
- 角度(A):用第一条线的倒角距离和第二条线的角度设定倒角距离。
- 修剪(T):控制倒角是否将选定的边修剪到倒角直线的端点。
- 方式(E):控制倒角使用两个距离还是一个距离和一个角度来创建倒角。
- 多个(M):为多组对象的边创建倒角。

5.1.7　打断

打断命令□用于将对象断开或者截去对象的一部分。打断命令可以用于打断直线、圆(弧)椭圆(弧)射线、构造线、样条曲线等对象。打断对象时,可以在对象上的两个指定点之间创建间隔,从而将一个对象打断为两个对象。如果这些点不在对象上,则会自动投影到该对象上。在默认的情况下,系统会以选择对象的单击之处为第一个点。

如果打断的点不是选取对象的单击之处,则在选择完对象之后,在命令提示行中选择"第一个点"即第一点(F),在打断对象上选择第一个点后,然后选择第二个点,完成对对象的打断,如图 5-29 所示。

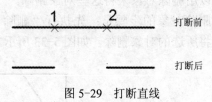

图 5-29　打断直线

5.1.8　打断于点

"打断于点"用于打断对象□,与"打断"命令不同的是,"打断于点"仅是用一个点来打断对象，将对象打断。而打断对象的哪一段则是根据打断点的位置而定，即如果打断点靠近对象的左端点，则会删除对象的左半部分，如果打断点靠近对象的右端点，则会删除对象的右半部分，如图 5-30 及图 5-31 所示。

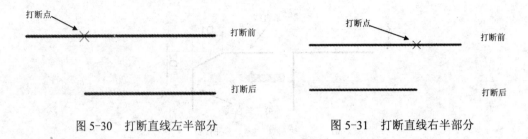

图 5-30　打断直线左半部分　　　　　图 5-31　打断直线右半部分

5.1.9　分解

分解对象 即将复杂的整体对象分解成若干个简单的、单一组成的对象。在绘图时候，有时需要对某个单一对象进行修改，但有时这个单一对象是归属于某个整个对象的，如矩形的四条直线段是属于矩形整体的，此时就需要将这个整体对象分解，然后对其中的单一对象进行修改。

分解对象的步骤是：先执行"分解"命令，再选择要进行分解的整体对象，按〈Enter〉键，即可分解对象，如图 5-32 所示。

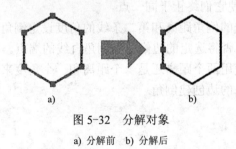

图 5-32　分解对象
a) 分解前　b) 分解后

5.1.10　删除

"删除对象" 即删除图形中不需要的对象。在绘图时，有些对象已经不需要了，此时就可以用删除对象来将这些对象删除。

删除对象的步骤是：先执行"删除"命令，再选择要删除的对象，然后按〈Enter〉键即可将所选的对象删除，如图 5-33 所示。

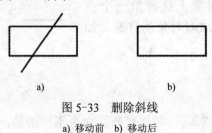

图 5-33　删除斜线
a) 移动前　b) 移动后

5.2 实例·知识点——两用直流电源

在本节中，将会运用图形的编辑命令来将如图 5-34 所示的原始草图变成最终的两用直流电源的电路图，如图 5-35 所示。

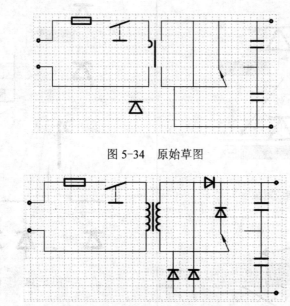

图 5-34 原始草图

图 5-35 两用直流电源电路图

思路·点拨 ✍

要将原始图形转变成最终的两用直流电源电路图，就需要运用图形编辑命令，如复制、平移、旋转、阵列、偏置和镜像等。

起始文件——附带光盘"Source File\Start File\Ch5\5-2.dwg"

结果文件——附带光盘"Source File\Final File\Ch5\5-12dwg"

动画演示——附带光盘"AVI\Ch5\ 5-12avi"

【操作步骤】

1）打开光盘中的"Source File\Start File\Ch5\5-2.dwg"文件，打开原始图形。

2）在默认选项卡中的修改功能面板上，执行"缩放"命令 🔲，然后选择图中的二极管符号为缩放对象，按〈Enter〉键，接着选择正三角形下边线的中点作为指定基点，输入缩放因子为"0.75"，按〈Enter〉键，完成对象的缩放，如图 5-36 所示。

3）单击"偏置"命令按钮 🖽，输入偏置距离为"30"，按〈Enter〉键，然后选择如图 5-37 所示的偏置对象，接着移动光标，在该对象右边单击鼠标，完成对象的偏置。

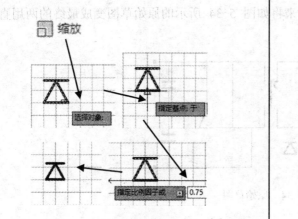

图 5-36　缩放对象

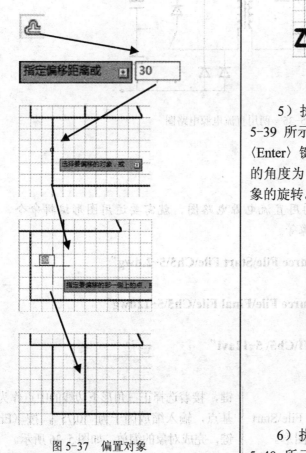

图 5-37　偏置对象

4）单击"复制"命令按钮，然后选择二极管符号作为复制对象，按〈Enter〉键，

选择正三角形下边线的中心作为复制的基点，将对象复制到如图 5-38 所示的位置。

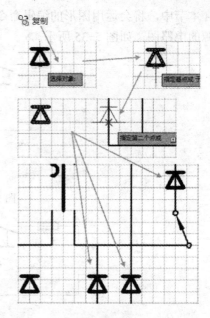

图 5-38　复制对象

5）执行"旋转"命令，然后选择如图 5-39 所示的二极管符号作为旋转的对象，按〈Enter〉键，接着选择旋转的基点，输入旋转的角度为"270°"，按〈Enter〉键，完成对象的旋转。

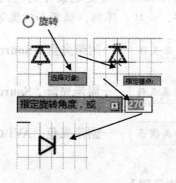

图 5-39　旋转对象

6）执行"移动"命令，然后选择如图 5-40 所示的二极管符号为移动的对象，按〈Enter〉，接着选择正三角形的左边线的中点作为移动对象的基点，然后将对象移动到图

中所示的位置。

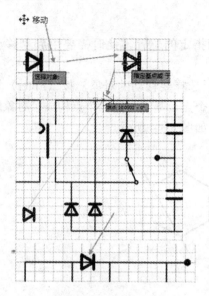

图 5-40　移动对象

7）执行"阵列"命令，然后选择如图 5-41 所示的半圆弧作为阵列的对象，按〈Enter〉键，会出现如下图所示的阵列参数窗口，填入图中所示的参数，然后单击"关闭阵列"按钮，完成对半圆弧的阵列。

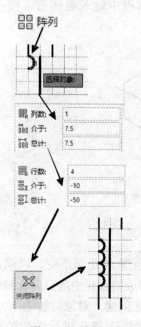

图 5-41　阵列对象

8）执行"镜像"命令，然后选择如图 5-42 所示的线圈作为镜像的对象，按〈Enter〉键，接着选择线圈右边的竖直直线作为镜像线，当命令行中提示"MIRROR 要删除源对象吗？"时，选择"否"，完成对象线圈的镜像。

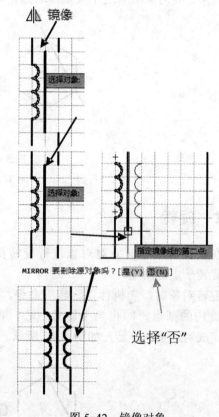

图 5-42　镜像对象

9）完成编辑图形，如图 5-43 所示。

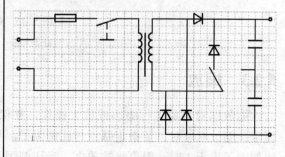

图 5-43　完成编辑绘图

5.2.1 移动

在绘图时，有时需要将一个或多个对象移动到指定的位置，此时需要用到"移动"命令。

在使用移动命令时，先执行"移动"命令，然后选择要移动的对象，按〈Enter〉键确定，再在要移动的对象上选择基点，接着再选择第二个点，基点与第二个点构成了对象的移动的矢量，使对象沿着这个矢量移动到相应的位置，如图 5-44 所示。

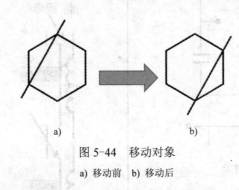

a)   b)

图 5-44　移动对象

a) 移动前　b) 移动后

5.2.2 旋转

在绘图时，有时要对对象进行旋转操作。旋转对象即一个或多个对象以一个点为中心，旋转一定的角度。

旋转对象时，先执行"旋转"命令，再选择要旋转的对象，按〈Enter〉键，然后选择一个旋转的基点，即相当于旋转中心，再在旋转角度文本框中输入旋转值，按〈Enter〉键，完成对对象的旋转，如图 5-45 所示。

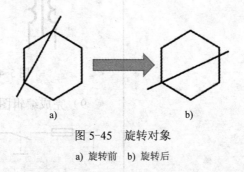

a)   b)

图 5-45　旋转对象

a) 旋转前　b) 旋转后

5.2.3 缩放

缩放即对对象进行缩小或放大操作，并保持对象中各元素的比例不变，以满足绘图的需求。缩放对象时，要指定基点与比例因子，基点将作为缩放的操作中心，并保持静止，当比例因子大于 1 时，对象将被放大，当比例因子介于 0～1 之间时，对象将被缩小。

对对象进行缩放的步骤是：先执行"缩放"命令，然后选择要进行缩放的对象，按

〈Enter〉键，然后选择基点，接着在比例因子文本框中输入比例因子，按〈Enter〉键，完成对对象的缩放，如图 5-46 所示。

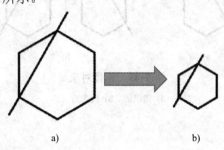

a)   b)

图 5-46 缩放对象

a) 缩放前 b) 缩小为原来的 0.5

5.2.4 复制

在绘图时，有时需要绘制大量相同的对象，如果逐个地绘制，那么绘图的效率将相当低下，此时，使用"复制"命令将会快速高效地完成大量相同对象的绘制。"复制"命令即将对象复制到指定方向的指定距离处，在复制对象时，需要指定基点与第二个点，基点即是复制操作的中心点，它相对于复制的对象是静止的，它可以在或者不在复制对象之上，而第二个点与基点共同构成一个矢量，被复制的对象将沿着这个矢量移动到相应的位置。

进行复制操作的步骤是：先执行"复制"命令，接着选择要复制的对象，按〈Enter〉键，然后选择复制的基点，最后选择第二个点，从而完成对对象的复制，如图 5-47 所示。

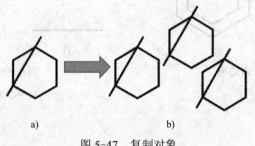

a)   b)

图 5-47 复制对象

a) 复制前 b) 复制后

5.2.5 镜像

"镜像"操作即在源对象的基础上，制作一个与源对象呈镜像对称的副本。使用镜像命令，可以高效快速地绘制两个轴对称的对象。在镜像对象时，需要用到镜像线，镜像线相当于一个镜子，从而得到源对象的镜像，使用时，需要用两点来指定镜像线，即指定镜像线的第一个点与镜像线的第二个点。

倒角镜像命令的一般步骤是：先执行"镜像"命令，再选择要进行镜像的源对象，按〈Enter〉键，接着指定镜像线的第一个点与镜像线的第二个点，此时，命令行中会提示"要删除源对象吗？"，选择"是"则删除源对象，选择"否"则保留源对象，如图 5-48 所示。

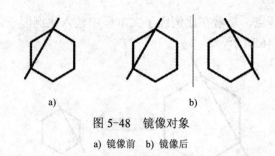

图 5-48　镜像对象

a) 镜像前　b) 镜像后

5.2.6　偏移

　　偏移即对对象进行同心的复制，复制后所得的副本可以是放大的也可以是缩小的，这取决于偏移的方向，如果偏移所得的副本在源对象之内，则为缩小，如果所得的副本在源对象之外，则为放大。对于直线而言，其圆心位于无限远处，对直线进行偏移实际上是对其进行平行复制。

　　偏移对象的一般步骤是：先执行"偏移"命令，再在偏移距离文本框中输入要偏移的距离，按〈Enter〉键，再选择要偏移的源对象，最后选择偏移方向，即选择往对象内偏移还是往对象外偏移，如果在对象外单击鼠标则为往对象外偏移，反之为往对象内偏移，如图 5-49 及图 5-50 所示。

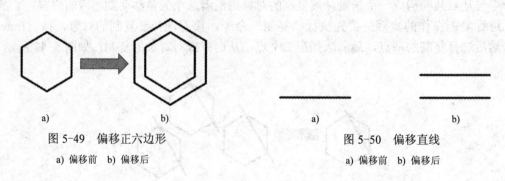

a)　　　　　b)

图 5-49　偏移正六边形

a) 偏移前　b) 偏移后

a)　　　　　b)

图 5-50　偏移直线

a) 偏移前　b) 偏移后

5.2.7　阵列

　　在绘制大量且相同的对象时，可以选择使用"复制"命令，但如果这些对象排布规律，则可以使用阵列来快速高效地复制这些对象。阵列可以分为矩形阵列、环形阵列与路径阵列。下面将介绍矩形阵列与环形阵列。

1. 矩形阵列

　　当对象的分布为矩形分布时，可以使用矩形阵列，通过指定对象的行与列的参数，则可快速高效地复制大量相同的对象。矩形的行列参数通常在一个选项卡中指定。如图 5-51 所示。

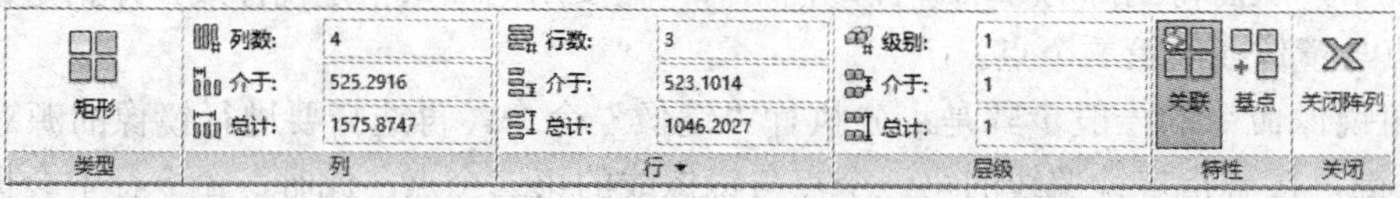

矩形	列数：	4	行数：	3	级别：	1	关联	基点	关闭阵列
	介于：	525.2916	介于：	523.1014	介于：	1			
	总计：	1575.8747	总计：	1046.2027	总计：	1			
类型	列		行 ▼		层级		特性		关闭

图 5-51　矩形阵列参数设置选项卡

现在对参数选项卡中的一些参数进行简单介绍：

- 列数：设置矩形阵列的列数。
- 行数：设置矩形阵列的行数。
- 介于：设置矩形阵列中的行（列）中每个对象的距离。
- 关联：指定阵列中的对象是关联的还是独立的。如果选择"是"，则包含单个阵列对象中的阵列项目，类似于块。使用关联阵列，可以通过编辑特性和源对象在整个阵列中快速传递更改。如果选择"否"，则创建阵列项目作为独立对象。更改一个项目不影响其他项目。
- 基点：指定用于在阵列中放置项目的基点。

创建矩形阵列的步骤是：先执行"矩形阵列"命令，再选择要进行阵列的对象，按〈Enter〉键，此时会出现一个阵列参数设置的选项卡，在选项卡中设置矩形阵列的参数，按〈Enter〉键，然后退出该选项卡，即可创建完成矩形阵列，如图 5-52 所示。

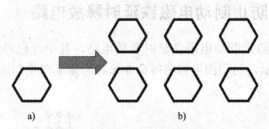

图 5-52　矩形阵列

a) 矩形阵列前　b) 矩形阵列后

2．环形阵列

如果要绘制大量相同的对象且对象呈环形分布时，则可以使用环形阵列来快速高效地绘制这些对象。

创建环形阵列时，需要指定圆心，对象即以此圆心来创建环形阵列。环形阵列的参数设置也是在一个选项卡中设置，如图 5-53 所示。

图 5-53　环形参数设置选项卡

下面将对象选项卡中的一些参数进行简单介绍：

- 项目数：即环形阵列中项目的个数（包括源对象）。
- 介于（项目面板中）：即创建环形阵列中，相邻两个项目之间的角度。
- 填充：指定阵列中第一个和最后一个项目之间的角度。
- 行数：即设置环形阵列中的环数。
- 行距：设置环形阵列中相信两环之间的径向距离。

创建环形阵列的一般步骤如下：先执行"环形阵列"命令，再选择要阵列的对象，按〈Enter〉键，接着选择环形阵列的圆心，在参数设置选项卡中设置相关参数，按〈Enter〉键，然后退出该选项卡，即可创建环形阵列，如图 5-54 所示。

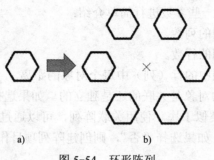

图 5-54　环形阵列

a) 环形阵列前　b) 环形阵列后

5.3　要点·应用

5.3.1　应用 1——防止制动电磁铁延时释放电路

在本节中，将绘制防止制动电磁铁延时释放电路，其中，已经绘制好了该电路图的原始草图，如图 5-55a 所示，运用图形修剪等命令来将原始草图绘制成该电路的最终图形，如图 5-55b 所示。

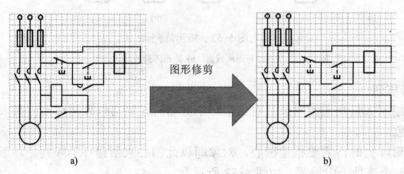

图 5-55　防止制动电磁铁延时释放电路

a) 原始草图　b) 最终图

思路·点拨 ✍

要将原始草图绘制成最终图，可以使用图形修剪命令，如：延伸、拉长、修剪、分解、拉伸和打断等。

起始文件——附带光盘 "Source File\Start File\Ch5\5-3-1.dwg"

结果文件——附带光盘 "Source File\Final File\Ch5\5-3-1.dwg"

动画演示——附带光盘 "AVI\Ch5\5-3-1.avi"

【操作步骤】

1）在随书光盘中打开"Source File\Start File\Ch5\5-3-1.dwg"文件，打开原始图形。

2）执行"延伸"命令，选择如图 5-56 所示的竖直直线作为延伸的边界，按〈Enter〉键，然后选择如图所示的水平直线作为延伸对象，完成对水平直线的延伸。

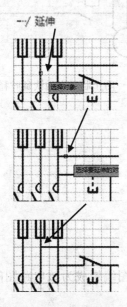

图 5-56　延伸直线

3）单击"拉长"命令按钮 ，在命令行中选择"增量" 增量(DE)，输入增量值"20"，然后单击图 5-57 所示直线的左端，完成对该直线的拉长。

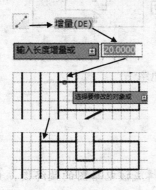

图 5-57　拉长直线

4）单击"分解"命令按钮 ，然后选择图中上方的矩形，按〈Enter〉键，完成对该矩形的分解，如图 5-58 所示。

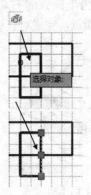

图 5-58　分解矩形

5）单击"拉伸"命令按钮 ，选择如图 5-59 所示的三条直线，按〈Enter〉键，选择该图的右上角为拉伸的基点，向左拖动光标，拉伸到如图所示的位置，完成对对象的拉伸。

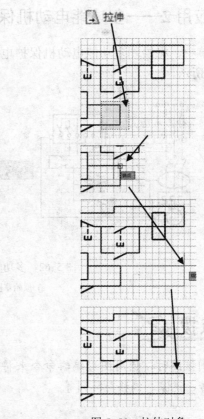

图 5-59　拉伸对象

6）单击"打断"命令按钮，选择如图 5-60 所示直线为打断对象，在命令行中选择"第一点"为半圆弧的右端点，第二个点选择开关的右端点，完成对直线的打断。

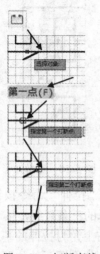

图 5-60　打断直线

7）完成绘图，如图 5-61 所示。

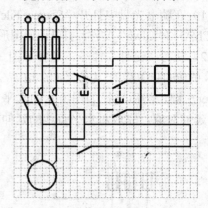

图 5-61　防止制动电磁铁延时释放电路

5.3.2　应用 2——多功能电动机保护电路

在本节中，将绘制多功能电动机保护电路，将原始草图编辑成为该电路图的最终图，如图 5-62 所示。

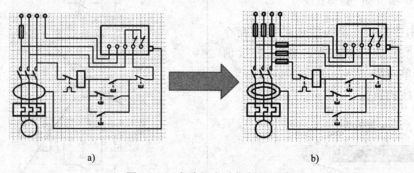

a)　　　　　　　　　　　　　　　b)

图 5-62　多功能电动机保护电路
a) 原始草图　b) 最终图

思路·点拨

在绘制该图时，使用图形编辑命令来将原始草图编辑成该电路图的最终图，如复制、移动、旋转、镜像、偏移与阵列等。

起始文件——附带光盘"Source File\Start File\Ch5\5-3-2.dwg"

结果文件——附带光盘"Source File\Final File\Ch5\5-3-2.dwg"

动画演示——附带光盘"AVI\Ch5\ 5-3-2.avi"

【操作步骤】

1）打开光盘中的"Source File\Start File\Ch5\5-3-2.dwg"文件，打开多功能电动机保护电路的原始草图。

2）执行"阵列"命令，选择如图 5-63 所示的矩形作为阵列对象，按〈Enter〉键，在阵列参数选项卡中输入所需的参数，单击"关闭阵列"按钮，完成对该矩形的阵列，如图 5-63 所示。

图 5-63　阵列矩形

3）执行"复制"命令，选择步骤 2）中的阵列矩形为复制对象，按〈Enter〉键，选择其中一个矩形的边线的作为复制基点，复制到图中的一个空白地方，如图 5-64 所示。

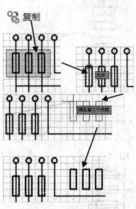

图 5-64　复制矩形

4）执行"旋转"命令，选择步骤 3）中复制的对象为移动对象，按〈Enter〉键，然后在对象中任意选择一个点作为旋转基点，输入旋转的角度为"90°"，按〈Enter〉键，完成对对象的旋转，如图 5-65 所示。

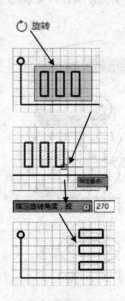

图 5-65　旋转图形

5）执行"移动"命令，选择步骤 4）中的矩形阵列为移动对象，按〈Enter〉键，选择其中一个矩形的左边线的中心作为移动基点，移动光标，将该矩形阵列移动到如图 5-66 所示的位置。

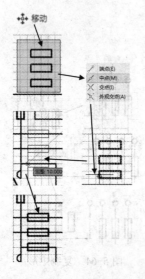

图 5-66 移动对象

6）执行"偏移"命令，然后输入要偏移的值"10"，接着单击图中的椭圆为偏移对象，再移动光标，移至椭圆内，单击鼠标，完成对椭圆的偏移，如图 5-67 所示。

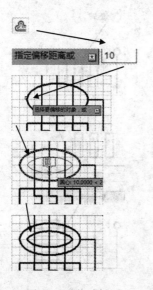

图 5-67 偏移椭圆

7）执行"镜像"命令，选择如图 5-68 所示的两条直线作为镜像的对象，然后选择该两条直线的右边的直线为镜像线，当命令行中提示"要删除源对象吗？"时，选择"否"，完成对对象的镜像。

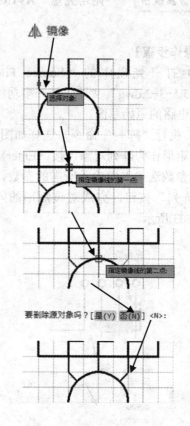

图 5-68 镜像对象

8）完成绘图，如图 5-69 所示。

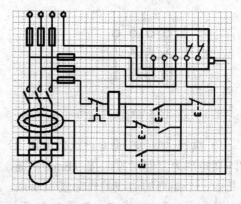

图 5-69 多功能电动机保护电路

5.3.3　应用 3——灌溉控制器电路

在本节中，将绘制灌溉控制器电路，现已绘制好了原始草图，接着将原始草图绘制成最终图，如图 5-70 所示。

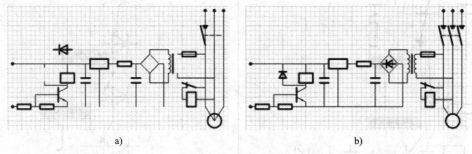

a)　　　　　　　　　　　　　　　　b)

图 5-70　灌溉控制器电路

a) 原始草图　b) 最终图

思路·点拨

要将灌溉控制器电路的原始图绘制成该电路图的最终图，可以使用图形剪切与图形编辑命令来完成。其中使用到的命令有：修剪、打断、延伸、旋转、复制、镜像等。

起始文件——附带光盘"Source File\Start File\Ch5\5-3-3.dwg"

结果文件——附带光盘"Source File\Final File\Ch5\5-3-3.dwg"

动画演示——附带光盘"AVI\Ch5\ 5-3-3.avi"

【操作步骤】

1）打开随书光盘中的"Source File\Start File\Ch5\5-3-3.dwg"文件，打开原始草图。

2）执行"修剪"命令，然后选择图中的圆作为修剪边界，按〈Enter〉键，然后选择圆内三条直线作为修剪对象，完成对对象的修剪，如图 5-71 所示。

3）执行"延伸"命令，选择电路图中所示的直线作为延伸的边界，按〈Enter〉键，然后在电路图中的左下角选择图中所示的水平直线，完成对直线的延伸，如图 5-72 所示。

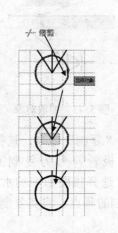

图 5-71　修剪直线

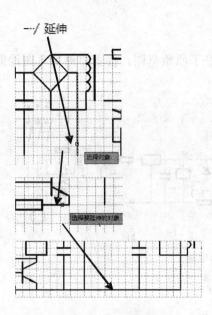

图 5-72　延伸直线

4）执行"缩放"命令，选择如图 5-73 所示中的二极管符号作为缩放的对象，按〈Enter〉键然后在对象中选择任意一点作为缩放基点，输入比例因子为"0.75"，按〈Enter〉键，完成对对象的缩放。

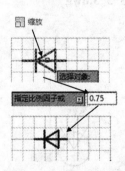

图 5-73　缩放对象

5）执行"复制"命令，选择如图 5-74 所示中的二极管符号为复制的对象，按〈Enter〉键，选择该图形中的水平直线的右端点作为复制的基点，将其复制到如图所示的位置。

6）执行"旋转"命令，选择步骤5）中所复制的二极管为旋转对象，按〈Enter〉

键，选择二极管的水平直线的右端点为旋转基点，然后输入旋转的角度值为"270°"，完成对对象的旋转，如图 5-75 所示。

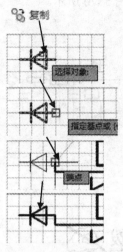

图 5-74　复制对象

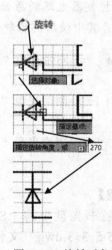

图 5-75　旋转对象

7）执行"镜像"命令，选择图中的交流线圈为镜像的对象，然后选择其右边的竖直直线作为镜像线，在命令行中提示"要删除源对象吗？"时，选择"否"，完成对对象的删除，如图 5-76 所示。

8）执行"阵列"命令，选择如图 5-77 所示的对象为阵列对象，按〈Enter〉键，在阵列参数选项卡设置相应的参数，然后单击"关闭阵列"按钮，完成对对象的阵列。

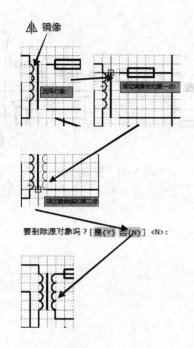

图 5-76 镜像对象

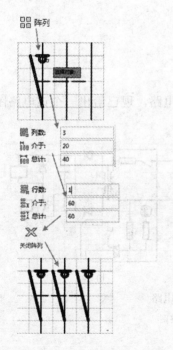

图 5-77 阵列对象

9）执行"打断"命令，选择电路图中最右边的竖直直线为打断对象，然后在命令行中选择"第一点"选择，如图 5-78 所示

分别选择第一个打断点与第二个打断点，完成对直线的打断。

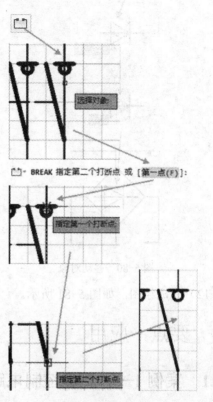

图 5-78 打断直线

10）用类似的命令，打断另外的两条直线，如图 5-79 所示。

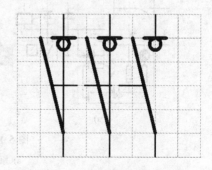

图 5-79 打断另外的两条直线

11）执行"移动"命令，选择图中的二极管符号为移动的对象，选择对象中水平直线的中点为移动的基点，将其移动到如图 5-80 所示的位置，完成对对象的移动。

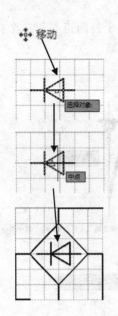

图 5-80　移动对象

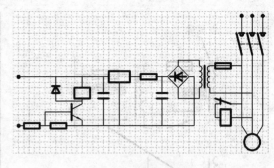

图 5-81　完成绘图

12）完成绘图，如图 5-81 所示。

5.4　要点·应用

5.4.1　案例1——温度控制电路

在本节中，将绘制如图 5-82 所示的温度控制电路，现已给出一个该电路图的原始图形，接下来将介绍如何将原始草图绘制成最终图形。

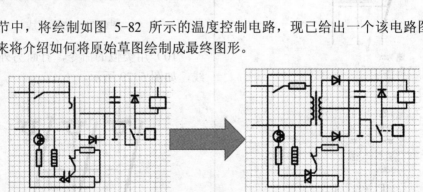

a)　　　　　　　　　　　　　　　　b)

图 5-82　温度控制电路
a) 原始草图　b) 最终图

思路·点拨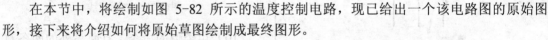

　　可以用图形修剪与图形编辑命令来将原始图形绘制成最终图，其中用到的图形修剪命令有修剪、延长、移动，而图形编辑命令有复制、阵列、镜像、旋转。

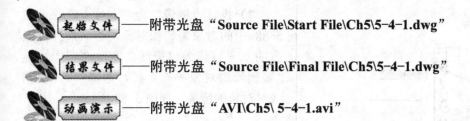

起始文件——附带光盘"Source File\Start File\Ch5\5-4-1.dwg"

结果文件——附带光盘"Source File\Final File\Ch5\5-4-1.dwg"

动画演示——附带光盘"AVI\Ch5\ 5-4-1.avi"

【操作步骤】

1）打开随书光盘中的"Source File\Start File\Ch5\5-4-1.dwg"文件，打开原始图形。

2）执行"修剪"命令，然后选择如图 5-83 所示的两条水平直线作为修剪的边界，按〈Enter〉键，接着移动光标，单击这两条水平直线之间的竖直直线，对其进行修剪。

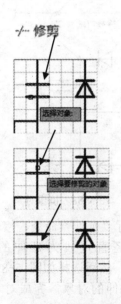

图 5-83　修剪直线

3）执行"复制"命令，选择如图 5-84 所示的矩形为复制对象，按〈Enter〉键，然后选择矩形左边线的中点作为复制的基点，移动光标，将对象复制到如图所示的位置，完成对矩形的复制。

4）执行"阵列"命令，选择如图 5-85 所示的半圆弧为阵列的对象，按〈Enter〉键，在阵列参数选项卡中输入相应的参数，单击"关闭阵列"按钮，完成对半圆弧的阵列。

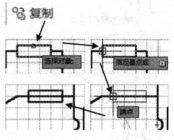

图 5-84　复制矩形

图 5-85　阵列半圆弧

5）执行"镜像"命令，选择步骤 4）中的阵列图形为镜像的对象，按〈Enter〉键，然后选择该对象右边的竖直直线为镜像线，当命令行中出现"要删除源对象吗?"时，选择"否"，完成对对象的镜像，如图 5-86 所示。

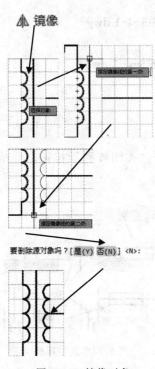

图 5-86　镜像对象

6）执行"移动"命令，然后选择步骤
5）中所示的镜像对象为移动对象，按
〈Enter〉键，接着选择圆弧阵列的下端
点为移动基点，移动光标，将对象移动到
如图 5-87 所示的位置，完成对象的移动。

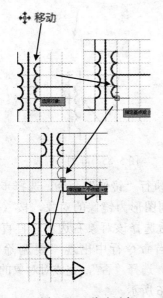

图 5-87　移动对象

7）执行"镜像"命令，接着选择下图
5-88 中的对象为镜像对象，然后选择其上
方的水平直线为镜像线，在命令行中出现
"要删除源对象吗？"时，选择"否"，完
成对对象的镜像，如图 5-88 所示。

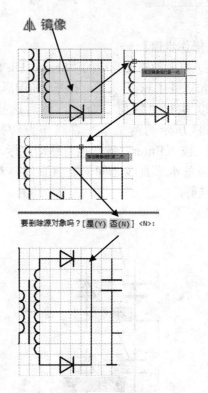

图 5-88　镜像对象

8）执行"延伸"命令，接着选择电路
图中右边竖直直线为延伸的边界，按
〈Enter〉键，然后选择如图 5-89 所示的水
平直线为延伸的对象，完成对水平直线的
延伸。

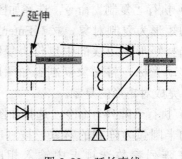

图 5-89　延长直线

9）执行"旋转"命令，选择如图 5-90 所示的对象为旋转对象，按〈Enter〉键，接着选择对象中的竖直直线的中点为旋转基点，输入旋转的角度"180°"，按〈Enter〉键，完成对对象的旋转。

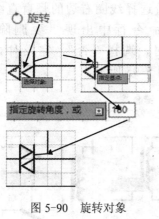

图 5-90 旋转对象

10）完成绘图，如图 5-91 所示。

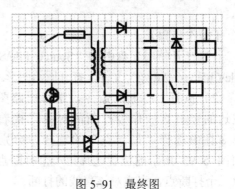

图 5-91 最终图

5.4.2 案例 2——农村地膜大棚照明线路

在本节中，将绘制农村地膜大棚照明电路图，现已给出原始草图，如图 5-92a 所示，现在将其绘制成最终图，如图 5-92b 所示。

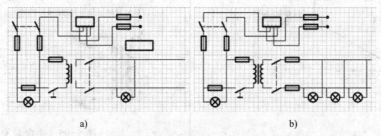

a)   b)

图 5-92 农村地膜大棚照明电路图
a) 原始草图   b) 最终图

思路·点拨

要将原始草图绘制成最终图，可以使用打断、分解等图形修剪命令，同时使用镜像、缩放、复制、旋转、移动和阵列这些图形编辑命令。

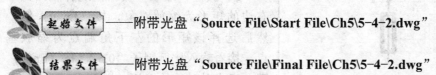

起始文件——附带光盘"Source File\Start File\Ch5\5-4-2.dwg"

结果文件——附带光盘"Source File\Final File\Ch5\5-4-2.dwg"

动画演示——附带光盘"AVI\Ch5\ 5-4-2.avi"

【操作步骤】

1）打开随书光盘中的"Source File\Start File\Ch5\5-4-2.dwg"文件，打开原始图形。

2）执行"打断"命令，选择电路图中左边的竖直直线作为打断的对象，接着在命令行中选择"第一点"的选择，分别在如图 5-93 所示的位置选择第一个打断点与第二个打断点，完成对该直线的打断。

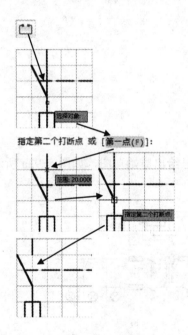

图 5-93　打断直线

3）用同样的方法打断另一条直线，如图 5-94 所示。

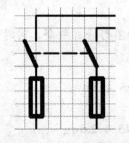

图 5-94　打断另一条直线

4）执行"镜像"命令，然后选择步骤3）中的线圈作为镜像对象，按〈Enter〉键，接着选择线圈右边的竖直直线为镜像线，当命令行中出现"要删除源对象吗？"时，选择"否"，完成对对象的镜像，如图 5-95 所示。

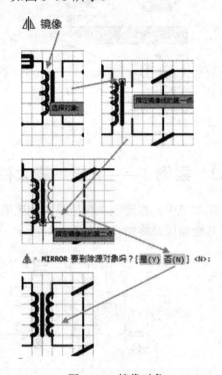

图 5-95　镜像对象

5）执行"移动"命令，然后选择步骤4）中的镜像所得的图形为移动对象，按〈Enter〉键，然后选择对象的下端点为移动基点，移动光标，将对象移动到如图 5-96 所示的位置，完成对对象的移动。

6）执行"缩放"命令，选择电路图中右边的矩形为缩放对象，按〈Enter〉键，然后选择该矩形的左下角端点为缩放基点，接着输入比例因子"0.5"，按〈Enter〉键，完成对对象的缩放，如图 5-97 所示。

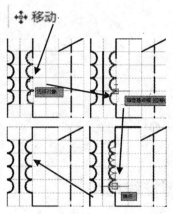

图 5-96　移动对象

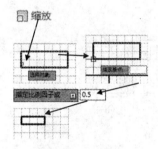

图 5-97　缩放矩形

7）执行"复制"命令，然后选择步骤6）中的矩形为复制对象，接着选择矩形左边线的中点为复制基点，分别将矩形复制到如图 5-98 所示的位置。

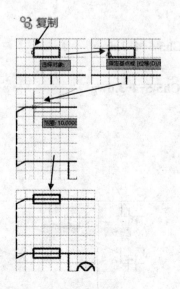

图 5-98　复制矩形

8）执行"删除"命令，然后选择步骤7）中的复制源对象，按〈Enter〉键，对矩形进行删除，如图 5-99 所示。

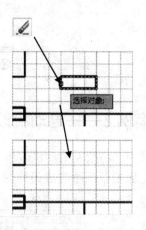

图 5-99　删除矩形

9）执行"阵列"命令，选择如图 5-100所示的对象为阵列对象，按〈Enter〉键，在阵列参数选项卡中输入相应的参数，最后单击"关闭阵列"按钮，完成对对象的阵列。

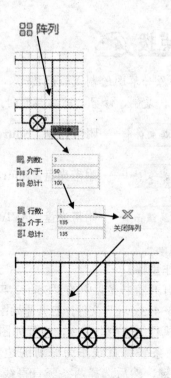

图 5-100　阵列对象

10）完成绘图，如图 5-101 所示。

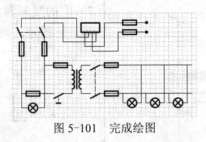

图 5-101　完成绘图

5.4.3　案例 3——电动机改作发电机的典型接线电路

在本节中，将绘制电动机改作发电机的典型接线电路，现已给出原始草图，如图 5-102a 所示，将此原始草图绘制成最终图形，如图 5-102b 所示。

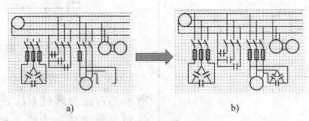

a)　　　　　　　　　　　　　　　b)

图 5-102　电动机改发电机典型接线电路

a) 原始草图　b) 最终图

思路·点拨

要将原始草图绘制成最终图形，可以使用图形修剪命令与图形编辑命令，如拉伸、拉长、延伸、复制、修剪、缩放与阵列。

起始文件——附带光盘 "Source File\Start File\Ch5\5-4-3.dwg"

结果文件——附带光盘 "Source File\Final File\Ch5\5-4-3.dwg"

动画演示——附带光盘 "AVI\Ch5\ 5-4-3.avi"

【操作步骤】

1）打开随书光盘中的 "Source File\Start File\Ch5\5-4-3.dwg" 文件，打开原始图形。

2）执行"修剪"命令，选择如图 5-103 所示的两条竖直直线作为修剪的边界，按〈Enter〉键，然后选择两条竖直直线中间的直线作为修剪对象。

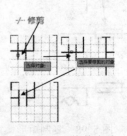

图 5-103　修剪直线

3）用类似的方法修剪另外两条直线，结果如图 5-104 所示。

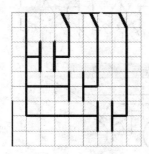

图 5-104　修剪另外两条直线

4）执行"延伸"命令，选择电路图中最上端的水平直线为延伸边界，按〈Enter〉键，然后选择如图 5-105 所示的竖直直线作为延伸对象。

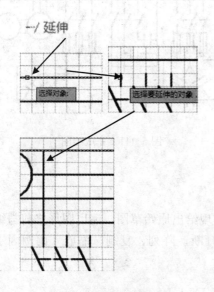

图 5-105　延伸直线

5）执行"拉伸"命令，然后选择如图 5-106 所示的直线作为拉伸对象，接着选择该直线的上端点作为拉伸基点，拉伸到如图所示的直线，完成对该直线的拉伸。

6）执行"拉长"命令，在命令行中选择"增量"选项，接着在增量值文本框中输入"10"，然后单击如图 5-107 所示的竖直直线的上半部分，完成对该直线的拉长。

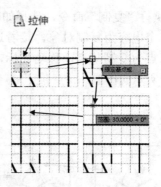

图 5-106　拉伸直线

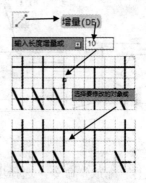

图 5-107　拉长直线

7）执行"阵列"命令，然后选择如图 5-108 所示的矩形为阵列对象，按〈Enter〉键，在阵列参数选项卡中输入相应的参数，最后单击"关闭阵列"按钮，完成对矩形的阵列。

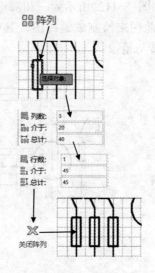

图 5-108　阵列矩形

8) 执行"复制"命令，选择如图 5-109 所示的三个电容为复制对象，接着选择该对象的上端点为复制基点，移动光标，将其复制到图中所示的位置。

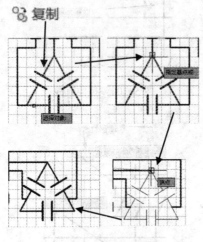

图 5-109　复制对象

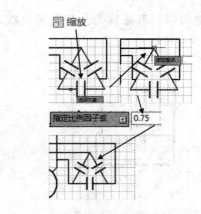

图 5-110　缩放对象

9) 执行"缩放"命令，选择步骤 8) 中复制所得的图形为缩放对象，按〈Enter〉键，选择该图形的上端点为缩放基点，接着输入比例因子为"0.75"，按〈Enter〉键，完成对该图形的缩放，如图 5-110 所示。

10) 完成绘图，如图 5-111 所示。

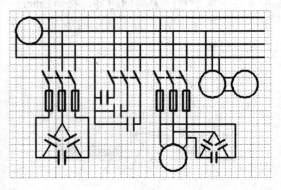

图 5-111　完成绘图

5.4.4　习题·巩固

1. 如图 5-112 所示为三相漏电保护开关电路，现给出原始草图，请用图形修剪与编辑命令来将此图来绘制成最终图，其中用到的命令有打断、阵列、复制、缩放（比例因子为 0.75）旋转与镜像。

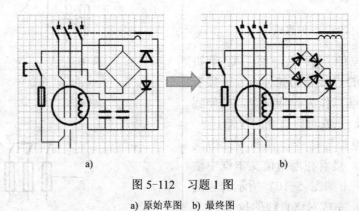

图 5-112　习题 1 图
a) 原始草图　b) 最终图

2．如图 5-113 所示为漏电保护开关电路原理图，现给出原始草图，可以使用图形修剪与编辑命令来将其绘制成最终图，可以使用的命令有复制、打断、缩放、旋转、移动、修剪、拉长、镜像和延伸。

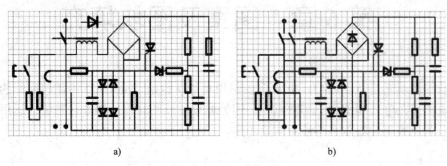

a)   b)

图 5-113　习题 2 图

a) 原始草图　b) 最终图

3．如图 5-114 所示为电动机断相保护器电路（主电路），现给出原始草图，可以使用图形修剪与编辑命令来将其绘制成最终图，可以使用的命令有复制、拉伸、打断、分解、镜像、阵列、修剪、修剪。

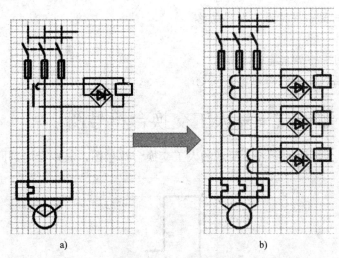

a)   b)

图 5-114　习题 3 图

a) 原始草图　b) 最终图

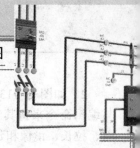

第 6 章　图案及图块填充

图案及图块填充是 AutoCAD 2014 中的常用功能，也是 AutoCAD 中比较高级的内容。图案及图块填充在电气制图中也非常重要，因为如果在绘图时，能够非常熟练地运用这些命令，则会显著地提高绘图效率与绘图质量。

 重点内容

➤ 实例·知识点——人工交换台符号图
➤ 面域的创建与布尔运算
➤ 实例·知识点——电气厨灶符号图
➤ 图案填充
➤ 实例·知识点——孵出告知器电路
➤ 图块的操作
➤ 要点·应用——声能电话机
➤ 能力·提高——雏鸡雌雄鉴别器电路

6.1　实例·知识点——人工交换台符号图

在本节中，将会绘制如图 6-1 所示的人工交换台符号图，其中会用到面域相关功能。

图 6-1　人工交换台符号图

思路·点拨

在绘制图形时，可以使用面域命令。绘制图形的步骤是：先用多段线与矩形命令来绘制草图，再用面域命令来创建面域，最后用"差集"命令来完成绘图，如图 6-2 ~ 图 6-4 所示。

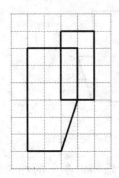

图 6-2　绘制草图

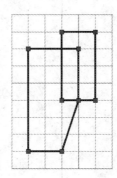

图 6-3　创建面域

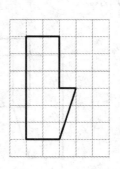

图 6-4　取两面差集

 结果文件 ——附带光盘"Source File\Final File\Ch6\6-1.dwg"

 动画演示 ——附带光盘"AVI\Ch6\ 6-1.avi"

【操作步骤】

1）单击"图层特性 "按钮，打开图层特性管理器，新建如图 6-5 所示的图层。

图 6-5　创建图层

2）执行"多段线"命令，绘制如图 6-6 所示的多边形。

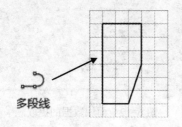

图 6-6　绘制多边形

3）执行"矩形"命令，绘制如图 6-7 所示的矩形。

4）单击绘图功能面板的下拉按钮 绘图 ▼ ，在下拉菜单中单击"面域"命令按钮 ，选择图中的多边形为面域的对象，按〈Enter〉键，完成对多边形的面域的创建，如图 6-8 所示。

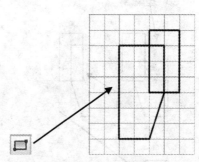

图 6-7　绘制矩形

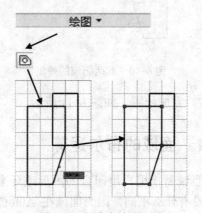

图 6-8　创建多边形面域

5）用相同的方法，创建矩形面域，如图 6-9 所示。

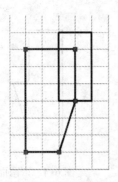

图 6-9　创建矩形面域

6）在下拉菜单中执行"修改"→"实体操作"→"差集"命令，然后选择多边形面域为第一个对象，按〈Enter〉键，然后选择矩形面域为第二个对象，按〈Enter〉键，完成对两个面的差集，如图 6-10 所示。

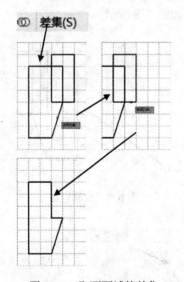

图 6-10　取两面域的差集

7）完成绘图，如图 6-11 所示。

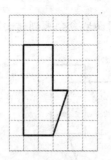

图 6-11　完成绘图

8）如果用户想知道图形的相关性质，可以对面域进行数据的提取。执行下拉菜单栏中的"工具"→"查询"→"面域/质量特性"命令，选择步骤 7）中所得的图形为查询的对象，按〈Enter〉键，则会弹出"AutoCAD 2014 文本窗口"，窗口中有各种该图形的参数性质，如图 6-12 所示。

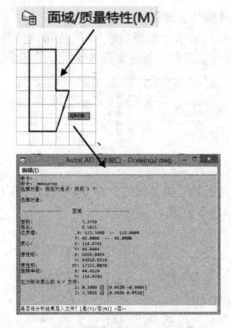

图 6-12　面域数据的提取

6.1.1　面域的布尔运算

面域是指用户用闭合的图形或环来创建的二维区域。从表面上看，面域与普通的封闭图形没有什么不同，因为面域在 AutoCAD 中也是以线框的形式表现的，但是，面域与普通的封闭图形却有着本质的区别，它是一个面对象，不仅是以普通线段围闭起来的线框，而是由线框以及线框所封闭的区域组成的面。另外，面域与普通封闭图形的区别还在于，面域可以进行交集、并集、差集这些布尔运算，而普通的封闭图形却不能。

面域的布尔运算是指对面域进行逻辑运算，对面域而言，布尔运算有三种：交集、并集与差集，以下将对这三种运算进行逐一介绍。

1）交集：即求两个或多个面域之间相重叠的部分，而除去不重叠的部分，如图 6-13 所示。

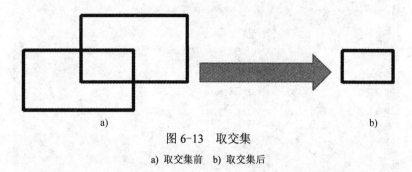

图 6-13　取交集

a) 取交集前　b) 取交集后

2）并集：即将两个或多个面域合并成一个面域，如图 6-14 所示。

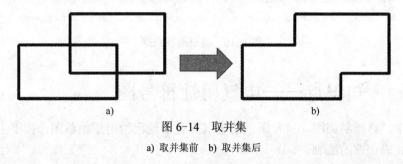

图 6-14　取并集

a) 取并集前　b) 取并集后

3）差集：即面域相减。如果面域之间有相重叠的部分，A-B 即是面域 A 减去面域 B，面域 A 会删除与面域 B 相重叠的部分，且面域 B 也会被删除，如图 6-15 所示。

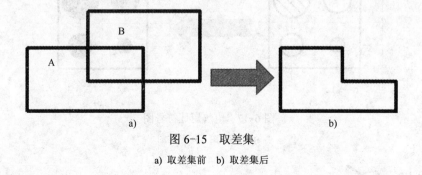

图 6-15　取差集

a) 取差集前　b) 取差集后

6.1.2　面域的数据提取

有时用户在绘制完成图形之后，需要知道所绘制图形的相关数据，如面积、边长等，如果用手工去算则显得费时费力且效率不高。在 AutoCAD 2014 中，就提供了提取面域数据的功能。通过这个功能，可以快速地知道面域的面积、周长、惯性矩等数据，如图 6-16 所示。

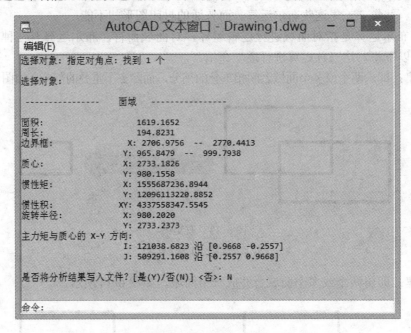

图 6-16 提取面域数据

6.2 实例·知识点——电气厨灶符号图

在本节中，将绘制如图 6-17 所示的电气厨灶，现已给出原始草图，接下来将会用图案填充命令来完成该图的绘制。

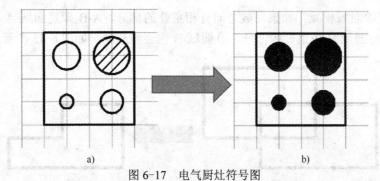

图 6-17 电气厨灶符号图

a) 原始草图 b) 最终图

思路·点拨

在绘制最终图时，先用图案填充命令来填充三个空白的圆，再编辑右上角已填充好的圆，改变其填充的图案，如图 6-18 及图 6-19 所示。

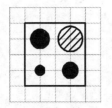

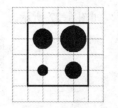

图 6-18　填充三个空白的圆　　　　图 6-19　编辑填充图案

——附带光盘 "Source File\Start File\Ch6\6-2.dwg"

——附带光盘 "Source File\Final File\Ch6\6-2.dwg"

——附带光盘 "AVI\Ch6\ 6-2.avi"

【操作步骤】

1）打开随书光盘中的 "Source File\Start File\Ch6\6-2.dwg" 文件，打开原始草图。

2）执行 "图案填充" 命令，出现 "图案填充创建" 选项卡，在 "图案" 功能面板中，选择 "SOLID" 图案，然后移动光标，分别在图中三个空白的圆内单击，最后单击 "关闭图案填充创建" 按钮，完成对三个圆的图案填充，如图 6-20 所示。

3）移动光标，单击右上角的圆中的填充的图案，此时会出现 "图案填充编辑器" 选项卡，在其 "图案" 功能面板中选择 "SOLID" 图案，然后单击 "关闭图案填充编辑器" 按钮，完成对填充图案的编辑，如图 6-21 所示。

图 6-20　图案填充

图 6-21　编辑填充的图案

4）完成绘图，如图 6-22 所示。

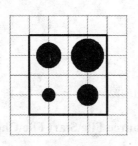

图 6-22　完成绘图

6.2.1　基本概念

图案填充即用图案对封闭区域或选定区域进行填充。在绘图时，用户有时需要对某些封闭区域填充某些图案，以表示某些特定的意义。

在进行图案填充操作前，需要对一些相关的概念进行了解。

- 拾取内部点：根据围绕指定点构成封闭区域的现有对象来确定边界。
- 选择对象：根据构成封闭区域的选定对象确定边界。
- 删除：从边界定义中删除之前添加的任何对象。
- 重新创建：围绕选定的图案填充或填充对象创建多段线或面域，并使其与图案填充对象相关联。
- 显示边界对象：选择构成选定关联图案填充对象的边界的对象。使用显示的夹点可修改图案填充边界。
- 关联：指定图案填充或填充为关联图案填充。关联的图案填充或填充在用户修改其边界对象时将会更新。
- 填充图案比例：展开或收拢自定义或预定义的填充图案。
- 填充图案角度：相对于当前的 UCS 的 X 轴指定填充图案的角度。
- 保留边界对象：指定如何处理图案填充边界对象。选项包括：1）不保留边界，即不创建独立的图案填充边界对象；2）保留边界——多段线，即创建封闭图案填充对象的多段线；（3）保留边界——面域，即创建封闭图案填充对象的面域对象。这三个选项仅在图案填充创建期间可用。

6.2.2　图案填充的操作

创建图案填充的方法有两种：拾取内部点与选择对象，以下将分别以这两种方法来演示图案填充的操作。

（1）拾取内部点

选择"图案填充"命令图标，在弹出的"图案填充创建"选项卡中，单击"拾取点"图标按钮，在如图 6-23 所示的矩形内部的左半部分单击，按〈Enter〉键，完成对矩形的图案填充。

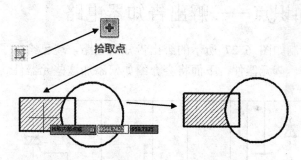

图 6-23　用拾取内部点创建图案填充

（2）选择对象

选择"图案填充"命令图标，在弹出的"图案填充创建"选项卡中，单击"选择"命令按钮，选择如图 6-24 所示的矩形为填充对象，按〈Enter〉键，完成对矩形的图案填充。

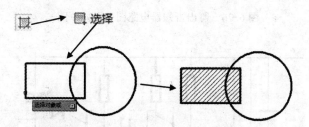

图 6-24　用选择对象的方法创建图案填充

6.2.3　编辑填充的图案

创建填充图案后，用户可能有时需要根据实际情况对填充的图案进行更改，此时就需要对填充图案进行编辑。

编辑填充图案的方法是：移动光标，单击要进行编辑的填充图案，此时会出现 "图案填充编辑器"选项卡，在"图案"功能面板中，选择所需的图案，然后按〈Enter〉键，完成对填充图案的编辑，如图 6-25 所示。

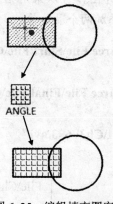

图 6-25　编辑填充图案

6.3 实例·知识点——孵出告知器电路

在本节中，将绘制如图 6-27 所示的孵出告知器电路，现已给出了草图，如图 6-26 所示，草图上面还缺少一些元器件，下面将会介绍如何添加这些元器件。

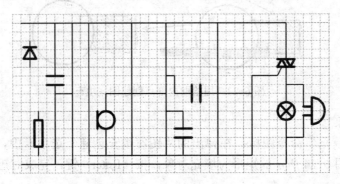

图 6-26 孵出告知器电路图（原始草图）

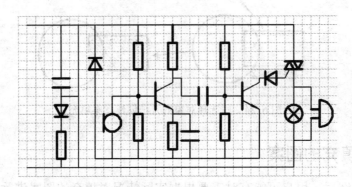

图 6-27 孵出告知器电路图（最终图）

思路·点拨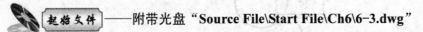

在原始草图的基础上绘制出最终图，可以采用插入块的方法在原始草图上添加电阻与二极管，可以采用外部参照的方法添加两个晶体管。

起始文件——附带光盘"Source File\Start File\Ch6\6-3.dwg"

结果文件——附带光盘"Source File\Final File\Ch6\6-3.dwg"

动画演示——附带光盘"AVI\Ch3\ 6-3.avi"

【操作步骤】

1）打开随书光盘中的"Source File\Start

File\Ch6\6-3.dwg"文件，打开原始草图。

2）在"默认"选项卡的"块"功能面

板中，执行"创建"命令，此时会弹出一个
"块定义"窗口，在窗口中的"名称"一栏
中输入"二极管"，在基点一栏中单击"拾
取点"按钮，选择二极管符号中的正三角形
底边中点为基点，然后在窗口的"对象"一
栏中单击"选择对象"按钮，在绘图区中选
择二极管符号为创建块的对象，按〈Enter〉
键，在"对象"一样中选择"删除"一项，
块单位设为毫米，单击"确定"按钮，完成
图块的定义，如图 6-28 所示。

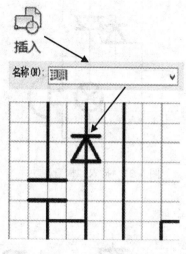

图 6-29　插入图块

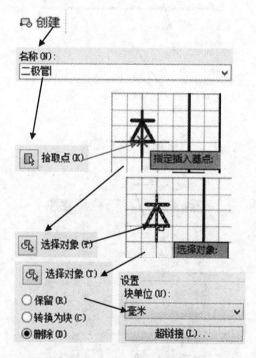

图 6-28　定义图块

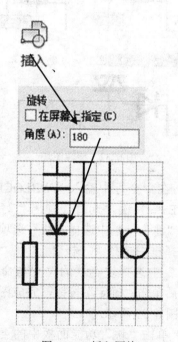

图 6-30　插入图块

3）执行"插入"命令，在"插入"窗
口的"名称"一栏中选择"二极管"，然后
单击"确定"按钮，移动光标，将图块放置
到如图 6-29 所示的位置。

4）继续执行"插入"命令，选择"二
极管"为插入对象，在"插入"窗口中的角
度一栏中输入"180°"，单击"确定"按
钮，移动光标，在如图 6-30 所示位置插入
图块。

5）用类似于步骤 3）的方法，在如
图 6-31 所示的位置插入二极管图块。

6）执行"旋转"命令，然后选择步骤
5）中所插入的图块为旋转对象，按〈Enter〉
键，接着选择图块中的正三角形的底边中心
为旋转基点，输入旋转角度为"90°"，按
〈Enter〉键，完成对图块的旋转，如图 6-32
所示。

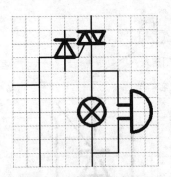

图 6-31　插入二极管图块

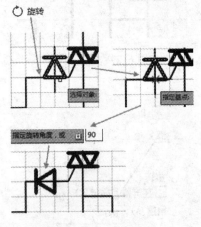

图 6-32　旋转图块

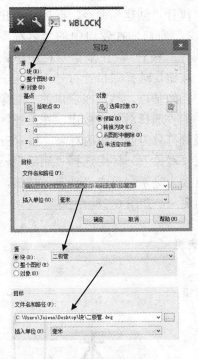

图 6-33　保存图块

图 6-34　定义图块属性

7）在命令行中输入"WBLOCK"，然后按〈Enter〉键，此时会弹出"写块"窗口，在"源"一栏中选择"块"选项，并在下拉选择框中选择"二极管"，在"文件名和路径"中选择块存放的位置与命令文件名，最后单击"确定"按钮，完成图块的保存，如图 6-33 所示。

8）单击"块"功能面板中的下拉按钮 特性▼ ，在下拉面板中单击"定义属性"命令按钮，此时会弹出"属性定义"窗口，在"名称"一栏输入"Rx"，在"提示"中输入"请输入电阻标号"，在"默认"一栏中输入"R0"，"文字高度"一栏中输入"7"，"旋转"一栏中输入"0"，在"文字设置"一栏中的"对齐"处选择"左对齐"，单击"确定"按钮，在图 6-34 所示的电阻符号旁边放置文字。

9）在命令行中输入"WBLOCK"，按〈Enter〉键，在"写块"窗口中基点一栏中单击"拾取点"按钮,移动光标,选择电阻符号的下端点为基点,然后单击"选择对象"按钮,接着在绘图区中选择如图 6-35 所示的对象。按〈Enter〉键,文件命名为"电阻",选择文件路径,单击"确定"按钮,完成带属性块的创建。

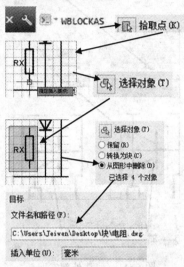

图 6-35　保存带属性的块

10）单击"插入"按钮,选择插入"电阻",然后在如图 6-36 所示的位置放置所插入的图块,在弹出的"编辑属性"窗口中输入"R0",单击"确定"按钮,完成带属性的图块的插入。

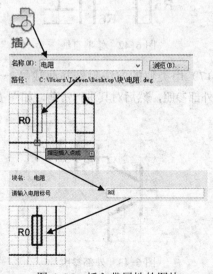

图 6-36　插入带属性的图块

11）用类似的方法在如图 6-37 所示的位置插入电阻图块。

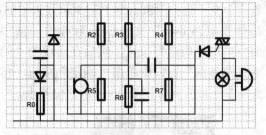

图 6-37　插入电阻图块

12）执行"修剪"命令剪去电阻矩形中的直线,如图 6-38 所示。

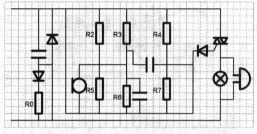

图 6-38　修剪直线

13）移动光标,在"R0"电阻处双击,此时会出现"增强属性编辑器"对话框,在"值"一栏中输入"R1",从而改变该电阻的标号值,如图 6-39 所示。

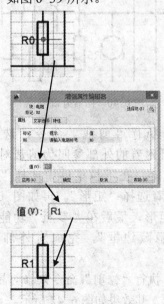

图 6-39　修改属性的定义

14）在功能区面板中选择"插入"选项卡，然后在"参照"功能面板中执行"附着"命令，选择"Source File\Start File\Ch3\晶体管电路.dwg"文件作为附着的外部参照，单击"确定"按钮，然后在出现的"附着外部参照"窗口中单击"确定"按钮，将外部参照放置到如图 6-40 所示的位置上。

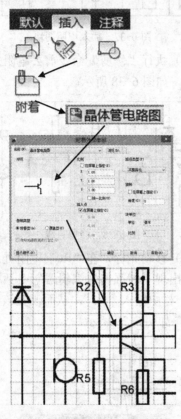

图 6-40　附着外部参照

15）执行"剪裁"命令，选择步骤14）中所附着的外部参照为剪裁对象，按〈Enter〉键，在下拉菜单中选择"新建边界"，接着选择"矩形"，再如图 6-41 所示绘制矩形，最后在"参照"功能面板中选择"隐藏边框"，完成对外部参照的剪裁。

16）执行"修剪"命令来修剪晶体管周围的直线，其效果如图 6-42 所示。

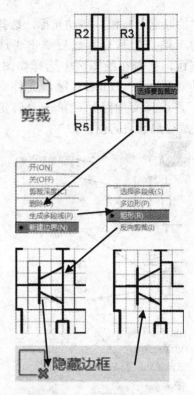

图 6-41　剪裁外部参照

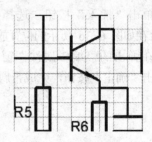

图 6-42　修剪直线

17）用类似的方法附着并剪裁另一个晶体管外部参照，然后对其进行修剪，如图 6-43 所示。

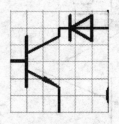

图 6-43　外部参照

18）选择"细实线"为当前图层，执行"圆"命令，在图 6-44 所示的位置处绘制两个半径为 2 的圆。

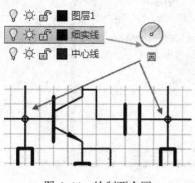

图 6-44　绘制两个圆

19）执行"图案填充"命令，选择"SOLID"作为填充图案，填充步骤 18）所绘制的两个圆，从而完成节点的绘制，如图 6-45 所示。

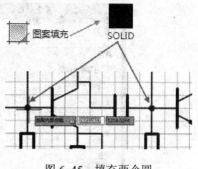

图 6-45　填充两个圆

20）完成绘图，如图 6-46 所示。

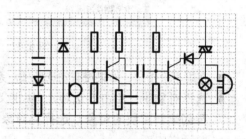

图 6-46　完成绘图

6.3.1　定义图块

块是 AutoCAD 中的一种对象，是由一个或多个对象组成的对象集合，常用于绘制一些复杂且重复的对象，当需要用到该对象时，可以直接插入到图中，插入时不可以调整块的比例与旋转角度。熟练地运用块，可以极大地提高绘图效率，另外，使用块可以节约存储空间，可以对多个同类对象的一次性修改以及对块添加属性。

定义图块即是创建图块，在创建图块之前，必须先绘制完成对象。创建图块时，在"默认"选项卡中的"块"功能面板上单击"创建"命令按钮，此时会弹出"块定义"对话框，如图 6-47 所示，以下将对对话框中的各个要素作详细说明。

（1）名称

名称是指定块的名称。名称的长度要在 255 个字符以内，字符类型包括字母、数字、空格等符号，块的名称与块的定义仅保存在当前的图形中，在其他图形中则不能使用。

（2）基点

基点是在插入图块时，光标牵引图块移动的点，用于确定图块的插入位置。在该栏中，有两个项目：

● 在屏幕上指定：如果没有勾选此项目，系统则会提示用户指定图块的基点。

● 拾取插入基点：选择此选项时，系统会暂时关闭"块定义"对话框，以便用户在绘图区中选取图块的基点，选取完基点后，系统会自动返回到"块定义"对话框中。

（3）对象

对象是指定要创建的图块中的包含的对象。该栏中有 6 个项目：

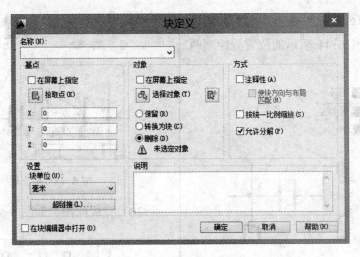

图 6-47 "块定义"对话框

- 在屏幕上指定：如果没有勾选此项，系统则会提示用户去指定要用于追寻新图块的对象。
- 选择对象 🖱️：单击此选项，"块定义"对话框会自动暂时关闭，让用户绘图区中选择要创建新图块的对象，选择完对象后，按〈Enter〉键，则会自动返回到"块定义"对话框中。
- 快速选择 🖱️：单击此选项时，会弹出一个"快速显示"对话框，在该对话框中选择对象。
- 保留：若选择此选项，创建完图块后，所选的对象会被保留下来，其性质不会被更改。
- 转换为块：若选择此项，创建完图块后，所选的对象会自动被转换成为图块。
- 删除：选择此项后，当追寻完图块后，所选的对象会被自动删除。

（4）方式

方式是指定块的使用方式，该栏中有 4 个选项：

- 注释性：将块指定为注释性。
- 使块方向与布局匹配：这个选项只有在勾选了"注释性"选项后才可以使用，其作用是使图块的参照方向与图纸的布局方向相匹配。
- 按统一比例缩放：当勾选此项后，图块在各个方向上均统一按一个比例来缩放。
- 允许分解：当勾选此项时，将允许图块可以通过"分解"命令被分解拆散。

（5）设置：即用于设置图块的单位与超链接。

在定义图块时，都需要对这些选项进行设置。

6.3.2 插入图块

插入图块是指将图块插入当前图形中。如果想插入图块，可以在"默认"选项卡的"块"功能面板上，单击"插入"命令图标按钮 🖱️，此时会弹出"插入"对话框，如图 6-48 所示。下面将对窗口中各组成部分进行详细介绍。

1）名称：即指定图块的名称。选择图块时，可以单击下拉选择框的下拉按钮，在下拉菜单中选择要插入的图块，也可以单击"浏览"按钮，根据图块的存储路径打开图块，从而指定该图块为插入图块。

图 6-48 "插入"对话框

2）插入点：即是指定图块的接入点的位置。在该栏中，如果勾选了"在屏幕中指定"，则只需要移动光标，在当前图形中指定接入点位置，如果没有勾选这个选项，就要在 X、Y、Z 轴三个文本框中输入接入点的 X、Y、Z 轴的坐标。

3）比例：即指定插入图块的比例。如果勾选了"在屏幕中指定"，则要用光标在绘图区中指定插入图块的缩放比例。如果没有勾选此项，则需要在 X、Y、Z 三个文本框中输入图块在 X、Y、Z 轴三个方向上的缩放比例。如果勾选了"统一比例"，则图块在 X、Y、Z 轴中的缩放比例均统一为一个比值。

4）旋转：即指定插入块的旋转角度。如果勾选了"在屏幕中指定"，则只需用光标在屏幕中指定插入图块的旋转角度即可，如果没有勾选此项，则需要在"角度"文本框中输入图块的旋转角度的值。

5）块单位：即显示图块的单位。

在插入图块时，先执行"插入"命令，然后在"插入"对话框中选取或输入各种参数，最后单击"确定"按钮，然后在绘图区中放置图块，如图 6-49 所示。

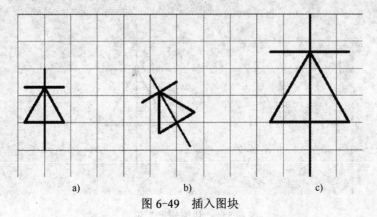

a)   b)   c)

图 6-49 插入图块

a) 默认下插入图块   b) 旋转 30°插入图块   c) 放大 2 倍插入图块

6.3.3 编辑图块

编辑图块即对一种图块进行统一的编辑，编辑包括插入与未插入的图块。编辑图块时，先单击"块"功能面板中的"编辑"命令按钮，此时会弹出一个编辑块定义"对话框，如图 6-50 所示，在窗口中选择要进行编辑的块的名称，然后单击确定按钮，之后就会进入"块编辑器"窗口，如图 6-51 所示。在块编辑器中对块对象进行编辑，编辑完成后执行"保存块"命令保存对图块的编辑，最后执行"关闭块编辑器"命令，回到绘图区界面，如图 6-52 及图 6-53 所示。

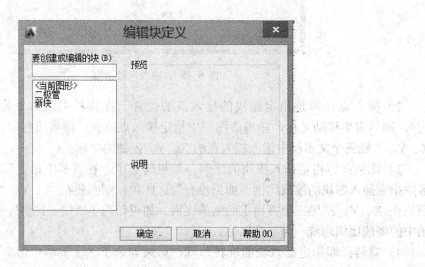

图 6-50 "编辑块定义"对话框

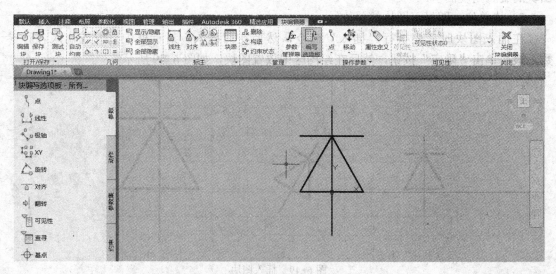

图 6-51 "块编辑器"窗口

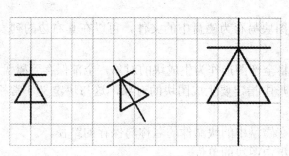

图 6-52　编辑前

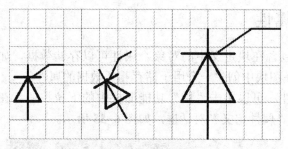

图 6-53　编辑后

6.3.4　保存图块

　　图块被定义之后，只能在当前图形中使用，而在其他的图形中则不能使用，要想在其他图形中也能使用到该图块，可以将该图块保存在磁盘中，要想在其他图形中插入该图块，只需在插入时在磁盘中选择该图块的文件即可。

　　在 AutoCAD 2014 中可以使用"WBLOCK"命令来保存图块。在命令行中输入"WBLOCK"命令，按〈Enter〉键，此时会弹出"写块"对话框，如图 6-54 所示。以下将对该窗口中一些组成部分作详细介绍。

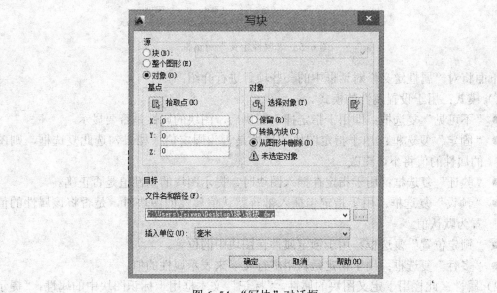

图 6-54　"写块"对话框

1）块：即将现有图块另存为磁盘中的文件，可以在其右边的列表中选择要另存为文件的现有图块。

2）整个图形：即将全部图形作为生成块的对象，全部保存到磁盘中，作为图块使用。

3）对象：即在图形中指定要生成图块的对象，这与块定义非常相似，同样需要指定图块的基点与对象等。

4）目标：即保存在磁盘中的块文件的名称与保存的路径。

5）插入单位：即指定图块的单位。

6.3.5　定义图块属性

属性是所创建的包含在块定义中的对象。属性可以存储数据，如产品的编号、参数值等。定义图块属性即在图块中创建一个用于储存相关数据的属性。

要定义图块的属性，可以单击"块"功能面板中的下拉按钮，在下拉面板中选择"定义属性"，此时会弹出"属性定义"对话框，如图 6-55 所示。

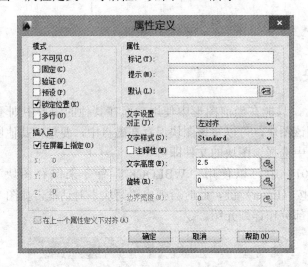

图 6-55　"属性定义"对话框

下面将对"属性定义"对话框中的一些项目进行介绍：

1）模式：用于设置属性的模式。

● "不可见"复选框：即用于指定插入图块后，图块的属性是否要显示。

● "固定"复选框：用于指定图块的属性是否为固定值，如果勾选此复选框，则图块的属性的值将不可更改。

● "验证"复选框：用于指定在插入图块时，提示图块的属性值是否正确。

● "预设"复选框：用于指定当插入带有默认值属性的图块时，是否将该属性的值设置为默认值。

● "锁定位置"复选框：用于锁定属性在图块中的位置。

● "多行"复选框：用于指定是否用多行文字来表示属性的值。

2）属性：此栏用于定义图块的属性。"标记"文本框用于标识图块中的属性；"提示"

文本框用于在输入属性值时的提示文字；"默认"文本框用于设定属性的默认值。

3）接入点：用于指定属性的接入点，可以在 X、Y、Z 文本框中输入属性接入点的坐标值，也可以勾选"在屏幕中指定"，然后用光标在绘图区中选择属性的接入点。

4）文字设置：用于设置文字的对齐方式、文字样式、文字高度与文字的旋转角度。

6.3.6　修改属性的定义

图块的属性定义好后，可以对其进行修改。

（1）修改属性的值

执行"修改"→"对象"→"文字"→"编辑"命令，接着选择要进行编辑的图块，此后会弹出"增强属性编辑器"对话框，或者直接双击要进行修改的图块，也可以弹出该对话框，如图 6-56 所示。

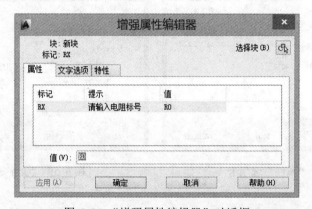

图 6-56　"增强属性编辑器"对话框

在该对话框中，打开"属性"选项卡，在"值"一栏中，可以对属性值进行修改。

（2）修改属性的缩放比例

执行"修改"→"对象"→"文字"→"比例"命令，移动光标，选择要时行修改比例的属性，在下拉菜单栏中选择要进行缩放的基点，接着输入比例因子，按〈Enter〉键，完成对属性对象的比例缩放，如图 6-57 所示。

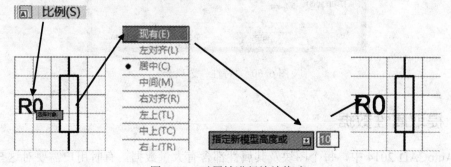

图 6-57　对属性进行缩放修改

（3）修改属性的文字对齐方式

执行"修改"→"对象"→"文字"→"对齐"命令，选择要修改的属性对象，按〈Enter〉

键，在下拉菜单栏中选择所需的文字对齐方式，即可对属性的文字对齐方式进行修改。

6.3.7 图块属性编辑

在块插入后，可以对块的属性进行编辑，其方法是：执行"修改"→"对象"→"属性"→"单个"命令，然后移动光标，选择进行属性编辑的图块，按〈Enter〉键，此后会弹出一个"增强属性编辑器"窗口，在该窗口中，打开"属性"选项卡，可以对属性值进行编辑，如图 6-58 所示；打开"文字选项"选项卡，可以对文字的高度、样式、对齐方式等参数进行重新设置，如图 6-59 所示；打开"特性"选项卡，可以对图块的图层、颜色、线型等进行设置，如图 6-60 所示。

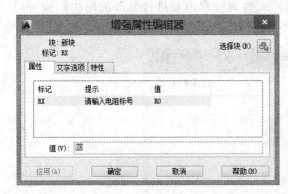

图 6-58 "属性"选项卡　　　　　　　　　图 6-59 "文字选项"选项卡

图 6-60 "特性"选项卡

6.3.8 提取属性数据

在 AutoCAD 2014 中，每个图块及其属性都含有大量数据，有时用户需要对这些数据进行提取，在 AutoCAD 2014 中，提供了一些提取图块及其属性相关数据的命令。

提取图块及其属性数据时，先在命令行中输入"ATTEXT"，按〈Enter〉键，此时会弹出一个"属性提取"对话框，如图 6-61 所示，在此窗口中，完成对图块及属性的数据提取。

图 6-61 "属性提取"对话框

下面将对"属性提取"窗口中的各项进行介绍。

1）文件格式：即指定数据文件的保存格式。有三种模式可供选择：

● 逗号分隔文件（CDF）：这种文件是一个文本文件（.TXT），文件中记录来存放图块及其属性的数据，每个记录中的字段均由逗号隔开。

● 空格分隔文件（SDF）：这种文件也是一种文本文件，同样也是记录来提取图块及其属性的数据，但与（CDF）不同的是，这种文件中的每个字段是用空格来隔开的。

● DXF 格式提取文件（DXX）：即数据文件的格式是 DXF 格式，DXF 文件即是图形交换文件。

2）选择对象：即选择要进行数据提取的图块及其属性，单击该按钮时，"属性提取"窗口将暂时关闭，以便用户可以在绘图区中选择要进行数据提取的图块对象，之后按〈Enter〉键，回到"属性提取"窗口。

3）样板文件：即用于指定打开样板文件，当用户要打开样板文件时，可以在样板文件按钮右边的文本框中输入样板文件的名称，或者单击"样板文件"按钮，在弹出的"样板文件"窗口中选择要打开的样板文件。

4）输出文件：用于指定生成的数据的文件的名字。用户可以直接在该按钮的右边的文本框中输入存放提取数据文件的名字，也可以单击该按钮，在"输出文件"窗口中指定数据文件的名字与存放路径。

6.3.9 外部参照附着

外部参照与图块类似，但也有不同之处。外部参照与图块均能插入当前图形中，但不同的是，当图块插入当前图形中时，图块就永久成为了当前图形中的一部分，而当插入外部参照时，相当于将外部图形文件中的图形直接投射到当前图形中，外部图形文件的数据没有写入当前图形中，故在当前图形中并不能对外部参照进行编辑，同样，由于外部参照是投射到当前图形中的，所以当外部参照所在的外部图形文件被修改到，这些修改将会在当前图形中体现出来。

附着外部参照相当于在当前图形中插入外部参照。其步骤是：先打开"插入"选项卡，在"参照"功能面板中单击"附着"命令按钮，此时会弹出"选择参照文件"对话框，如图 6-62 所示，选择所需的参照文件，单击"打开"按钮，此后会跳转到"附着外部参照"对话框，如图 6-63 所示，设置好各项参数后，外部参照会附着于当前图形中。

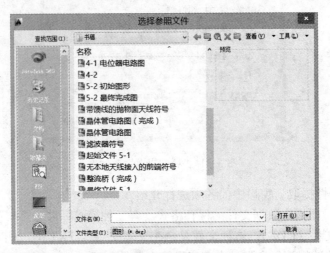

图 6-62 "选择参照文件"对话框

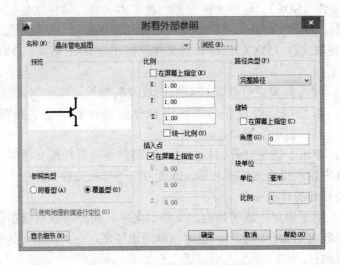

图 6-63 "附着外部参照"对话框

现在对"附着外部参照"对话框中一些重要的参数进行介绍。

1）参照类型：该栏是用于指定外部参照的类型。其类型有两种：附着型与覆盖型。

- 附着型：如果外部参照类型为附着型，当附着有外部参照的图形作为主图形的附着外部参照时，主图形中能显示外部参照中的附着内容，即能显示嵌套参照中的嵌套类型。

- 覆盖型与附着型刚好相反，如果外部参照类型为覆盖型，主图形将不能显示嵌套参照中的嵌套内容。

2）路径类型：指定外部参照的路径类型，有三种路径类型，完整路径、相对路径及无路径。

- 完整路径：即主图形中保存了外部参照的精确路径，即按此精确路径去调用外部参照，此路径类型定位精准，但欠缺灵活性，如果外部参照的路径被更改，则主图形就不能调用该外部参照。
- 相对路径：即主图形中保存了外部参照相对于主图形的路径，此路径类型定位最为灵活，只要外部参照相对于主图形的路径没有改变，主图形就能调用该外部参照。
- 无路径：即主图形中不保存外部参照的路径，此时，系统会自动搜索主图形所在文件夹中的外部参照，选择此路径类型时，要求外部参照的文件要与主图形保存在同一个文件夹中。

6.3.10 外部参照剪裁

外部参照的剪裁是指对已经附着的外部参照进行剪裁，以使该外部参照只能显示一部分。有时，在主图形中附着的外部参照中的图形不都是主图形所需的，所以就要选取外部参照中要显示的部分，而其余部分则会被隐藏。

剪裁外部参照是用剪裁边界来剪裁的，外部边界可以是多边形、多段线与矩形。在新建边界时，可以新建矩形与多边形边界或者直接选取图中现有的多段线作为剪裁边界。

要剪裁边界时，可以单击"参照"功能面板上的"剪裁"命令按钮 ，然后移动光标，选择要进行剪裁的外部参照，此后在弹出的下乘菜单中选择"新建边界"，在接着弹出的下拉菜单中选择所需的剪裁边界类型，最后在图中绘制边界，按〈Enter〉键即可完成外部参照的剪裁，如图 6-64 所示。

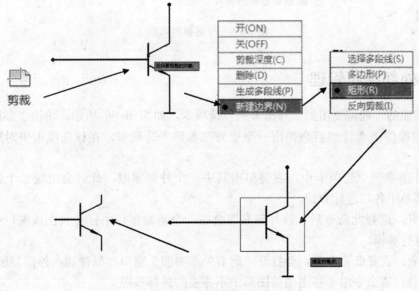

图 6-64　剪裁外部参照

6.3.11 外部参照绑定

外部参照包含了该图形中的各种信息，如该图形的图层、标注样式、线型等，有时主图形中可以需要用到这些数据，此时就需要将外部参照绑定到主图形中。

绑定外部参照的步骤是：执行"修改"→"对象"→"外部参照"→"绑定"命令，此时会弹出一个"外部参照绑定"对话框，选择要绑定的外部参照，接着选择该外部参照中要绑定的数据类型，如图层，单击"添加"按钮，最后单击"确定"按钮，完成对该外部参照的绑定，如图 6-65 所示。

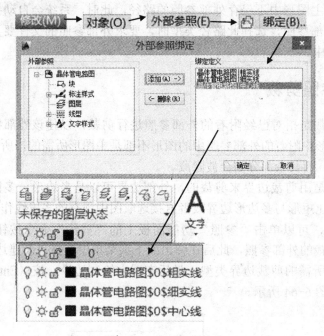

图 6-65　外部参照绑定

6.3.12　外部参照管理

外部参照的管理需要用到"外部参照"选项卡，如图 6-66 所示。单击"参照"功能面板下方的图标按钮 ，然后会弹出一个"外部参照"选项卡，在该选项卡中对外部参照进行管理。

在"外部参照"选项卡中，右键单击其中一个外部参照，此时会出现一个快捷菜单，以下将对菜单中各项进行介绍。

1）打开：选择此命令后，该外部参照会在一个新的窗口中打开。在该窗口中可以对该外部参照进行编辑。

2）附着：选择此命令后，会打开"附着外部参照"窗口，以便插入外部参照。

3）卸载：该命令用于移走当前图形中不需要的外部参照。

4）重载：使被卸载的外部参照重新出现，或者更新外部参照。

5）拆离：该命令用于将不需要的外部参照从当前图形中移除。

6）绑定：该命令用于外部参照的绑定。

7）外部参照类型：该命令用于选择外部参照的类型。

8）路径：该命令用于选择外部参照的路径类型。

a)

b)

图 6-66 "外部参照"选项卡

a) 正常显示 b) 快捷菜单

6.3.13 参照编辑

一个 AutoCAD 图形中可以参照多个外部文件，所有的这些参照文件的路径保存于每个 AutoCAD 图形中，如果需要将这些文件移动到其他地方，它们的路径就必定会改变，此时就需要对这些参照路径进行更新。

AutoCAD 中提供了一个"参照管理器"来处理这些更新，如图 6-67 所示。执行"开始"→"所有程序"→"AutoCAD 2014 简体中文"→"参照管理器"命令来打开"参照处理器"，从而对外部参照的路径进行处理。双击要更新的保存路径，即可在弹出的"编辑选定的路径"对话框中对路径进行更新，如图 6-68 所示。

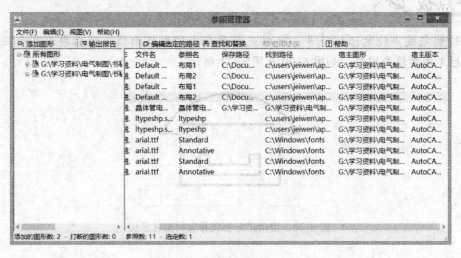

图 6-67 "参照管理器"窗口

图 6-68 "编辑选定的路径"对话框

6.4 要点·应用

6.4.1 应用 1——声能电话机

在本节中，将绘制如图 6-69 所示的声能电话符号，现已给出该符号的原始草图，下面将绘制完成最终图。

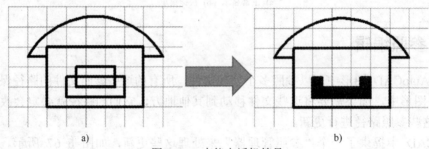

a)   b)

图 6-69 声能电话机符号

a) 原始草图 b) 最终图

思路·点拨 ✍

要绘制完成声能电话机符号，可以先用两个小矩形作面域，然后再求两个矩形的差集，最后用图案填充图形，如图 6-70 及图 6-71 所示。

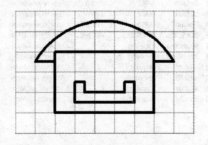

图 6-70 用两矩形面域并取两面域差集

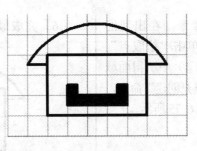

图 6-71 图案填充

起始文件——附带光盘"Source File\Start File\Ch6\6-4-1.dwg"

结果文件——附带光盘"Source File\Final File\Ch6\6-4-1.dwg"

动画演示——附带光盘"AVI\Ch6\ 6-4-1.avi"

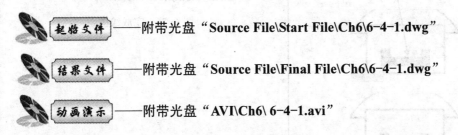

【操作步骤】

1）打开随书光盘中的"Source File\Start File\Ch6\6-4-1.dwg"文件，打开原始草图。

2）单击"绘图"功能面板的下拉按钮，在下拉面板中选择"面域"命令图标，选择如图 6-72 所示的矩形为面域对象。按〈Enter〉键，完成对该矩形的面域。

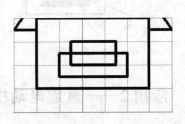

图 6-73　生成另外一个小矩形的面域

4）执行"修改"→"实体编辑"→"差集"命令，第一个对象选择较大的矩形，按〈Enter〉键，第二个对象选择较小的矩形，按〈Enter〉键，完成两个面域的差集，如图 6-74 所示。

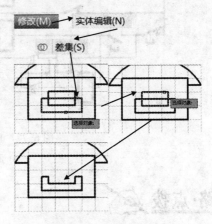

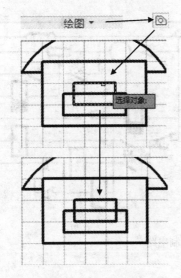

图 6-72　生成矩形的面域

3）用同样的方法生成另外一个小矩形的面域，如图 6-73 所示。

图 6-74　求两面域的差集

5）执行"图案填充"命令，在出现的"图案填充创建"选项卡中，单击"拾取点"图标按钮，移动光标，在步骤 4）中所得面域中单击，然后执行"关闭图案填充创建"命令，完成对该面域的图案填充，如图 6-75 所示。

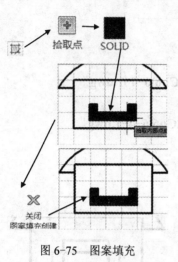

图 6-75 图案填充

6）完成最终图，如图 6-76 所示。

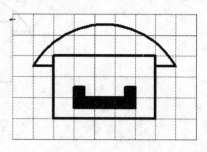

图 6-76 完成绘图

6.4.2 应用 2——直流电动机起动控制电路

在本节中，将绘制如图 6-77 所示的直流电动机起动控制电路，现已给出原始草图，下面将根据原始草图绘制出最终图。

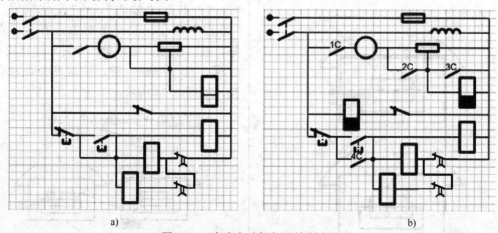

a)   b)

图 6-77 直流电动机起动控制电路
a) 原始草图 b) 最终图

思路·点拨

在原始草图的基础上绘制最终图，可以用图案填充命令来填充相关图形，可以将某些图形定义成块，插入图形中，从而提高绘图效率。

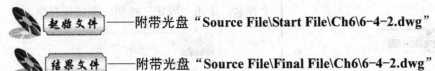

起始文件——附带光盘"Source File\Start File\Ch6\6-4-2.dwg"

结果文件——附带光盘"Source File\Final File\Ch6\6-4-2.dwg"

动画演示——附带光盘"AVI\Ch6\ 6-4-2.avi"

【操作步骤】

1）打开随书光盘中的"Source File\Start File\Ch6\6-4-2.dwg"文件，打开原始草图。

2）单击"图案填充"命令按钮，在"图案填充创建"选项卡中选择"拾取点"，接着选择"SOLID"图案，移动光标，在如图 6-76 所示的位置中单击，按〈Enter〉键，完成对该方框的填充。

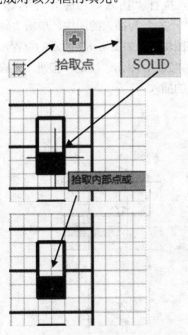

图 6-78　图案填充矩形

3）在"块"功能面板中单击"创建"命令按钮，在弹出的"块定义"对话框的名称一栏中输入"缓慢释放继电器的线圈"，接着单击"拾取基点"按钮，选择如图 6-79 所示的位置为图块的基点，再单击"选择对象"按钮，在绘图区中选择步骤 2）中所填充的图形为定义成块的对象，按〈Enter〉键，返回"块定义"对话框，单击"确定"按钮，完成块的定义。

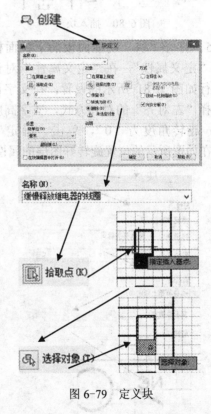

图 6-79　定义块

4）执行"插入"命令，在弹出的"插入"对话框中，选择"缓慢释放继电器的线圈"作为插入的块，并在对话框中作如图 6-80 所示的设置，单击"确定"按钮，移动光标，在如图所示的地方插入图块。

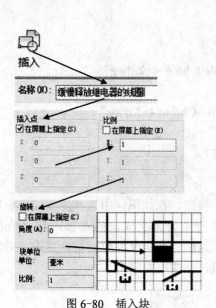

图 6-80　插入块

5）打开"块"功能面板的下拉面板，选择"定义属性"，在"定义属性"对话框中进行如图 6-81 所示的设置，在文字设置中选择"左对齐"的对齐方式，文字高度为"9"，旋转角度为"0"，单击"确定"按钮，在如图所示的位置旋转好图层的属性。

图 6-81　定义属性

6）在命令行中输入"WBLOCK"命令，按〈Enter〉键，弹出"写块"对话框，在"源"中选择"对象"，单击基点一栏中的"拾取点"，选择如图 6-82 所示的点为基点，单击"选择对象"，选择如图所示的开关及其属性为

对象，按〈Enter〉键，设置好保存的路径与文件名，单击"确定"按钮，完成保存块。

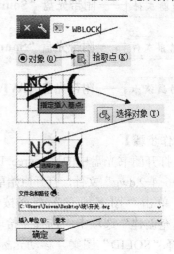

图 6-82　保存块

7）执行"插入"命令，在名称一栏中选择"开关"为插入的图块，单击"确定"按钮，将图块插入如图 6-83 所示的位置，属性值设置为"2C"，单击"确定"按钮，完成带属性的图块的插入。

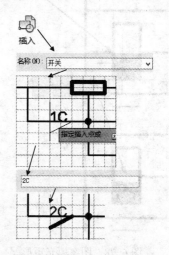

图 6-83　插入带属性的图块

8）用同样的方法，在如图 6-84 所示的位置插入"开关"图块。

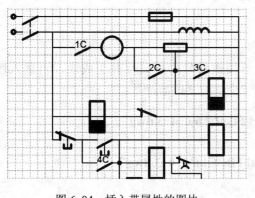

图形，从而完成最终图，如图 6-85 所示。

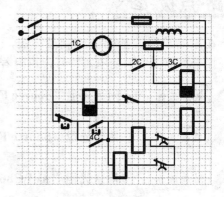

图 6-84　插入带属性的图块

9）执行"修剪"与"打断"命令来编辑

图 6-85　完成绘图

6.4.3　应用 3——多点控制定时灯电路

在本节中，将绘制如图 6-87 所示的多点控制定时灯电路，现已给出了该电路的原始草图，如图 6-86 所示，下面将在此基础上绘制其最终图，如图 6-85 所示。

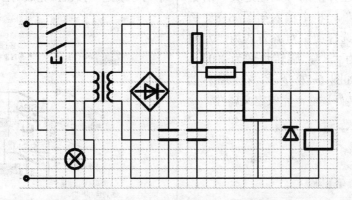

图 6-86　多点控制定时灯电路（原始草图）

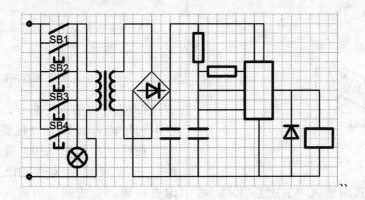

图 6-87　多点控制定时灯电路（最终图）

思路·点拨

在原始草图的基础上绘制最终图，可以先给按钮符号添加属性并生成块，再插入图中，接着拆离图中的变压器符号，再附着并剪裁一个新的变压器符号。

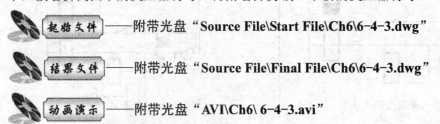

起始文件——附带光盘"Source File\Start File\Ch6\6-4-3.dwg"

结果文件——附带光盘"Source File\Final File\Ch6\6-4-3.dwg"

动画演示——附带光盘"AVI\Ch6\ 6-4-3.avi"

【操作步骤】

1）打开随书光盘中的"Source File\Start File\Ch6\6-4-3.dwg"文件，打开原始草图。

2）在"块"功能面板上单击"定义属性"命令按钮，在弹出的"属性定义"对话框中选择"属性"一栏中输入如图 6-88 所示的内容，然后选择文字对齐方式为"左对齐"，文字高度为"8"，旋转角度为"0"，按〈Enter〉键，如图 6-86 所示，在绘图区的按钮符号位置旋转好属性，完成定义属性。

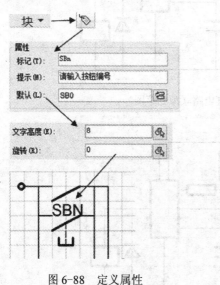

图 6-88　定义属性

3）在命令行中输入"WBLOCK"，然后按〈Enter〉键，弹出"写块"对话框，在"源"一栏中选择"对象"，接着单击"拾取

点"按钮，在绘图区中选择如图 6-89 所示的点作为基点，单击"选择对象"命令按钮，在绘图区中选择图中所示的图形与文字作为对象，图块命名为"按钮"，选择好保存路径，单击"确定"按钮，完成对图块的保存。

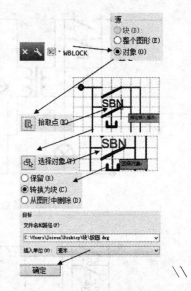

图 6-89　保存图块

4）执行"插入"命令，在"名称"一栏中选择插入对象为"按钮"，单击"确定"按钮，在如图 6-90 所示位置插入图块，设置属性值为"SB2"，单击"确定"按钮，完成图层的插入。

5）用同样的方法，插入如图 6-91 所示的图块。

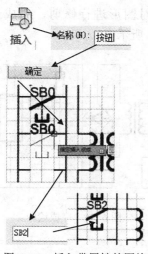

图 6-90　插入带属性的图块

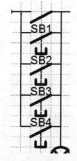

图 6-91　插入其余带属性的图块

6）双击编号为"SB0"的图块，在弹出的"增强属性编辑器"对话框中将属性值修改为"SB1"，单击"确定"按钮，完成对属性值的修改，如图 6-92 所示。

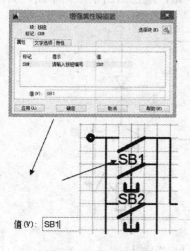

图 6-92　修改属性

7）打开"插入"选项卡，单击"参照"功能面板中右下角的箭头符号 ⌐，此时会弹出"外部参照"选项卡，选择其中的"变压器 1"并右键单击，在下拉菜单中选择"拆离"，此时变压器符号将会被删除，如图 6-93 所示。

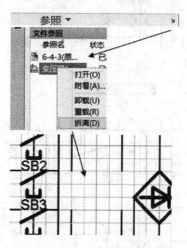

图 6-93　拆离外部参照

8）单击"附着"命令按钮，选择随书光盘中的"Source File\Start File\Ch6\变压器 2.dwg"，路径类型选择"无路径"，在图 6-94 所示位置附着外部参照。

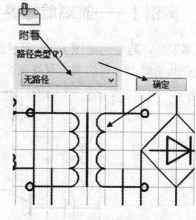

图 6-94　附着外部参照

9）单击"剪裁"命令按钮，选择步骤 8）中附着的外部参照为剪裁的对象，在下拉菜单中选择"新建边界"，接着选择"矩形"，然后绘制如图 6-95 所示的矩形，再单击"隐藏边界"按钮，完成对外部参照的剪裁。

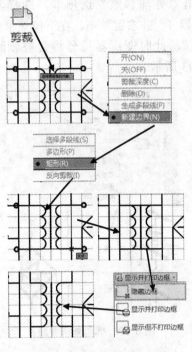

图 6-95 剪裁外部参照

10）对图形进行修剪，完成最终图，如图 6-96 所示。

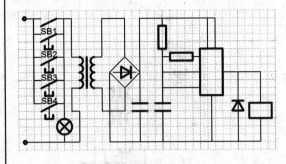

图 6-96 完成绘图

6.5 能力·提高

6.5.1 案例 1——雏鸡雌雄鉴别器电路

在本节中，将绘制如图 6-98 所示的雌雄识别器电路，现已给出了原始草图，如图 6-97 所示，在此基础上，将绘制出最终图。

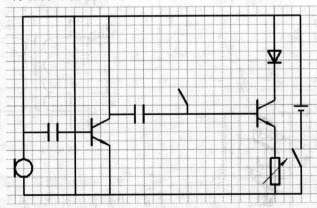

图 6-97 雏鸡雌雄识别器电路（原始草图）

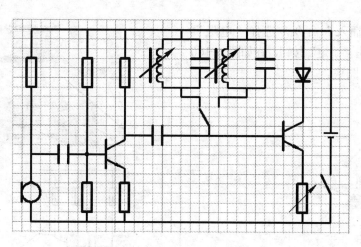

图 6-98 雏鸡雌雄识别器电路（最终图）

思路·点拨

在原始草图的基础上绘制出最终图，可以先将草图中的变阻器创建成图块，再插入图中，接着对图块进行编辑，将其编辑成普通电阻符号，最后插入外部参照 LC 电路。

起始文件——附带光盘"**Source File\Start File\Ch6\6-5-1.dwg**"

结果文件——附带光盘"**Source File\Final File\Ch6\6-5-1.dwg**"

动画演示——附带光盘"**AVI\Ch6\ 6-5-1.avi**"

【操作步骤】

1）打开随书光盘中的"Source File\Start File\Ch6\6-5-1.dwg"文件，打开原始草图。

2）在"块"功能面板中选择"创建"，在弹出的"块定义"对话框中的"名称"一栏中输入"电阻"，然后执行"拾取点"命令，在如图 6-99 所示位置选择基点，接着执行"选择对象"命令，在图中选择变位器作为对象，并选择"保留"选项，单击"确定"按钮，完成图块的创建。

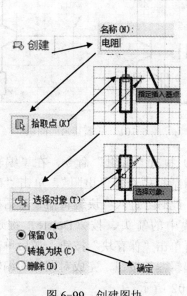

图 6-99 创建图块

3）执行"插入"命令，选择"电阻"为插入对象，单击"确定"按钮，在如图 6-100 所示的位置插入图块。

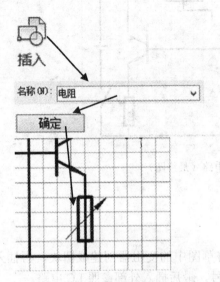

图 6-100　插入图块

4）用同样的方法，按图 6-101 所示插入其余的图块。

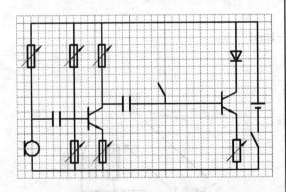

图 6-101　插入其余的图块

5）执行"编辑"命令，在"编辑块定义"对话框中选择"电阻"，单击"确定"按钮，此时会进入"块编辑器"对话框，选择图块中的箭头，按〈Delete〉键进行删除，再单击"保存块"按钮，最后单击"关闭块编辑器"按钮，完成对图块的编辑，如图 6-102 所示。

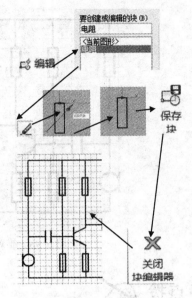

图 6-102　编辑图块

6）选择"插入"选项卡，在"参照"功能面板中选择"附着"，在"Source File\Start File\Ch6\LC 电路 .dwg"中选择"LC"电路，附着在如图 6-103 所示的位置。

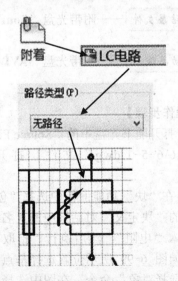

图 6-103　附着外部参照

7）用同样的方法附着同样的外部参照，如图 6-104 所示。

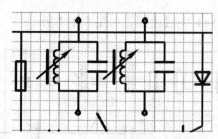

图 6-104　附着同样的外部参照

8）执行"剪裁"命令，单击步骤 6）中的外部参照为剪裁对象，在下拉菜单中选择"新建边界"，接着选择"矩形"，绘制如图 6-105 所示的矩形，再选择"隐藏边界"，完成对外部参照的剪裁。

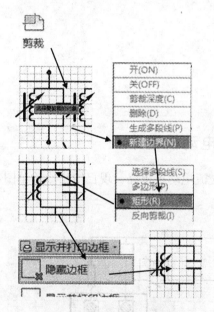

图 6-105　剪裁外部参照

9）用同样的方法剪裁步骤 7）中其余的外部参照，如图 6-106 所示。

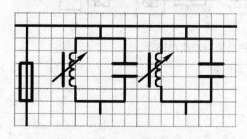

图 6-106　剪裁其余的外部参照

10）执行"直线"命令，绘制如图 6-107 所示直线。

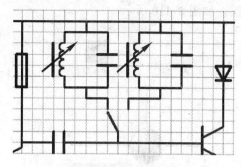

图 6-107　绘制直线

11）执行"修剪"命令，修剪电阻符号中的直线，如图 6-108 所示。

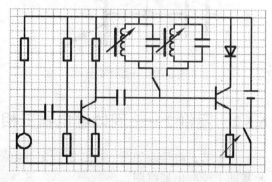

图 6-108　完成绘图

12）选择"细实线"为当前图层，执行"圆"命令，在图 6-109 所示的位置中绘制一个半径为 2 的圆。

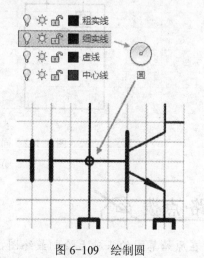

图 6-109　绘制圆

13）执行"图案填充"命令，选择"SOLID"填充图案，填充步骤 12）中所给的圆，如图 6-110 所示。

14）完成绘图，如图 6-111 所示。

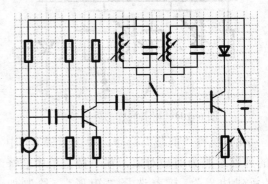

图 6-111　完成绘图

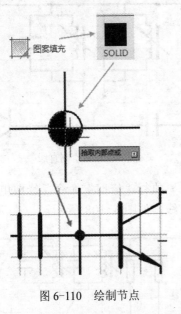

图 6-110　绘制节点

6.5.2　案例 2——固体继电器三相交流电动机电路

在本节，将绘制如图 6-112 的固定继电器三相交流电动机电路。现已给出原始草图，在此基础上绘制出最终图。

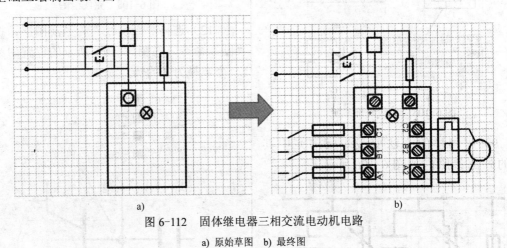

a)　　　　　　　　　　　　　　b)

图 6-112　固体继电器三相交流电动机电路

a) 原始草图　b) 最终图

思路·点拨

在原始草图的基础上绘制最终图，可以先填充接线柱符号，再添加属性，制成带属性的图块，再插入图中，最终附着并剪裁主电路。

起始文件 ——附带光盘"Source File\Start File\Ch6\6-5-2.dwg"

结果文件 ——附带光盘"Source File\Final File\Ch6\6-5-2.dwg"

动画演示 ——附带光盘"AVI\Ch6\ 6-5-2.avi"

【操作步骤】

1）打开随书光盘中的"Source File\Start File\Ch6\6-5-2.dwg"文件，打开原始草图。

2）执行"图案填充"命令，在"图案填充创建"选项卡中执行"拾取点"命令，再选择"SOLID"图案为填充图案，移动光标，选择如图 6-113 所示的圆为填充对象，按〈Enter〉键，完成图案填充。

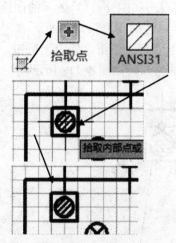

图 6-113　图案填充

3）单击"块"功能面板上的下拉按钮，在下拉面板中执行"定义属性"命令，此后会弹出"属性定义"对话框，在"属性"一栏中输入如图 6-114 所示的内容，在"文字设置"一栏中选择"左对齐"，文字高度设置为"8"，单击"确定"按钮，在如图所示位置添加属性。

图 6-114　添加属性

4）在命令行中输入"WBLOCK"，按〈Enter〉键，此后会弹出"写块"对话框，在"源"中选择"对象"，然后单击"拾取点"按钮，移动光标，拾取如图 6-115 所示的点为基点，接着单击"选择对象"按钮，选择图中接线柱符号及其属性作为对象，并选择"转换成块"，将文件命名为"接线柱"，选择好保存路径，单击"确定"按钮，完成图块的保存。

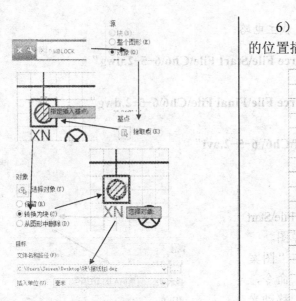

图 6-115 保存图块

5）执行"插入"命令，此后会弹出一个"插入"对话框，在名称一栏中选择"接线柱"为插入的图块，在旋转一栏的"角度"处输入"90°"，单击"确定"按钮，在如图 6-116 所示的位置插入图块，属性值为"A1"，单击"确定"按钮，完成带属性图块的插入。

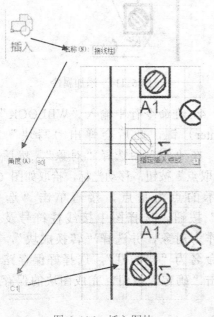

图 6-116 插入图块

6）用类似的方法，在如图 6-117 所示的位置插入其余的图块。

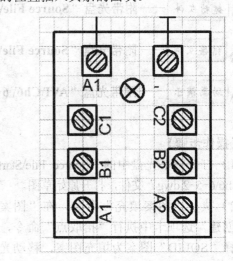

图 6-117 插入其余的图块

7）双击如图 6-113 所示的图块，弹出"增强型属性编辑器"对话框，在"值"一栏中输入"+"，单击"确定"按钮，完成图块属性的修改，如图 6-118 所示。

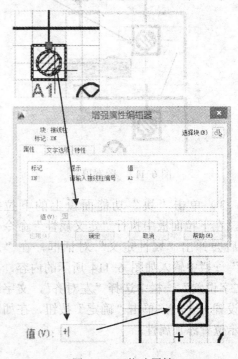

图 6-118 修改属性

8）打开"插入"选项卡，在"参照"功能面板中选择"附着"，在"选择外部参照文件"对话框中打开"Source File\Start File\Ch6\电动机主电路.dwg"，选择电动机主电路，单击"打开"按钮，此时会打开"附着外部参照"对话框，在"比例"一栏中勾选"统一比例"，输入比例为"1.5"，在"旋转"一栏中的"角度"处输入"90°"，单击"确定"按钮，在如图 6-119 所示的位置旋转好外部参照，完成外部参照的附着。

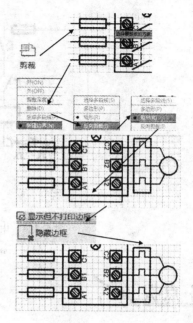

图 6-120 剪裁外部参照

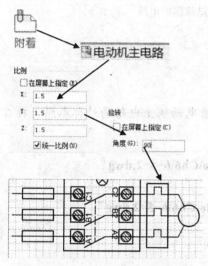

图 6-119 附着外部参照

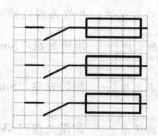

图 6-121 绘制开关

9）执行"剪裁"命令，选择步骤 8）所附着的外部参照为剪裁对象，在下拉菜单中选择"新建边界"，接着选择"矩形"，绘制如图 6-120 所示的矩形，再在"块"功能面板上选择"隐藏边界"，完成对外部参照的剪裁。

10）绘制如图所示的开关图块，如图 6-121 所示。

11）完成绘图，如图 6-122 所示。

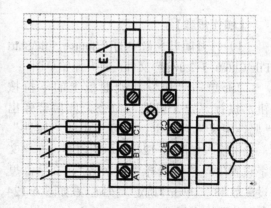

图 6-122 完成绘图

6.5.3 案例 3——电动机用热继电器过载保护电路

在本节中，将绘制如图 6-123 所示的电动机用热继电器过载保护电路，现已给出原始草图，在此基础上，将绘制出最终图。

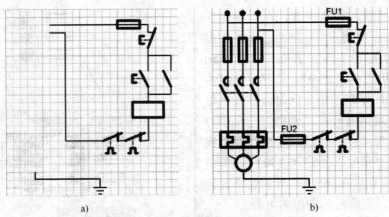

图 6-123 电动机用热继电器过载保护电路

a) 原始草图 b) 最终图

思路·点拨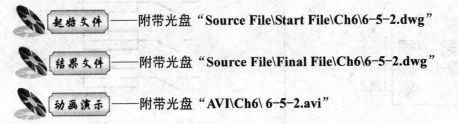

在原始草图的基础上绘制出最终图，可以先附着电动机主电路的外部参照，再在保险丝符号处添加属性，并作为图块插入。

起始文件——附带光盘"Source File\Start File\Ch6\6-5-2.dwg"

结果文件——附带光盘"Source File\Final File\Ch6\6-5-2.dwg"

动画演示——附带光盘"AVI\Ch6\ 6-5-2.avi"

【操作步骤】

1）打开随书光盘中的"Source File\Start File\Ch6\6-5-2.dwg"文件，打开原始草图。

2）单击"块"功能面板上的下拉按钮，执行"定义属性"命令，此后会弹出"属性定义"对话框，在窗口中的"属性"一栏中输入如图 6-124 所示的内容，在"文字设置"一栏中选择"左对齐"，文字高度设置为"8"，单击"确定"按钮，在如图 6-124所示位置定义属性。

3）在命令行中输入"WBLOCK"，按〈Enter〉键，此后会弹出"写块"对话框，在"源"中选择"对象"，然后单击"拾取点"按钮，移动光标，拾取如图 6-125 所示的点为基点，接着单击"选择对象"按钮，

图 6-124 定义属性

选择图中熔断器符号及其属性作为对象，并选择"转换成块"，将文件命名为"熔断器"，选择好保存路径，单击"确定"按钮，完成图块的保存。

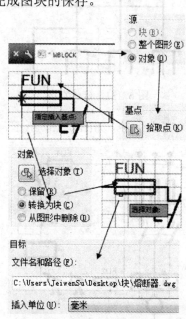

图 6-125　保存图块

4）执行"插入"命令，在名称一栏选择"熔断器"，单击"确定"按钮，在如图 6-126 所示的位置插入图块，并将其属性值设置为"FU2"，单击"确定"按钮，完成图块的插入。

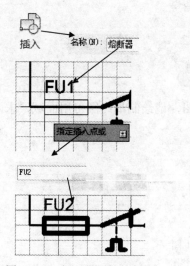

图 6-126　插入带属性的图块

5）打开"插入"选项卡，在"参照"功能面板中选择"附着"，在"选择外部参照文件"对话框中打开"Source File\Start File\Ch6\电动机主电路.dwg"文件，选择电动机主电路，单击"打开"按钮，此时会打开"附着外部参照"对话框，单击"确定"按钮，在如图 6-127 所示的位置旋转好外部参照，完成外部参照的附着。

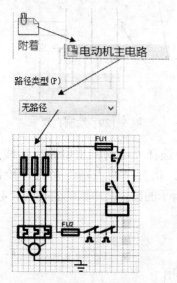

图 6-127　附着外部参照

6）执行"修改"→"对象"→"外部参照"→"绑定"，在"外部参照绑定"对话框中选择"电动机主电路"的图层作为绑定对象，如图 6-128 所示。

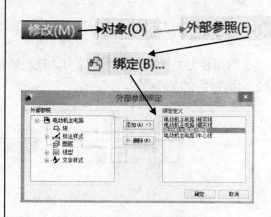

图 6-128　外部参照绑定

7）选择"电动机主电路粗实线"作为当前图块，执行"直线"命令，绘制如图 6-129 所示的直线。

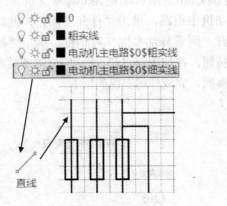

图 6-129　绘制直线

8）选择"电动机主电路粗实线"为当前图层，执行"两点圆"命令，绘制如图 6-130 所示的圆，其中圆的直径为"4"。

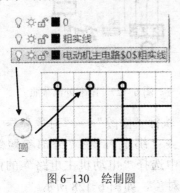

图 6-130　绘制圆

9）延长如图 6-131 所示直线。

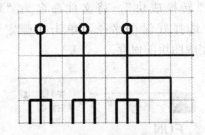

图 6-131　延长直线

10）完成绘图，如图 6-132 所示。

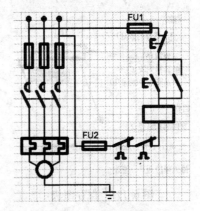

图 6-132　完成绘图

6.6　习题·巩固

1. 图 6-133 为对接加热器符号，现已给出草图，请绘制最终图可用面域，求两面域的差集，填充并完成最终图。

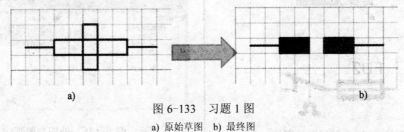

a)　　　　　　　　　　　　　　　　　　b)

图 6-133　习题 1 图

a) 原始草图　　b) 最终图

2. 图 6-134 为排灌站远程控制电路,现已给出草图,请绘制最终图。可以将电动机主电路作为外部参照(该图形文件在"Source File\Exercise\Ch6\电动机主电路.dwg"),附着到图形中,常开开关创建成块,插入图中。

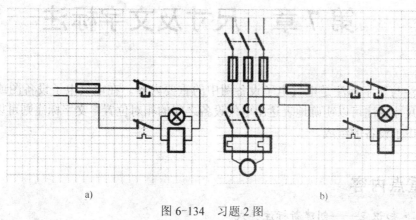

图 6-134 习题 2 图

a) 原始草图 b) 最终图

3. 图为渐亮渐暗 6-135 调光电路,现已给出原始草图,请绘制最终图,其中晶体管电路可以作为外部参照附着到图中(该图形文件在"Source File\Exercise\Ch6\晶体管电路.dwg"),带属性的电阻可以制成图块,插入图中。

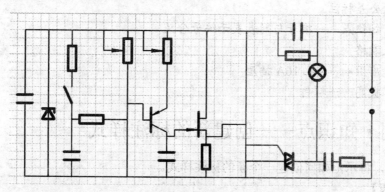

图 6-135 习题 3 图(原始草图)

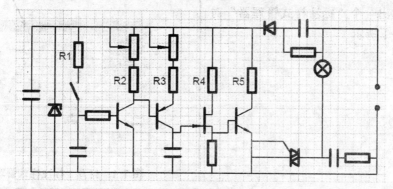

图 6-136 习题 3 图(最终图)

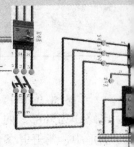

第 7 章　尺寸及文字标注

　　尺寸标注与文字标注是电气电子设备图中的重要内容。在电气电子设备图或电气设备安装图中，尺寸标注可以明确地表达出电气设备之间的相对位置，文字标注则可以明确地表达出该电气电子设备的组成。

 ## 重点内容

- ↘ 实例·知识点——创建新标注样式
- ↘ 尺寸样式的创建与修改
- ↘ 实例·知识点——几何图形的标注
- ↘ 尺寸标注
- ↘ 实例·知识点——回转体零件
- ↘ 引线及公差标注
- ↘ 实例·知识点——编号与列表表示编号含义
- ↘ 文字及表格
- ↘ 要点·应用——5 孔 16A 插座
- ↘ 能力·提高——螺钉

7.1　实例·知识点——创建新的标注样式

　　在本节中，将示范如何创建一个新的标注样式。

　　【操作步骤】

　　1）执行"格式"→"标注样式"命令，此时会弹出一个"标注样式管理器"对话框，如图 7-1 所示。

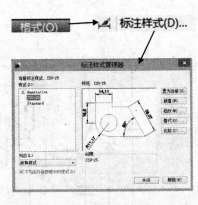

图 7-1　打开"标注样式管理器"

2）在"标注样式管理器"中单击"新建"按钮，此时会弹出一个"创建新标注样式"对话框，在"新样式名"一栏中输入"新标注样式 1"，在"基础样式"样式一栏中选择"ISO-25"，单击"继续"按钮，如图 7-2 所示。

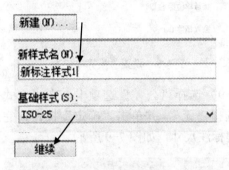

图 7-2　新建标注样式

3）在"新建标注模式：新标注样式 1"对话框中选择"线"选项卡，对尺寸线与尺寸界线的颜色、线型、线宽均选择"Byblock"，超出标记选择为"0"，基线间距为"3.75"，超出尺寸线为"1.25"，起点偏移量为"0.625"，如图 7-3 所示。

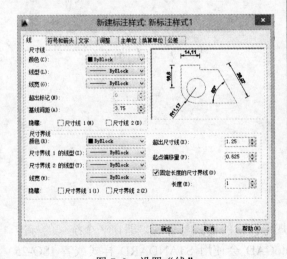

图 7-3　设置"线"

4）选择"符号和箭头"选项卡，在"弧长符号"一栏中选择"标注文字的上方"，其他均按默认设置，如图 7-4 所示。

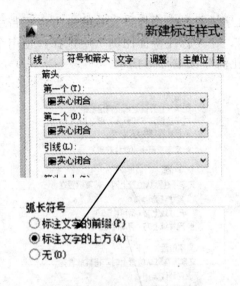

图 7-4　设置"符号和箭头"

5）选择"文字"选项卡，单击"文字样式"的下拉列表框右边的▢按钮，此时会弹出"文字样式"对话框，在"字体名"下拉列表框中选择"gbenor.shx"，执行"置为当前"→"应用"→"关闭"命令，返回"文字"选项卡，将"文字调度"设置为"5"，"文字对齐"一栏中选择"与尺寸线对齐"，如图 7-5 所示。

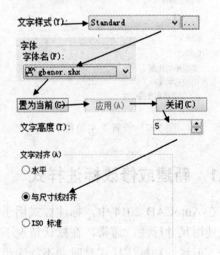

图 7-5　设置"文字"

6）选择"调整"选项卡，在"调整选项"中选择"文字或箭头（最佳效果）"，在

"文字位置"中选择"尺寸线上方，不带引线"，在"标注特征比例"中选择"使用全部比例"，如图7-6所示。

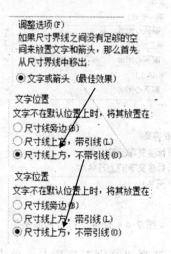

图 7-6　设置"调整"

7）选择"主单位"选项卡，在"线性标注"一栏中输如图7-7所示设置。

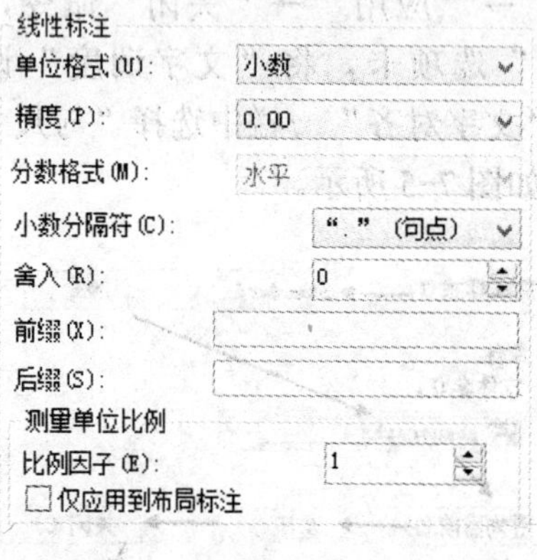

线性标注
单位格式(U)：　小数
精度(P)：　0.00
分数格式(M)：　水平
小数分隔符(C)：　"."（句点）
舍入(R)：　0
前缀(X)：
后缀(S)：
测量单位比例
比例因子(E)：　1
□仅应用到布局标注

图 7-7　设置"主单位"

8）选择"换算单位"选项卡，取消勾选"显示换算单位"，如图7-8所示。

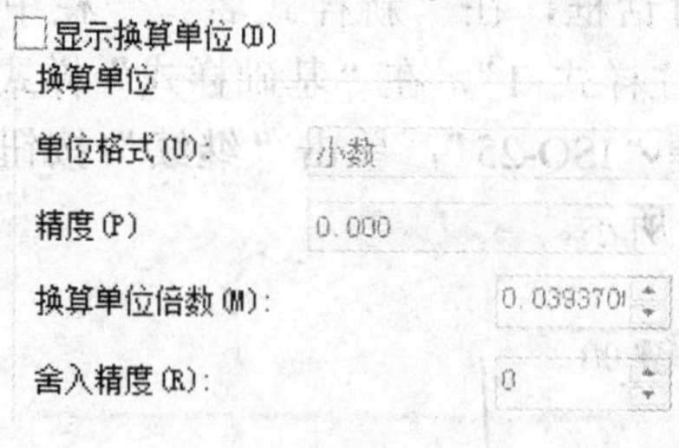

□显示换算单位(D)
换算单位
单位格式(U)：　小数
精度(P)：　0.000
换算单位倍数(M)：　0.039370
舍入精度(R)：　0

图 7-8　设置"换算单位"

9）选择"公差"选项卡，在"方式"中选择"无"，并单击"确定"按钮，完成新建标注尺寸，如图7-9所示。

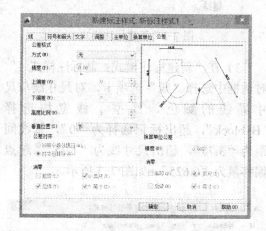

图 7-9　设置"公差"

7.1.1　新建或修改标注样式

在 AutoCAD 2014 中，标注样式用于强制规定标注的格式与外观，即在一个统一的标准下去使用尺寸标注。通常，在默认情况下，AutoCAD 会使用 STANDARD 样式或者 ISO-25 样式，但这两种标注样式有时并不能满足用户的需求，此时就需要用户自己去创建新的标注样式或者是对现有的标注样式进行修改。

新建标注样式时，先执行"格式"→"标注样式"命令，在弹出的"标注样式管理器"对话框中，如图 7-10 所示。单击"新建"按钮，此时会弹出"创建新标注样式"对话框，从中可以新建标注样式，如图 7-11 所示。

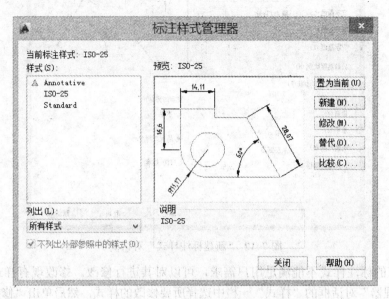

图 7-10　标注样式管理器

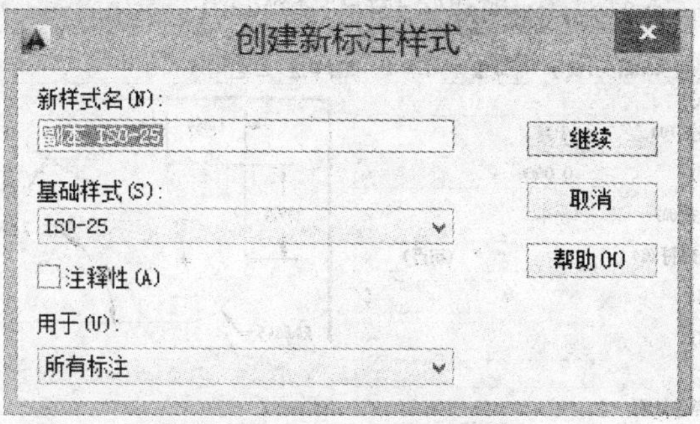

图 7-11　创建新标注样式

现在对"创建新标注样式"对话框中的各项进行介绍：

1）新样式名：即指定新建的标注样式的名称。

2）基础样式：在此选项框中选择一种标注样式，在此标注样式的基础上进行修改，以创建一个新的样式。

3）用于：即指定新建样式所面向的对象，在该选项框中可以选择的对象有所有标注、线性标注、角度标注、半径标注、直径标注、坐标标注与引线和公差。

设置好上述三个项目后，单击"继续"按钮，跳转到"新建标注样式"对话框中，如图 7-12 所示。在此对话框中，可以对新建样式中的各个项目进行设置。

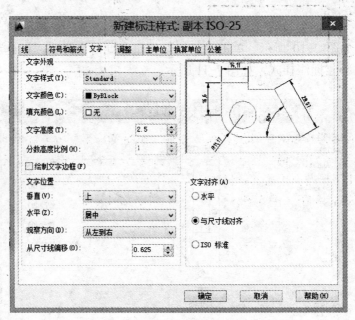

图 7-12 "新建标注样式"对话框

有时现有的标注样式不能满足用户需求，可以对其进行修改。修改现有样式时，可以在"标注样式管理器"对话框的"样式"一栏中选择所要修改的样式，然后单击"修改"按钮，此时会弹出"修改标注样式"对话框，在此窗口中对样式中的各个项目进行修改，如图 7-13 所示。

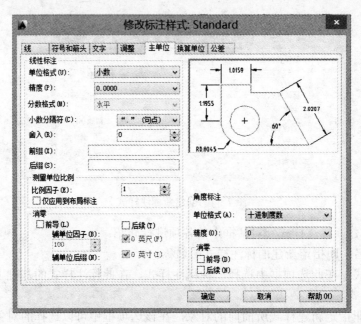

图 7-13 "修改标注样式"对话框

7.1.2 线

"新建标注样式"或"修改标注样式"对话框中的"线"选项卡是用于对标注尺寸线与

尺寸边界的位置、格式进行设置的。该选项卡中有两栏：尺寸线与尺寸边界。

1. 尺寸线

在此栏中，可以对尺寸线的颜色、线型、线宽、超出标记与基线间距进行设置。

1）颜色：用于指定标注线的颜色，在下拉列表框中选择所需的尺寸线的颜色，在实际应用中通常会选择"Bybolck（随块）"。

2）线型：用于指定尺寸线的线型，在下拉列表框中选择所需的线型，在大多数情况下，此处会选择"Bybolck（随块）"。

3）线宽：用于指定尺寸线的线宽，在下拉列表框中选择所需的线宽，在大多数情况下，此处会选择"Bybolck（随块）"。

4）超出标记：当尺寸线的箭头作用倾斜、小点和建筑标记等样式时，此项目用于指定尺寸线超出尺寸边界的距离，如图 7-14 所示。

5）基线间距：用于指定基线标注尺寸线之间的间距，如图 7-15 所示。

6）隐藏：用于指定是否需要对尺寸线或尺寸界线进行隐藏，若需隐藏，只要在此项目中勾选要隐藏的对象即可。

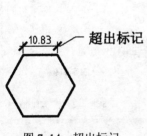

图 7-14　超出标记

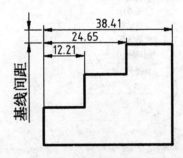

图 7-15　基线间距

2. 尺寸界线

在此栏中，可以指定尺寸界线的颜色、线型、线宽、隐藏、超出尺寸线、起点偏移量与固定长度的尺寸界线，其中颜色、线型、线宽与隐藏均与"尺寸线"一栏的相似，以下将重点介绍一下超出尺寸线、起点偏移量与固定长度的尺寸界线。

1）超出尺寸线：即指定尺寸界线超出尺寸线的距离，如图 7-16 所示。

2）起点偏移量：用于指定尺寸界线的起点与标注定义点的距离，如图 7-17 所示。

3）固定长度的尺寸界线：如果勾选此选择，可以使所有尺寸界线的长度都是一个固定值，在"长度"文本框中可以设定尺寸界线的长度。

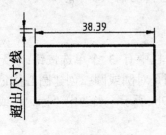

图 7-16　超出尺寸线

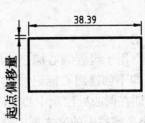

图 7-17　起点偏移量

7.1.3 符号和箭头

在"修改标注样式：副本 ISO-25"对话框中，"符号和箭头"选项卡用于设置标注尺寸线上的箭头、圆心标记、折断大小、弧长符号和线性折弯标注，如图7-18所示。

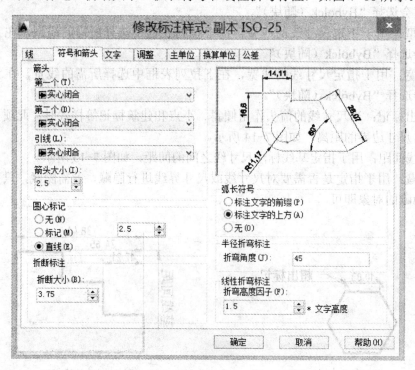

图 7-18 "符号和箭头"选项卡

下面将对该选项卡中各项进行介绍。

1. 箭头

箭头一栏是用于设置尺寸线的箭头样式与大小的。该栏中有 4 个项目："第一个"、"第二个"、"引线"和"箭头大小"。其中"第一个"与"第二个"分别用于设置尺寸线上第一个与第二个箭头的样式，当第一个箭头类型改变时，第二个箭头类型也自动改变，以与第一个箭头相适应。"引线"是用于指定引线的箭头类型，在电气制图或机械制图中，"第一个"、"第二个"与"引线"均采用"实线闭合"的箭头，而在建筑制图中，"第一个"与"第二个"采用"建筑标记"的箭头。"箭头大小"用于设置箭头的大小。

2. 圆心标记

"圆心标记"用于设置圆心标记的样式。这一栏中有 3 个单选按钮："无"、"标记"和"直线"。"无"即不创建圆心标记，而"标记"则是对圆或圆弧创建圆心标记，如图 7-19a所示；"直线"即在圆心处绘制中心线，如图 7-19b 所示。当选中"标记"或"直线"时，圆心标记的大小在该栏中的文本框中输入设定即可。

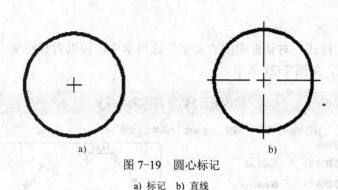

图 7-19　圆心标记

a) 标记　b) 直线

3．折断标注

"折断标注"一栏是用于显示与设定用于打断标注的间隙大小，在该栏中的"折断大小"文本框中输入数值进行设定即可。

4．弧长符号

"弧长符号"一栏是用于显示与设定弧长符号在弧长标注中的位置。该栏中有三个单选按钮："无"、"标注文字的前缀"和"标注文字的上方"。选择"无"则表示在弧长标注中不带有弧长符号；选择"标注文字的前缀"即表示弧长符号在弧长标注中文字的前方，如图 7-20a 所示；选择"标注文字的上方"表示弧长符号在弧长标注中文字的上方，如图 7-20b 所示。

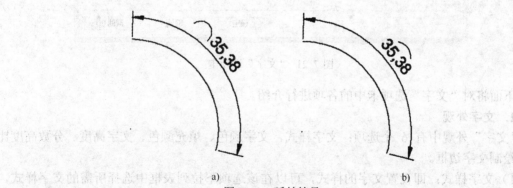

图 7-20　弧长符号

a) 标注文字的前缀　b) 标注文字的上方

5．半径折弯标注

"半径折弯标注"一栏用于设置半径折弯标注的尺寸线的横向线段的角度。在该栏中的"折弯角度"中可以对其进行设置。

6．线性折断标注

"线性折断标注"一栏用于设置线性折断标注的折弯高度因子，即设置线性折弯标注时折弯线的高度大小。

7.1.4　文字

在"修改标注样式"对话框中的"文字"选项卡中，可以对标注文字的外观、位置与对齐方式进行设置，如图 7-21 所示。

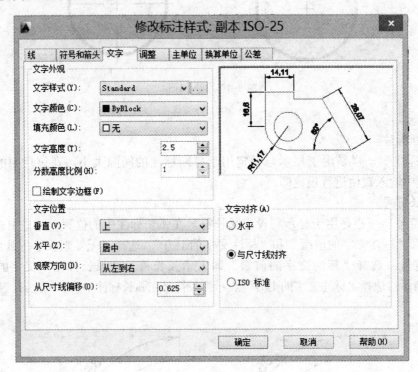

图 7-21　"文字"选项卡

下面将对"文字"选项卡中的各项进行介绍。

1.　文字外观

"文字"外观中有 6 个选项：文字样式，文字颜色、填充颜色、文字高度、分数高度比例与绘制文字边框。

1）文字样式：即设置文字的样式，可以在该选项下拉列表框中选择所需的文字样式，或者直接单击选择框右边的按钮，在"文字样式"窗口中设置或者新建文字样式。

2）文字颜色：即设置标注文字的颜色，在大多数情况下，该选项均选择"Byblock"（随块）。

3）填充颜色：即指定标注文字的前景颜色。该选项通常选择"无"。

4）文字高度：即设置标注文字的高度，在文本框中输入所需的文字高度即可。

5）分数高度比例：分数高度比例即指定分数的高度相对于其他标注文字高度的比例。

6）绘制文字边框：即指定是否要在标注文字上加上边框。

2.　文字位置

"文字位置"一栏是用于设置标注文字在尺寸线上的位置的，该栏中有 4 个选项，垂直、水平、观察方向和从尺寸线偏移。

1）垂直：即指定标注文字在尺寸线垂直方向上的位置。其中有 5 种选择：上、居中、外部、下和 JIS，分别如图 7-22a～e 所示。

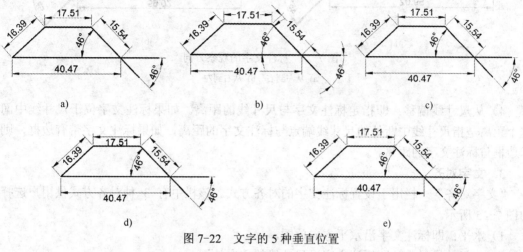

图 7-22　文字的 5 种垂直位置

a) 上　b) 居中　c) 外部　d) 下　e) JIS

2）水平：即指定标注文字相对于两条尺寸界线的水平位置。在下拉列表框中有 5 种水平位置供用户选择：居中、第一条尺寸界线、第二条尺寸界线、第一条尺寸界线上方，第二条尺寸界线上方，如图 7-23a～e 所示。

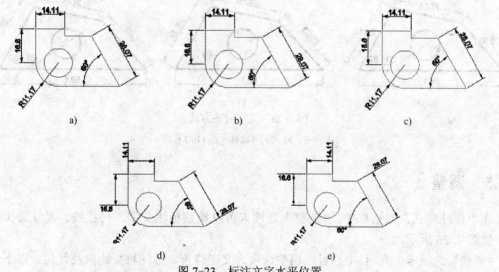

图 7-23　标注文字水平位置

a) 居中　b) 第一条尺寸界线　c) 第二条尺寸界线　d) 第一条界线上方　e) 第二条尺寸界线上方

3）观察方向：即指定标注文字的观察方向，如图 7-24 所示。

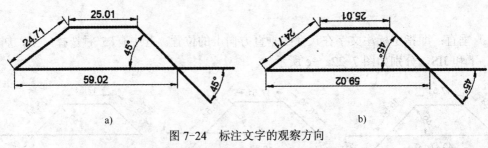

图 7-24　标注文字的观察方向

a) 从左到右　b) 从右到左

4）从尺寸线偏移：即指定标注文字与尺寸线的距离。如果标注文字位于尺寸线中间，这个距离是指尺寸线中断处的尺寸线端点与标注文字的距离，如果标注文字带有边框，则表示边框与标注文字的距离。

3．文字对齐

"文字对齐"一栏用于设置标注文字的对齐方式。该栏中有 3 种对齐方式供用户选择，如图 7-25 所示。

1）水平：即标注文字沿水平方向放置。

2）与尺寸线对齐：即标注文字沿尺寸线的方向放置。

3）ISO 标准：即采用 ISO 的标准来放置标注文字。具体标准是，当标注文字在尺寸界线之内时，标注文字与尺寸线对齐，当标注文字在尺寸界线之外时，标注文字水平放置。

图 7-25　文字对齐方式

a) 水平　b) 与尺寸线对齐　c) ISO 标准

7.1.5　调整

在"标注样式"对话框中，"调整"选项卡可以调整标注文字、尺寸线、尺寸箭头的位置，如图 7-26 所示。

"调整"选项卡中有 4 个栏目：调整选项、文字位置、标注特征比例及优化。以下分别对其进行介绍。

1．调整选项

如果尺寸界线之间没有足够的位置来放置标注文字和箭头时，那么一些对象就要从尺寸界线之间移出，而"调整选项"一栏用于设置移出的对象。

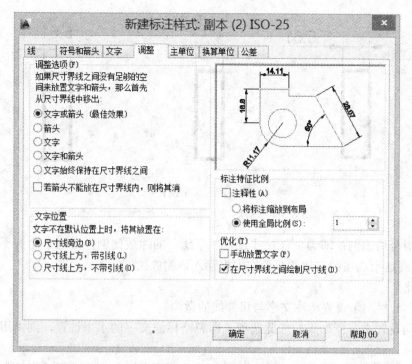

图 7-26 "调整"选项卡

1）文字或箭头（最佳效果）：即由系统根据最佳效果来自动移出文字或箭头。

2）箭头：即首先移出箭头。

3）文字：即首先将标注文字移出尺寸线之间。

4）文字和箭头：即将文字与箭头均移出尺寸线之间。

5）文字始终保持在尺寸界线之间：即始终将标注文字放置于尺寸界线之间。

6）若箭头不能放在尺寸界线内，则将其消除：即如果尺寸界线内不能放置箭头，则将两个箭头删除。

2．文字位置

在"文字位置"一栏中，可以设置当标注文字要移出尺寸界线时，标注文字要放置的位置。

1）尺寸线旁边：即将移出的标注文字放置于尺寸线旁边。

2）尺寸线上方，带引线：即将移动的标注文字放置于尺寸线的上方，并用引线连接尺寸线与标注文字。

3）尺寸线上方，不带引线：即将移出的标注文字放置于尺寸线的上方，但不用引线连接到尺寸线上。

3．标注特征比例

"标注特征比例"一栏是用于设置尺寸的标注特征比例。

1）将标注缩放到布局：根据当前模型空间视口与图纸空间之间的缩放比例来确定比例因子。

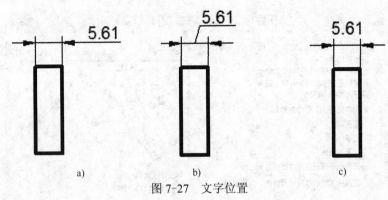

图 7-27　文字位置

a) 尺寸线旁边　b) 尺寸线上方且带引线　c) 尺寸线上方，不带引线

2）使用全局比例：即为全部尺寸设置一个统一的缩放比例，且这个比例不会改变尺寸的测量值，在这个选项的右边的数值文本框输入该缩放比例。

4．优化

"优化"一栏用于设置标注文字与尺寸线的微调。

1）手动设置文字：如果勾选此选项，即忽略标注文字的水平设置，则由用户手动地旋转标注文字。

2）在尺寸界线之间绘制尺寸线：如果勾选此选项，即使箭头在尺寸界线之外，在尺寸界线之间也要绘制尺寸线。

7.1.6　主单位

"新建标注样式"对话框中的"主单位"选项卡用于设置尺寸标注的单位的格式、测量单位比例与单位格式等属性，如图 7-28 所示。

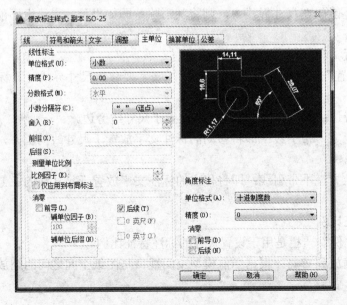

图 7-28　"主单位"选项卡

该选项卡中有两个栏目：线性标注与角度标注。下面将对这两个栏目进行介绍。

1．线性标注

"线性标注"一栏用于设置线性尺寸标注单位的相关属性。

1）单位格式：用于设定除角度标注之外的所有尺寸标注的当前单位格式。下拉列表框中有"小数"、"建筑"、"工程"等选项。在电气制图或机械制图中，通常选择"小数"选项。

2）精度：即用于设定标注文字中的小数位数。

3）分数格式：即用于指定分数的显示格式。在下拉列表框中有三个选项：水平、对角与堆叠。此选项要在选择分数单位格式时才可以使用。

4）小数分隔符：即选择小数的分隔符号，在下拉列表框中有"句点"、"逗点"和"空格"，在大多数情况下，通常会选择"句点"作为小数分隔符。

5）舍入：用于设置除角度标注外的尺寸测量值的舍入值。

6）前缀：用于设置标注文字的前缀，在文本框中输入字符即可。

7）后缀：用于设置标注文字的后缀，在文本框中输入字符即可。

8）测量单位比例：即用"比例因子"来设置尺寸测量的缩放比例。如果比例因子为 2，则表示如果实际尺寸为1mm，尺寸测量值显示为2mm。在大多数情况下，该比例因子会设置为1。

9）消零：该选项用于设置是否显示标注文字中的前导与后续的零。

2．角度标注

"角度标注"一栏用于设置角度标注的单位相关属性。"单位格式"一栏用于设置角度标注的单位格式，"精度"用于设置角度尺寸标注的精度，"消零"一项是用于设置是否要消除角度标注文字中的"前导"与"后续"的零。

7.1.7 单位换算

"修改标注样式"对话框中的"换算单位"选项卡是用于设置换算单位的，如图 7-29

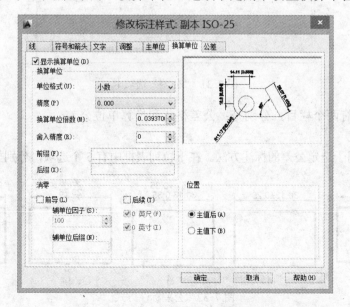

图 7-29 "换算单位"选项卡

所示。换算单位是将现有单位的标注换算成不同种类的单位标注，如公制换算成英制，英制换算成公制等。在"换算单位"选项卡中，要勾选了"显示换算单位"这个选项后，才可以显示换算单位。在标注文字中，换算单位的标注显示在"[ ]"中，如图 7-30 所示。

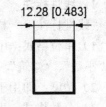

图 7-30　换算单位标注

在该选项卡中，要勾选"显示换算单位"才可以使用选项卡中的功能，选项卡中的"单位格式"、"精度"、"舍入精度"、"前缀"和"后缀"等均与"主单位"选项卡中的作用类似。

"位置"一栏用于设置换算单位的标注相对主单位标注的位置。选择"主值前"是表示换算单位标注位于主单位标注的前面，选择"主值后"则表示换算单位的标注位于主单位标注的后面。

7.1.8　公差

"新建标注样式"对话框或"修改标注样式"对话框中的"公差选项卡用于设置尺寸公差的显示与尺寸公差的属性，如图 7-31 所示。

图 7-31　"公差"选项卡

该选项卡中有两个栏目，分别是：公差格式和换算单位公差。

1．公差格式

1）方式：用于选定公差的标注方法。在下拉列表框中有 5 个选项，分别如图 7-32 所示。

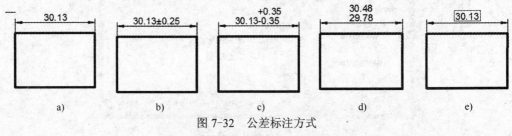

图 7-32　公差标注方式

a) 无　b) 对称　c) 极限偏差　d) 极限尺寸　e) 基本尺寸

2）精度：用于设置公差的精度，即公差所显示的小数位数。

3）上偏差：用于设置公差的上偏差值。

4）下偏差：用于设置公差的下偏差值。

5）高度比例：用于设置公差文字相对于基本尺寸的标注文字的高度。

6）垂直位置：用于设置公差文字相对于基本尺寸的标注文字的位置。在下拉列表框中有三个选项：上、中、下。

7）消零：用于设置是否要消除公差文字的"前导"和"后续"的零。

2．换算单位公差

换算单位公差中的各项目的设置与公差格式中的相似。

7.2 实例·知识点——几何图形的标注

在本节中，将对如图 7-33 所示的几何图形进行尺寸标注。标注完成后的效果如图 7-34所示。

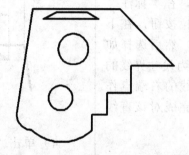

图 7-33 几何图形（未标注前）

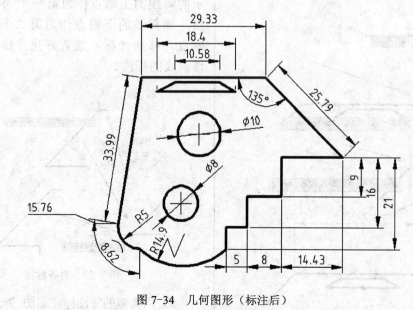

图 7-34 几何图形（标注后）

思路·点拨

完成对该几何图形的尺寸标注，其中会用到线性标注、对齐、半径标注、直径标注、基线标注、连续标注等命令。

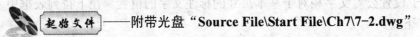
起始文件——附带光盘"Source File\Start File\Ch7\7-2.dwg"

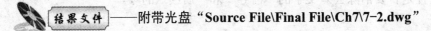
结果文件——附带光盘"Source File\Final File\Ch7\7-2.dwg"

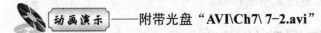
动画演示——附带光盘"AVI\Ch7\ 7-2.avi"

【操作步骤】

1）打开随书光盘中的"Source File\Start File\Ch7\7-2.dwg"，打开未标注前的几何图形。

2）打开"注释"选项卡，在"标注"功能面板上单击"标注"下拉按钮，在下拉菜单中执行"线性"命令，然后选择如图 7-35 所示直线的左端点作为尺寸界线的第一个原点，接着选择该直线的右端点作为尺寸界线的第二个原点。完成对该直线的线性标注。

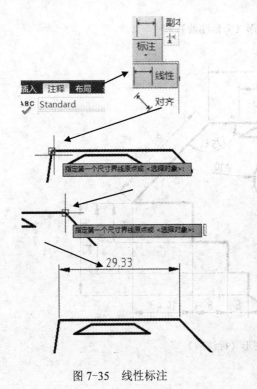

图 7-35　线性标注

3）用类似的方法标注如图 7-36 所示的对象。

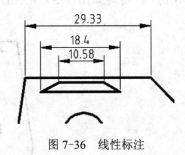

图 7-36　线性标注

4）单击"标注"下拉按钮，在下拉菜单中执行"对齐"命令，选择如图 7-37 所示的斜线的上端点作为第一个尺寸界线原点，该斜线的下端点作为第二个尺寸界线原点，移动光标，放置好尺寸线，完成对该斜线的标注。

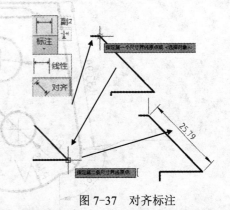

图 7-37　对齐标注

5）用类似的方法标注如图 7-38 所示的直线。

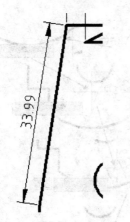

图 7-38 对齐标注

6）在下拉菜单栏中单击"标注"→"坐标"按钮或者在"标注"功能面板上单击"标注"下拉按钮，执行"坐标"命令，选择如图 7-39 所示的点为标注对象，移动光标，放置好引线端点，完成对该点的坐标标注。

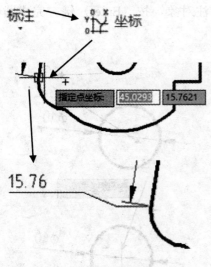

图 7-39 坐标标注

7）单击"标注"下拉按钮，在下拉菜单栏中执行"角度"命令，选择如图 7-40 所示直线为第一个对象，接着选择该水平直线右边的斜直线为第二个对象，移动光标，放置好尺寸线，完成对该角的角度标注。

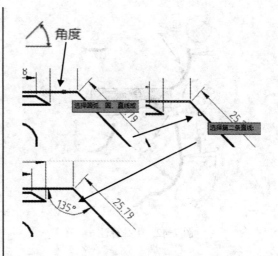

图 7-40 角度标注

8）单击"标注"下拉按钮，在下拉菜单栏中执行"弧长"命令，单击如图 7-41 所示的圆弧，选择其为标注对象，移动光标，放置好尺寸线。完成对圆弧标注。

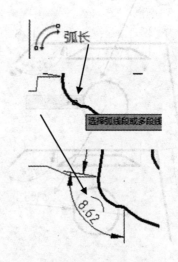

图 7-41 圆弧标注

9）单击"下拉"命令按钮，在下拉菜单中执行"半径"命令，然后选择步骤 8）中的圆弧作为标注对象，移动光标，放置好尺寸线，完成半径标注，如图 7-42 所示。

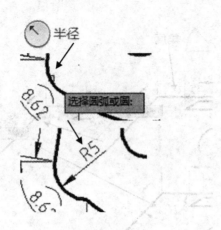

图 7-42 半径标注

10）单击"下拉"命令按钮，在下拉菜单中执行"直径"命令，选择如图 7-43 所示的圆作为标注对象，移动光标，放置好尺寸线，完成直径标注。

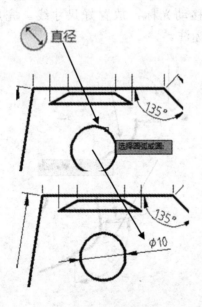

图 7-43 直径标注

11）单击"标注"下拉按钮，在下拉菜单中执行"折弯"命令，选择如图 7-44 所示的圆弧作为标注对象，然后移动光标，确定圆心位置，接着移动光标，放置好折弯的位置，从而完成折弯标注。

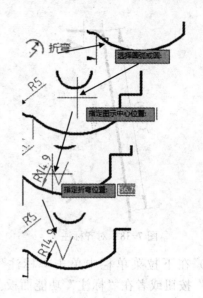

图 7-44 折弯标注

12）单击"标注"功能面板下部的"标注"下拉按钮，在下拉面板上执行"圆心"命令，选择如图 7-45 所示的圆作为标注对象，按〈Enter〉键，完成圆心的标注。

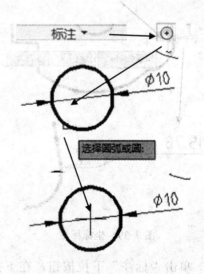

图 7-45 圆心标记

13）用类似的方法标注另外一个圆，如图 7-46 所示。

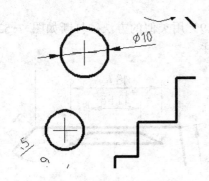

图 7-46　标记另外一个圆

14）先对如图 7-47 所示的直线进行线性标注，然后单击"标注"功能面板上的"基线"命令按钮，移动光标，分别标注下图所示的两条直线。

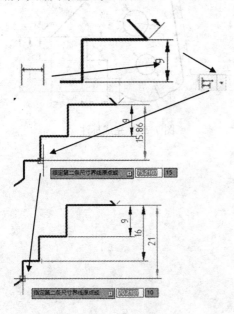

图 7-47　基线标注

15）执行"线性"命令，对如图 7-48 所示直线进行标注，然后单击"基线"命令图标右边的下拉按钮，在下拉菜单中执行"连续"命令，对图中所示直线进行连续标注。

16）在"标注"功能面板上单击"快速标注"命令按钮，选择如图 7-49 所示的圆，然后按〈Enter〉键，然后在命令行中选择"直径"，移动光标，放置好尺寸线，完成快速标注。

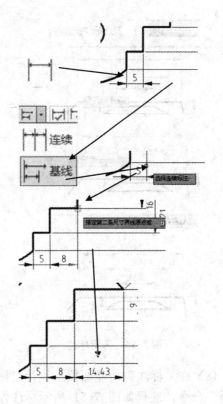

图 7-48　连续标注

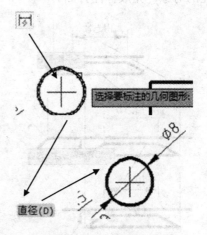

图 7-49　快速标注

17）在下拉菜单栏中单击"标注"→"标注间距"按钮，然后选择如图 7-50 所示的标注为基准标注，接着选择该图所示的两个标注作为产生间距的标注，按〈Enter〉键，输入间距为"5"，完成等距标注。

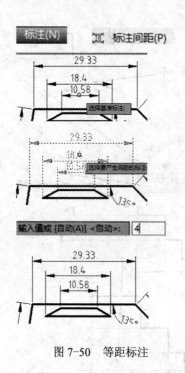

图 7-50 等距标注

19）用类似的方法，打断如图 7-52 所示标注。

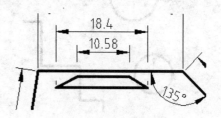

图 7-52 标注打断

20）完成标注，如图 7-53 所示。

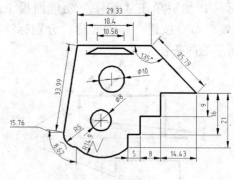

图 7-53 完成标注

18）在"标注"功能面板上执行"标注打断"命令，选择如图 7-51 所示标注作为打断的对象，选择该图所示直线作为用于打断标注的对象。完成标注打断。

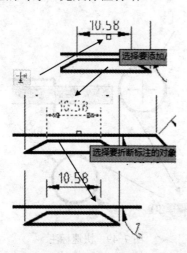

图 7-51 标注打断

7.2.1 长度尺寸标注

长度尺寸标注用于标注任意可以识别的两点之间的距离。长度尺寸标注有：线性标注、对齐标注、基线标注等。下面将对线性标注作详细介绍。

线性标注用于标注图纸上任意可识别的两点沿 X 或 Y 轴的距离（即水平距离与垂直距离）。调用线性标注的方法是：在下拉菜单栏中单击"标注"→"线性"按钮，打开"注释"选项卡，在标注功能面板上单击"线性"命令按钮 ⊢⟋。执行命令后，在图中先后选择两点分别作为"第一条尺寸界线原点"与"第二条尺寸界线原点"，此后，在命令行中会出现如图 7-54 所示的选项。

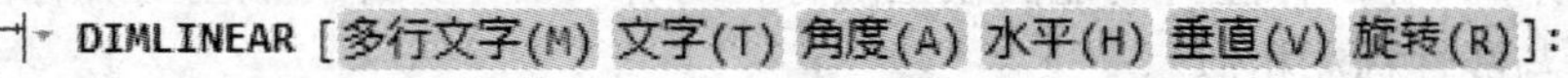

⊢⊣⟋ DIMLINEAR [多行文字(M) 文字(T) 角度(A) 水平(H) 垂直(V) 旋转(R)]:

图 7-54　命令行提示

1）多行文字：选择此选项后，会进入"文字编辑器"中，可以在标注文字中输入多行文字。

2）文字：选择此选项后，会出现一个"请输入文字"的文本框，可以在该框中输入标注文字。

3）角度：选择此选项后，会出现一个"指定标注文字的角度"，在该文本框中可以指定标注文字的角度，如图 7-55 所示。

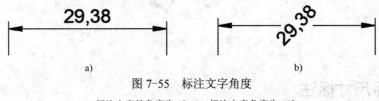

图 7-55　标注文字角度

a) 标注文字的角度为 0°　b) 标注文字角度为 45°

4）水平：此选项用于设定尺寸线沿水平方向放置，即用于标注两点的水平距离，如图 7-56a 所示。

5）垂直：此选项用于设定尺寸线沿垂直方向放置，即用于标注两点的垂直距离，如图 7-56b 所示。

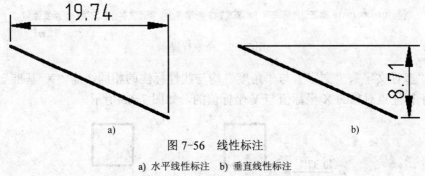

图 7-56　线性标注

a) 水平线性标注　b) 垂直线性标注

6）旋转：用于设置尺寸线的旋转角度，如图 7-57 所示。

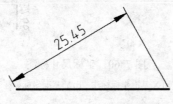

图 7-57　旋转 30° 的尺寸线

7.2.2 对齐标注

对齐标注即尺寸线的方向与所标注的直线段（或两点形成的直线段）的方向相同，如图 7-58 所示。调用对齐标注可以在下拉菜单栏中单击“标注”→“对齐”按钮，或者打开“注释”选项卡，在“标注”功能面板上执行“对齐”命令，即可调用对齐标注。对齐标注的各项设置与线性标注相似。

8.42
7.17
6.86
11.56
9.9

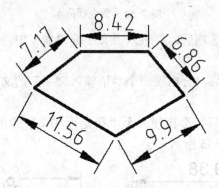

图 7-58　对齐标注

7.2.3 坐标尺寸标注

坐标尺寸标注用于标示某一点在当前坐标的 X 或 Y 轴的坐标值，它由坐标值与引线组成。调用坐标尺寸标注的方法是：在下拉菜单栏中单击“标注”→“坐标”按钮，在屏幕中选择要标注的点对象，然后放置好引线，完成坐标尺寸标注。

在选择要标注的点后，放置引线之前，命令行中会出现如图 7-59 所示的提示。

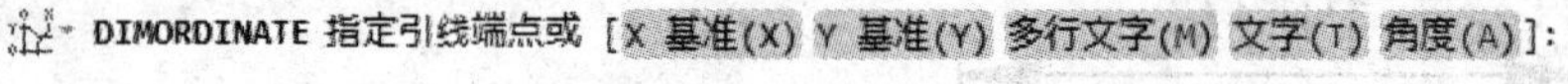

DIMORDINATE 指定引线端点或 [X 基准(X) Y 基准(Y) 多行文字(M) 文字(T) 角度(A)]:

图 7-59　命令行提示

其中“多行文字”、“文字”与“角度”均与线性标注的相同，而“X 基准”与“Y 基准”是用于标注点对象的 X 坐标值与 Y 坐标值的，如图 7-60 所示。

10.37
99.43

a)　b)

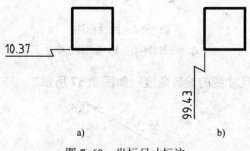

图 7-60　坐标尺寸标注

a) X 基准坐标标注　b) Y 基准坐标标注

7.2.4　角度尺寸标注

角度尺寸标注用于标注两条不平行直线之间的角度、圆或圆弧的角度和三点间的角度。调用角度标注的方法是：在下拉菜单栏中单击"标注"→"角度"按钮，或者打开"注释"选项卡，在"标注"功能面板上单击"角度" △角度 按钮，从而调用角度标注。

标注对象时，不同的标注对象有不同的标注方法。

1. 标注两不平行直线之间的角度

选择角度标注命令，然后移动光标，选择第一条直线，再选择第二条直线，移动光标，放置尺寸线，完成对两不平行直线的角度标注，如图 7-61 所示。

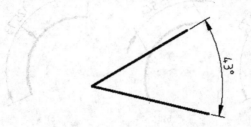

图 7-61　两不平行直线的角度标注

2. 圆弧角度标注

执行角度标注命令，然后选择要角度标注的圆弧，移动光标，放置好尺寸线，完成对圆弧的角度标注，如图 7-62 所示。

3. 三点之间的角度标注

执行角度标注命令，在命令行中提示 选择圆弧、圆、直线或 <指定顶点>: 时，按〈Enter〉键，选择作为顶点的点对象，然后再选择其余的两点作为作的第一个、第二个端点，移动光标，放置好尺寸线，完成三点之间的角度标注，如图 7-63 所示。

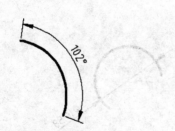

图 7-62　圆弧的角度标注

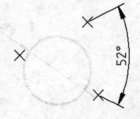

图 7-63　三点之间的角度标注

7.2.5　弧长标注

弧长标注用于标注圆弧线段或者多段线的圆弧部分的长度。调用圆弧命令的方法是：在下拉菜单栏中单击"标注"→"弧长"按钮，或者打开"注释"选项卡，在"标注"功能面板上单击"弧长" ⌒弧长 按钮，从而调用弧长标注。

选择弧长标注后，选择要进行弧长标注的圆弧，移动光标，放置好尺寸线，完成圆弧标注。在选择守对象后，在命令行中会如图 7-64 所示的提示：

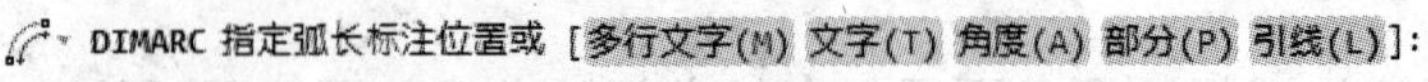

⌒ DIMARC 指定弧长标注位置或 [多行文字(M) 文字(T) 角度(A) 部分(P) 引线(L)]：

图 7-64　命令行提示

其中"多行文字"、"文字"和"角度"都与前面的尺寸标注的相同，如图 7-65a 所示。而"部分"则是表示以一个圆弧的一部分作为标注对象，如图 7-65b 所示。而"引线"表示为标注添加引线，（当圆弧角度大于 90°时才有"引线"选项），该引线沿径向指向圆心，如图 7-65c 所示。

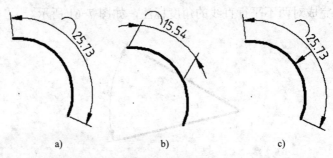

图 7-65　弧长标注

a) 弧长标注　b) 部分弧长标注　c) 带引线弧长标注

7.2.6　直径标注

直径标注用于标注圆或圆弧的直径大小。调用直径标注的方法是：在下拉菜单栏中单击"标注"→"直径"按钮，或者打开"注释"选项卡，在"标注"功能面板上单击"直径"命令图标 ◎ 直径 按钮，从而调用直径标注。

选用"直径标注"后，选择要进行标注的圆或圆弧，移动光标，放置好尺寸线，从而完成直径标注，如图 7-66 所示。

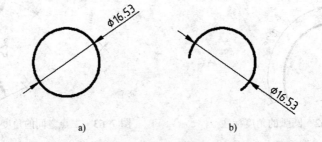

图 7-66　直径标注

a) 对圆的直径标注　b) 对圆弧的直径标注

7.2.7　半径标注

半径标注与直径标注相似，只是半径标注是用于标注圆或圆弧的半径大小。其调用方法是：在下拉菜单栏中单击"标注"→"半径"按钮，或者打开"注释"选项卡，在"标注"功能面板上单击"半径"命令图标 ◎ 半径 按钮，从而调用半径标注。

选用"半径标注"后，选择要进行标注的圆或圆弧，移动光标，放置好尺寸线，从而完成半径标注，如图 7-67 所示。

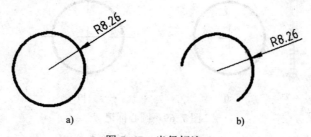

a)   b)

图 7-67　半径标注

a) 对圆的半径标注　b) 对圆弧的半径标注

7.2.8　折弯标注

当圆或圆弧的圆心位于图纸之外时，用半径或直径标注显然不合适，此时可以使用折弯标注，折弯标注的作用与半径标注相似，只是折弯标注可以由用户在图纸上指定一个圆心位置。调用折弯标注的方法是：在下拉菜单栏中单击"标注"→"折弯"按钮，或者打开"注释"选项卡，在"标注"功能面板上单击"折弯"命令图标 ⌒ 折弯 按钮，即可调用折弯标注。

调用"折弯标注"命令后，选择要进行标注的圆弧或圆，接着在圆弧内选择一个合适的位置来放置圆心，移动光标，放置好尺寸线，再在适当的位置放置好折弯处，完成折弯标注，如图 7-68 所示。

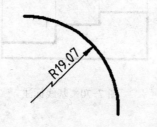

图 7-68　折弯标注

7.2.9　圆心标记和中心线标注

圆心标记用于在圆或圆弧上标记圆心，可以在圆心处标注一个圆心标记或者一个中心线十字交线。调用圆心标记命令的方法是：可以在下拉菜单栏中单击"标注"→"圆心标记"按钮，或者打开"注释"选项卡，单击在"标注"功能面板下部的下拉按钮 标注 ▾ ，在下拉面板上执行"圆心标记"命令 ⊕ 。

调用"圆心标记"后，选择要进行标注的圆或圆弧，即可完成圆心标记。在圆心上标注的是圆心标记还是中心线，取决于"标注样式管理器"中的"符号与箭头"选项卡中的

"圆心标记"一栏中的选项，如果选择的是"标记"则为圆心标记，如果是"直线"则为中心线标记，如图 7-69 所示。

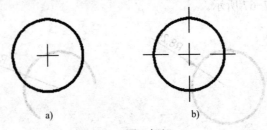

a)   b)

图 7-69　圆心标记

a) 圆心标记　b) 中心线标记

7.2.10　基线标注

基线标注即是以某个尺寸标注的第一条尺寸界线作为基线，去创建另一个尺寸标注。调用基线标注的方法是：在下拉菜单栏中单击"标注"→"基线"按钮，或者打开"注释"选项卡，在"标注"功能面板上单击"基线"命令按钮 ⊟。

调用"基线"标注命令后，当命令行中提示"请输入基准标注"时，选择已有标注的第一条尺寸界线作为基准标注，然后分别在点 1、点 2 处单击，即完成基线标注，如图 7-70 所示。

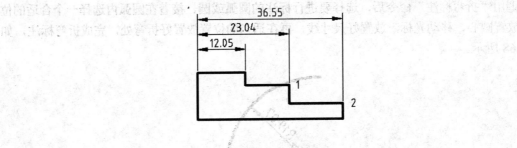

图 7-70　基线标注

7.2.11　连续标注

连续标注是以现有的一个标注的第二条尺寸界线作为另一个标注的第一条尺寸界线，去创建另一个尺寸标注，以形成一个连续的尺寸标注链。调用连续标注的方法是：在下拉菜单栏中单击"标注"→"连续"按钮，或者打开"注释"选项卡，在"标注"功能面板上单击"连续"命令按钮 ⊞。

调用"连续"标注命令后，当命令行中提示"选择连续标注"时，选择现有标注的第二条尺寸界线作为下一个标注的第一条尺寸界线，然后分别在点 1、点 2 处单击，即完成基线标注，如图 7-71 所示。

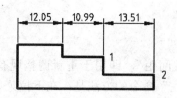

图 7-71　连续标注

7.2.12　快速尺寸标注

快速尺寸标注可以在一步中创建一系列标注，如创建基线、连续、并列标注和多个圆或圆弧的半径、直径标注。调用快速尺寸标注的方法是：在下拉菜单栏中单击"标注"→"快速标注"按钮，或者打开"注释"选项卡，在"标注"功能面板上单击"快速标注"命令按钮 。

调用"快速标注"命令后，选择完要标注的对象后，按〈Enter〉键，在命令行中会现如图 7-72 所示的提示信息。

 QDIM 指定尺寸线位置或 [连续(C) 并列(S) 基线(B) 坐标(O) 半径(R) 直径(D) 基准点(P) 编辑(E) 设置(T)]

图 7-72　命令行提示信息

1）连续：即创建连续的线性标注，相当于执行"连续标注"命令，如图 7-73 所示，调用"快速标注"命令，然后分别选择直线 a、b、c，接着在命令行中选择"连续"选项，移动光标，放置好尺寸线，完成快速标注中的连续标注。

2）并列：即创建一个并列的尺寸标注，如图 7-74 所示。

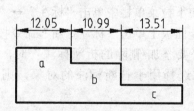

图 7-73　快速连续标注

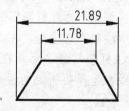

图 7-74　快速并列标注

3）基线：即快速地创建一个基线标注，相当于执行基线标注命令。

4）坐标：即快速地创建一系列坐标标注。只能一次创建一系列沿 X 或 Y 轴一个方向的坐标标注，不能同时创建一系列不同方向的坐标标注。

5）半径：对选中的多个圆或圆弧创建半径标注。

6）直径：对选中的多个圆或圆弧创建直径标注。

7）基准点：为基线标注与坐标标注指定新的基准点。

8）编辑：删除用户所选定的一系列点，从而编辑一系列尺寸标注。

9）设置：用于为尺寸界线原点设置对象捕捉优先级。

7.2.13 等距标注

"等距标注"相当于"标注间距",即用于重新调整现有的并列尺寸之间的间距,并令它们等距分布。调用"等距标注"命令的方法是:在下拉菜单栏中单击"标注"→"标注间距"按钮,或者打开"注释"选项卡,在"标注"功能面板上单击"调整间距"命令按钮。

调用"等距标注"命令后,在命令行中提示"基准标注"时,选择一个尺寸标注作为基准标注,接着在"选择要产生间距的标注"的提示下,选择要产生间距的尺寸标注。按〈Enter〉键,在"输入值"的提示下输入标注的间距值,按〈Enter〉键,完成等距标注,如图 7-75 所示。

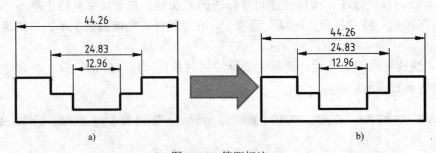

图 7-75   等距标注

a) 等距标注前   b) 等距标注后

7.2.14 标注打断

当尺寸标注的尺寸线或尺寸界线与其它对象相交时,可以用"标注打断"来打断尺寸线或尺寸界线,调用"标注打断"的方法是:在下拉菜单栏中单击"标注"→"标注打断"按钮或者打开"注释"选项卡,在"标注"功能面板上单击"标注打断"命令按钮。

调用"标注打断"命令后,在提示"选择要添加/删除的折断标注"时,选择要折断的标注,在提示'选择要折断标注的对象"时选择用于打断标注的对象,则完成标注打断,如图 7-76 所示。

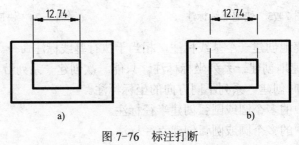

图 7-76   标注打断

a) 没进行标注打断前   b) 进行标注打断后

7.3 实例 · 知识点——回转体零件

在本节中,将对如图 7-77 所示的回转体零件进行引线及公差的标注,标注完成后如图 7-78 所示。

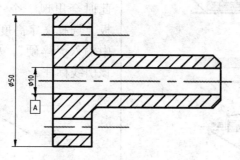

图 7-77 回转体零件(标注前)

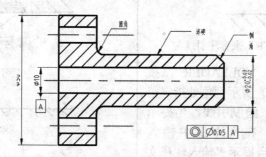

图 7-78 回转体零件(标注效果)

思路·点拨 ✐

要完成对回转体零件的标注,可以用 LEADER、QLEADER、和多重引线来标注引线,用多行文字来标注尺寸公差,调用形位公差来标注同轴度。

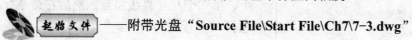

起始文件——附带光盘 "Source File\Start File\Ch7\7–3.dwg"

结果文件——附带光盘 "Source File\Final File\Ch7\7–3.dwg"

动画演示——附带光盘 "AVI\Ch7\ 7–3.avi"

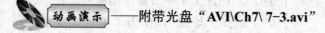

【操作步骤】

1)打开随书光盘中的 "Source File\Start File\Ch7\7–3.dwg" 文件,打开标注前的回转体零件。

2)在命令行中输入 "LEADER",按〈Enter〉键,在如图 7-79 所示的圆角处单击,移动光标,确定好光标位置,接着在命令行中选择 "注释",当出现 "请输入注释文字的第一行" 时,在文本框中输入 "圆角",按两次〈Enter〉键,完成该引线标注。

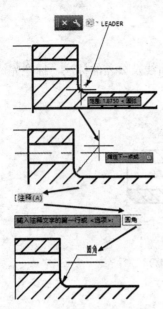

图 7-79　用"LEADER"来标注引线

3）在命令行中输入"QLEADER"，按〈Enter〉键，在如图 7-80 所示倒角处指定第一个引线点，移动光标，绘制引线，当提示"指定文字宽度"时，在文本框中输入"2.5"，按〈Enter〉键，当提示"输入注释文字的第一行"时，在文本框中输入"倒角"，按两次〈Enter〉键，完成该引线的标注。

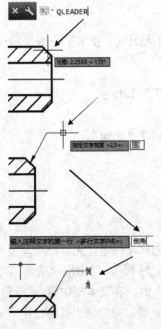

图 7-80　用"QLEADER"命令来标注引线

4）打开"注释"选项卡，在"引线"功能面板中执行"多重引线"命令，在如图 7-81 所示的直线上选择一点作为指定引线箭头的位置。移动光标，放置好引线，此时会出现一个"文字格式"面板，在面板上选择文字高度为"2.5"，接着在文本框中输入"淬硬"，单击"确定"按钮，完成该引线标注。

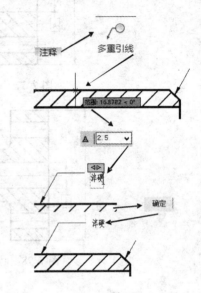

图 7-81　多重引线标注

5）在"标注"功能面板上执行"线性"命令，选择如图 7-82 所示的点作为第一个、第二个尺寸界线原点，然后在命令行中选择"多行文字"，在"文字样式"面板上设置文字高度为"2.5"，在文本框中输入"%%C20+0.03^-0.02"，然后选取"+0.03^-0.02"，在此文字中右键单击鼠标，在下拉菜单中选择"堆叠"，单击"确定"按钮，完成该引线的标注。

6）在命令行中输入"QLEADER"，按〈Enter〉键，然后在命令行中选择"设置"，在"引线设置"窗口中的"注释类型"中的一栏中选择"公差"，单击"确定"按钮，然后选择如图 7-83 所示的点作为引线箭头的位置，移动光标，在屏幕中选择相应的点，绘制如图 7-83 所示引线，在弹出的"几何公差"对话框中选择同轴度同轴度符号，选择直径符号，输入公差值为"0.05"，基准选择为"A"，单击"确定"按钮，完成几何尺寸标注。

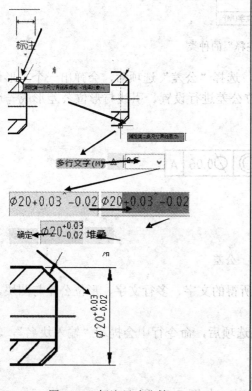

图 7-82　标注尺寸公差

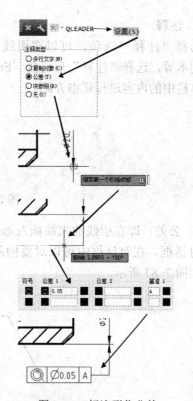

图 7-83　标注形位公差

7）完成标注，如图 7-84 所示。

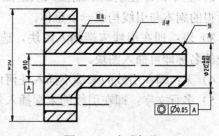

图 7-84　完成标注

7.3.1　利用 LEADER 命令进行引线标注

用"LEADER"命令可以创建引线标注。使用时，可以在命令行中输入"LEADER"，按〈Enter〉键即可调用。在图中指定引线的点，即可完成引线的标注。在使用的时候，命令行中会有较多的提示，如图 7-85 所示。下面将对其进行详细介绍。

LEADER 指定下一点或 [注释(A) 格式(F) 放弃(U)]

图 7-85　命令行中提示

1．注释

选择"注释"选项，可以在引线的末端插入注释，注释的内容可以是公差、多行文字、副本等，选择"注释"后再按〈Enter〉键，会出现如图 7-86 所示的菜单栏，以下将对该菜单栏中的内容进行详细介绍。

图 7-86 "注释"的种类

1）公差：即在引线的末端插入形位公差，选择"公差"选项后，会弹出一个"形位公差"对话框，在对话框中可以对要插入的形位公差进行设置。引线与形位公差形成一个整体，如图 7-87 所示。

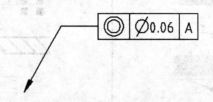

图 7-87 公差

2）副本：即在引线末端插入从他处复制所得的文字、多行文字、形位公差与图块，复制所得的副本与引线构成一个整体。

3）块：即在引线末端插入图块，选择该选项后，命令行中会提示"输入块名"，输入图块的名称即可插入图块。

4）无：即在引线的末端不插入任何内容。

5）多行文字：即在引线的末端插入多行文字，如图 7-88 所示。

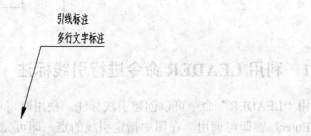

图 7-88 多行文字标注

2．格式

"格式"选项用于指定引线绘制及引线箭头的样式，选择此选项后，会弹出如图 7-89 所示的下拉菜单栏，下面将对菜单栏中的各项进行详细介绍。

图 7-89 格式的类型

1）退出：即退出"格式"选项。

2）样条曲线：即将引线变为样条曲线的样式，如图 7-90 所示。

图 7-90 "样条曲线"格式

3）直线：指定引线是由一级直线构成的，如图 7-91 所示。

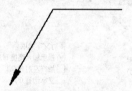

图 7-91 "直线"格式

4）箭头：指定引线是带箭头的，如图 7-92 所示。

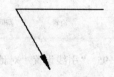

图 7-92 "前头"格式

5）无：即引线无箭头，如图 7-93 所示。

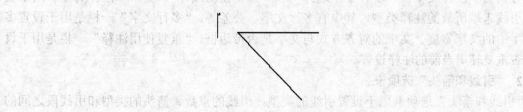

图 7-93 "无"格式

3．放弃

"放弃"选项用于取消引线的上一个顶点，命令行中会返回上一个提示。

7.3.2 利用 QLEADER 命令进行引线标注

"QLEADER"命令用于快速创建引线，创建引线时，可以在"引线设置"对话框中对引线的属性进行快速设置，如图 7-94 所示。

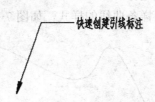

快速创建引线标注

图 7-94 用"QLEADER"创建引线标注

在命令中输入"QLEADER"，按〈Enter〉键，在命令行中选择"设置"，此时弹出一个"引线设置"对话框，如图 7-95 所示，下面将对该对话框中的设置作必要的介绍。

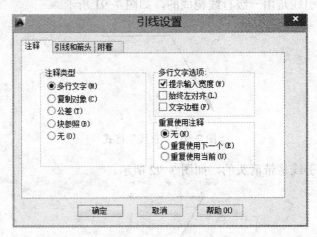

图 7-95 "引线设置"对话框

1．"注释"选项卡

"注释"选项卡用于对引线末端的注释进行设置，如图 7-95 所示。该选项卡中有三栏，分别为"注释类型"、"多行文字选择"和"重复使用注释"。其中"注释类型"用于设置在引线末端所放的注释类型，其中有多行文字、公差等，"多行文字"一栏是用于设置多行文字中的文字宽度、文字的对齐方式与文字是否带边框。"重复使用注释"一栏是用于设置是否重复使用当前的注释设置。

2．"引线和箭头"选项卡

"引线和箭头"选项卡用于设置引线的类型、引线的点数、箭头的类型和引线段之间的角度，如图 7-96 所示。

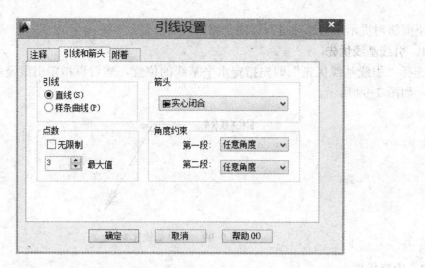

图 7-96 "引线和箭头"选项卡

3. "附着"选项卡

"附着"选项卡用于设置多行文字的附着，如图 7-97 所示。

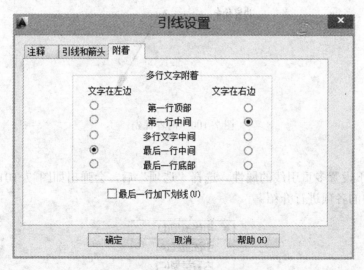

图 7-97 "附着"选项卡

7.3.3 多重引线

"多重引线"命令用于创建多重引线对象。单击"多重引线"命令按钮后，在命令行中会出现如图 7-98 所示提示。

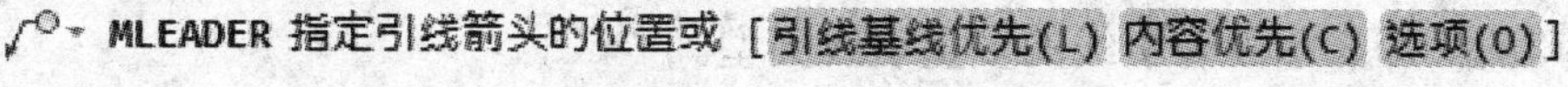

MLEADER 指定引线箭头的位置或 [引线基线优先(L) 内容优先(C) 选项(O)]

图 7-98 命令行中的提示

下面将对提示中的选项进行详细介绍。

1. 引线基线优先

选择"引线基线优先"即先指定水平基线的位置，然后再指定引线及箭头，最后指定注释，如图 7-99 所示。

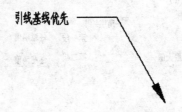

图 7-99　引线基线优先

2. 内容优先

内容优先即先指定引线末端要注释的文字或图块的位置，指定完注释的位置后，系统会自动选择水平基线，用户接着只需指定引线与箭头即可，如图 7-100 所示。

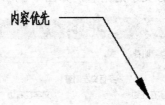

图 7-100　内容优先

3. 选项

"选项"用于设置多重引线的属性。选择"选项"后，会弹出如图 7-101 所示的菜单，下面将对菜单中的各项进行介绍。

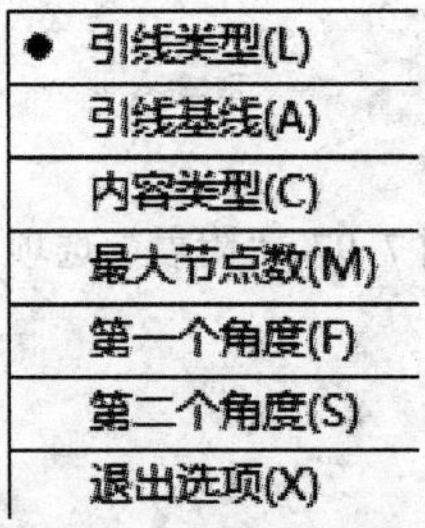

● 引线类型(L)
引线基线(A)
内容类型(C)
最大节点数(M)
第一个角度(F)
第二个角度(S)
退出选项(X)

图 7-101　"选项"菜单栏

1）引线类型：该选项用于设置引线的类型，可以选择"样条曲线"、"直线"与"无"三个选项。"无"即表示没有引线的多重引线类型。

2）引线基线：用于设置是否添加水平基线，如果选择"是"，则会提示用户设置水平基线的长度。

3）内容类型：用于设置多重引线末端的注释内容，可以选择"块"、"多行文字"与

"无"三个选项,"无"是表示没有注释的多重引线类型。、

4)最大节点数:用于设置多重引线的最大点数。

5)第一个角度:用于设置多重引线的第一个节点的角度。

6)第二个角度:用于设置多重引线的第二个节点的角度。

7)退出选项:即退出"选项",返回上一级菜单中。

7.3.4 尺寸公差

尺寸公差用于限制零件实际尺寸与理想尺寸之间的误差大小,在 AutoCAD 2014 中,可以用"多行文字"来标注尺寸公差。

执行一个标注命令,如执行"线线"命令,选定好两个尺寸界线原点后,在命令行中选择"多行文字",在文本框中输入要标注的内容,如要输入"$\phi 30^{-0.01}_{-0.01}$",则在文本框中输入"%%C+0.01^-0.01",其中"%%C"表示直径符号Φ,输入完这些内容后,选择"+0.01^-0.01",并在这些文字处右键单击鼠标,在弹出的菜单中选择"堆叠",单击"文字样式"对话框中的"确定"按钮,完成公差标注。其中,在"文字样式"对话框中设置文字高度,如图 7-102 所示。

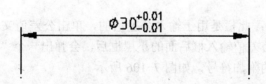

图 7-102 多行文字来标注尺寸公差

7.3.5 形位公差

形位公差绝大多数用在机械制图中,在机械零件图中非常重要,它是用于限制零件的开关与位置公差。在机械制图中或在 AutoCAD 中,形位公差都是用形位公差控制框来表示的,如图 7-103 所示。

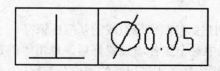

图 7-103 形位公差控制框

如果要在图形中添加一个不带引线的形位公差标注,可以打开"注释"选项卡,单击"标注"功能面板下部的下拉按钮,在下拉面板上单击"公差"按钮⊞,此时会弹出"形位公差"对话框,如图 7-104 所示,下面将对对话框中的内容进行详细介绍。

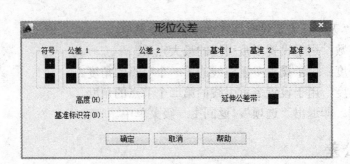

图 7-104 "形位公差"对话框

1）符号：在此栏中可以添加形位公差的符号，单击"符号"下面的小黑框，会弹出"特征符号"对话框，在对话框中可以选择所需的形位公差符号，如图 7-105 所示。

图 7-105 "特征符号"对话框

2）公差 1、公差 2：此栏是用于输入公差值的，单击公差值文本框前面的小黑框，可以添加直径符号，单击公差值输入框后面的小黑框后，会弹出一个"附加符号"对话框，在该对话框中选择要添加的附加符号，如图 7-106 所示。

图 7-106 "附加符号"对话框

3）基准 1、基准 2、基准 3：在这些栏文本框中可以输入基准的名称，单击文本输入框后面的小黑框按钮可以为其添加附加符号。

4）高度：该文本框用于设置投影公差值。

5）延伸公差带：单击该栏后面的小黑框按钮，可以在延伸公差带值的后面添加延伸公差符号。

6）基准标识符：用于创建由参照字母组成的基准标识符。

在"形位公差"对话框中对上述各项设置好后，单击"确定"按钮，移动光标，放置好形位公差控制框，即可在图中插入不带引线的形位公差标注。

如果想创建一个带引线的形位公差标注。可以用"LEADER"和"QLEADER"命令来创建。

1. 用"LEADER"命令来创建

在命令行中输入"LEADER"，按〈Enter〉键，移动光标，选好引线上的点后，在命令行中选择"注释"，再按〈Enter〉键，在弹出的菜单栏中选择"公差"，此时会弹出"形位公差"对话框，在该对话框中进行设置，单击"确定"按钮即可完成带引线的形位公差的标注，如图 7-107 所示。

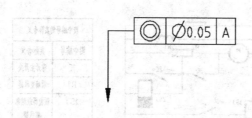

图 7-107 用 "LEADER" 命令来创建带引线的形位公差标注

2. 用 "QLEADER" 命令来创建

在命令行中输入 "QLEADER"，按〈Enter〉键，然后在命令行中选择 "设置"，此时会弹出 "引线设置" 对话框，打开其中的 "注释" 选项卡，选择 "注释类型" 为 "公差"，单击 "确定" 按钮，然后移动光标，在屏幕中放置好引线上的点后，会弹出 "形位公差" 对话框，在其中进行相应设置，最后单击 "确定" 按钮，即可完成带引线的形位公差标注的创建，如图 7-108 所示。

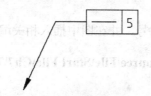

图 7-108 用 "QLEADER" 来创建带引线的形位公差标注

7.4 实例·知识点——编号与列表表示编号含义

在本节中，将会对如图 7-109 所示的元件符号进行编号，并列表表示编号的含义，最终完成如图 7-110 所示。

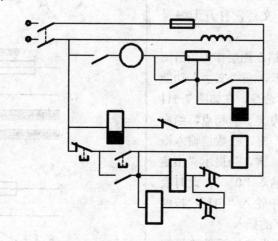

图 7-109 没编号与列表前的电路

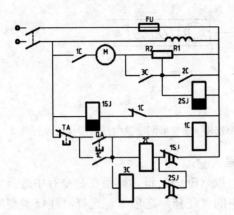

图 7-110　编号与列表后的电路

思路·点拨

可以使用"单行文字"进行编号，并在图中插入相关编辑表格。

——附带光盘"Source File\Start File\Ch7\7-4.dwg"

——附带光盘"Source File\Final File\Ch7\7-4.dwg"

——附带光盘"AVI\Ch7\ 7-4.avi"

【操作步骤】

1）打开随书光盘中的"Source File\ Start File\Ch7\7-4.dwg"文件，打开无编号与列表前的图形。

2）选择"文字和表格"图层作为当前图层，打开"注释"选项卡，在"文字"功能面板上执行"单行文字"命令，在如图 7-111 所示的位置选择一点作为文字的起点，当命令行中提示"指定高度"时，在数值输入框中输入"3"，按〈Enter〉键，当提示"指定文字的旋转角度"时，输入"0°"，此时会出现一个文本框，在框中输入"FU"，按两次〈Enter〉键，完成文字的插入。

3）用类似的方法，为其他元件符号编号，如图 7-112 所示。

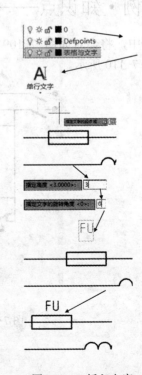

图 7-111　插入文字

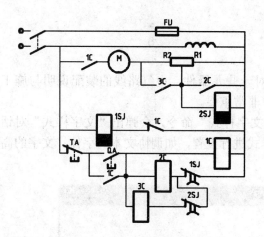

图 7-112　为其他元件符号编号

4）在"表格"功能面板上单击"表格"命令图标按钮，在弹出的"插入表格"对话框中，设置好表格的参数，如图 7-113 所示，单击"确定"按钮，移动光标，旋转好表格，完成表格的插入。

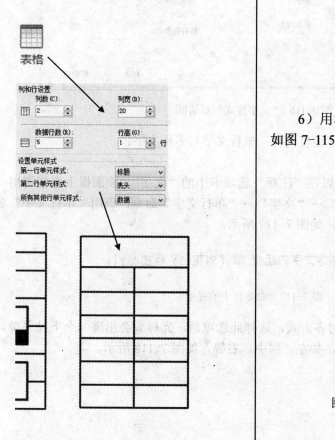

图 7-113　插入表格

5）双击表格的第一个单元格，在弹出的"文字样式"中设置文字高度为"4"，然后输入"图中编号的实际含义"，然后在单元格外单击，完成单元格的编辑，如图 7-114 所示。

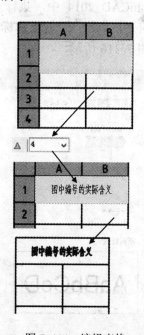

图 7-114　编辑表格

6）用相同的方法，编辑其他单元格，如图 7-115 所示。

图中编号的实际含义	
图中编号	实际含义
1C	常开主开关
R1	滑动变阻器
1SJ	纵慢释放继电器线圈
Q.A	常开辅助开关
TA	常闭辅助开关
FU	保险丝

图 7-115　编辑其他单元格

7.4.1 文本标注

在电气制图中，经常要进行文本标注，如对一些元器件、电气路线的装配说明与施工说明等进行标注，可见，文本标注在电气制图中非常重要。

在 AutoCAD 2014 中，执行"格式"→"文字样式"命令，会弹出"文字样式"对话框，在该对话框中，可以对文本标注中的文字样式进行设置，如调协文本的字体、文字的高度等，如图 7-116 所示。

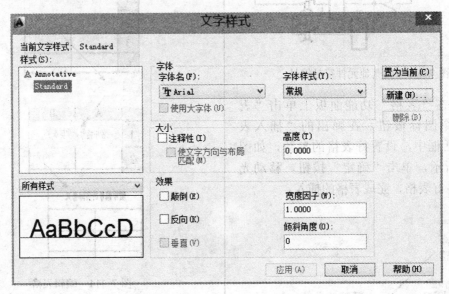

图 7-116 "文字样式"对话框

在 AutoCAD 2014 中，文本标注有两种：单行文字与多行文字。

1. 单行文字

调用"单行文字"命令，可以在"注释"选项卡中的"文字"功能面板上直接调用，也可以在下拉菜单栏中执行"绘图"→"文字"→"单行文字"命令。调用"单行文字"命令后，在命令行中会出现如下提示，如图 7-117 所示。

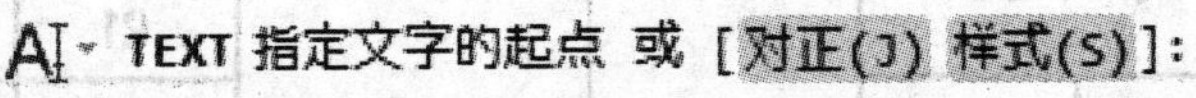

A[▪ TEXT 指定文字的起点 或 [对正(J) 样式(S)]:

图 7-117 命令行中的提示

1）对正：用于设置文字的对齐方式，选择此选项后，光标旁会出现一个下拉菜单，菜单上有多种对齐方式供用户选择，如左，居中、右等，如图 7-118 所示。

左(L)
居中(C)
右(R)
对齐(A)
中间(M)
布满(F)
左上(TL)
中上(TC)
右上(TR)
左中(ML)
正中(MC)
右中(MR)
左下(BL)
中下(BC)
右下(BR)

图 7-118 "对正"选项的下拉菜单

2）样式：用于设定文字的样式，文字样式用于决定文字的外观。选择此选项后，在"输入样式名"的提示下，在文本框中输入文字样式名即可指定文字样式。

设置好文字的对齐方式与文字样式后，命令行中会提示："指定文字的起点"，此时，在屏幕中选择一点作为文字的起点，然后在"指定高度"的提示下，输入文字的高度值，接着，会出现"指定文字的旋转角度"的提示，在文本框中输入文字的旋转角度，按〈Enter〉键，此时，屏幕中会出现一个文本框，在此框中输入用户所需输入的字符，连按两次〈Enter〉键，即可完成单选文字的标注，如图 7-119 所示。

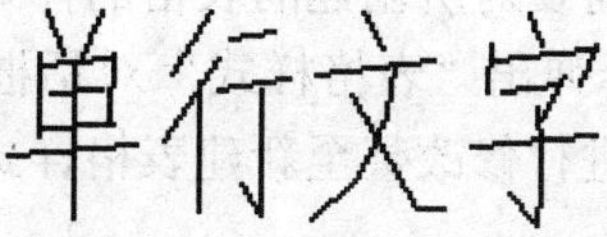

图 7-119 "单行文字"标注

2. 多行文字

"多行文字"可以一次创建两行（或以上）的文本标注，且各行文字构成一个整体。"多行文字"可以用于一些较为复杂的文本标注的情况，如电气图中的技术要求、安装施工要求等。

调用"多行文字"命令的方法是：在"注释"选项卡中的"文字"功能面板上直接选取，或者在下拉菜单栏中执行"绘图"→"文字"→"多行文字"命令。调用"多行文字"命令后，在图中指定一个矩形区域来放置多行文字。指定无矩形区域后，会弹出"文字格式"对话框，如图 7-120 所示。在该对话框中，可以对多行文字的文字样式、字体高度、对齐方式、段落格式等属性进行设置，类似于一个小型的 Word 文档，设置完这些属性后，在矩形区域中输入文本内容，最后单击"确定"按钮，完成多行文字标注，如图 7-121 所示。

图 7-120 "文字格式"对话框

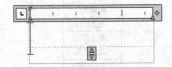

图 7-121 "多行文字"标注

7.4.2 创建表格

在绘制图纸时，经常需要用表格表示一些内容，如装配图中的明细表、图纸中的标题栏、以及一些必要的技术参数表格。在 AutoCAD 中可以非常方便地创建并编辑表格，并不是所有表格都符合要求，所以就需要对所创建的表格的样式进行设置。在下拉菜单栏中执行"格式"→"表格样式"命令，会弹出"表格样式"对话框，在该对话框中，可以选择所需的表格样式，或者对现在的样式进行修改甚至新建表格样式，如图 7-122 所示。

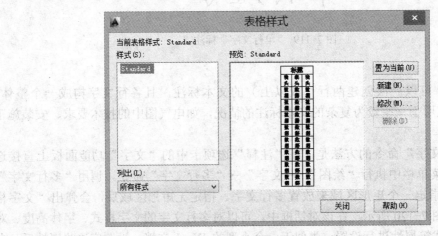

图 7-122 "表格样式"对话框

在"表格样式"对话框中单击"新建"按钮，会弹出"创建新的表格样式"对话框，如图 7-123 所示，在该对话框中设置新样式的名称与基础样式，单击"继续"按钮，进入"新建表格样式"对话框中，在该对话框中可以设置新的表格样式的各种属性，如图 7-124 所示。

图 7-123 "创建新的表格样式"对话框

图 7-124 "新建表格样式"对话框

"新建表格样式"对话框中,有三个选项卡,分别是:常规、文字及边框。

1)常规:该选项卡用于设置单元格的背景颜色、单元格中文字的对齐方式、单元格中内容的类型等,如图 7-125 所示。

图 7-125 "常规"选项卡

2）文字：该选项卡用于设置表格中的文字，可以设置表格中的文字的样式、高度、颜色与角度，如图 7-126 所示。

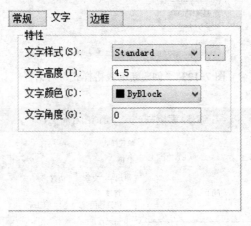

图 7-126 "文字"选项卡

3）边框：该选项卡用于设置表格的边框的属性，如表格边框的线型、颜色、线宽等，如图 7-127 所示。

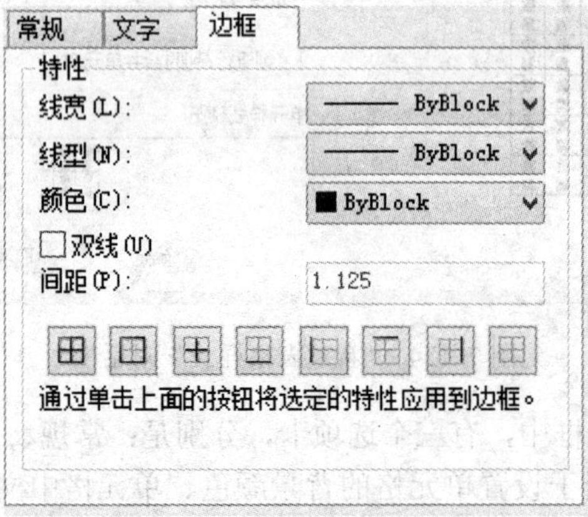

图 7-127 "边框"选项卡

创建表格时，可以在下拉菜单栏中执行"绘图"→"表格"命令，或者在"格式"选项卡中的"表格"功能面板中直接单击"表格"命令图标█按钮，调用"表格"命令后，会出现"插入表格"对话框，如图 7-128 所示，在该对话框的"行和列设置"一栏中设置表格的行数与列数、行宽与列高，在"设置单元样式"一栏中，可以对第一行单元格、第二行单元格与其他单元格的内容类型进行设置。设置好这些参数之后，单击"确定"按钮，移动移植，放置好表格。如图 7-129 所示，插入表格后，双击单元格，会弹出"文字格式"对话框，可以在此对单元格中的文字进行参数设置，同时也可以在单元格中输入文字。

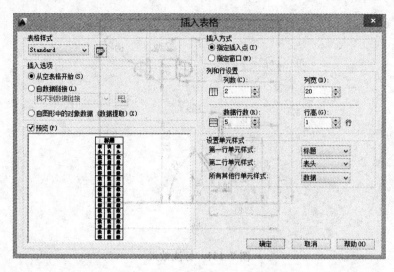

图 7-128 "插入表格"对话框

图 7-129 创建表格

7.5 要点·应用

7.5.1 应用 1——5 孔 16A 插座

在本节中，将为如图 7-130 所示的 5 孔 16A 插座标注尺寸，其标注效果如图 7-131 所示。

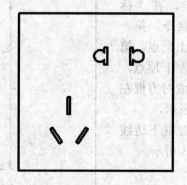

图 7-130 5 孔 16A 插座

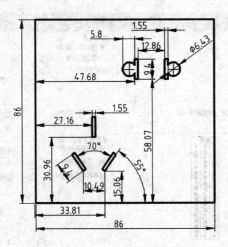

图 7-131　标注效果

思路·点拨

对该插座的外形图进行标注，用到的标注有线性标注、对齐标注、圆心标记、角度标注、直径标注。

 起始文件——附带光盘"Source File\Start File\Ch7\7-5-1.dwg"

 结果文件——附带光盘"Source File\Final File\Ch7\7-5-1.dwg"

 动画演示——附带光盘"AVI\Ch7\ 7-5-1.avi"

【操作步骤】

1）打开随书光盘中的"Source File\Start File\Ch7\7-5-1.dwg"文件，打开5孔16A插座的外形图文件。

2）打开"注释"选项卡，在"标注"功能面板上执行"线性"命令，第一个尺寸界线原点选择方框的左上顶点，第二个尺寸界线原点选择方框的左下顶点，移动光标，放置好尺寸线，完成对方框左边线的线性标注，如图7-132所示。

3）用相同的方法，标注方框下边线与三口插座的尺寸，如图7-133所示。

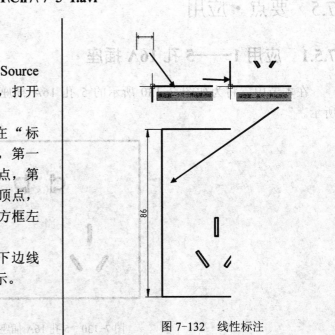

图 7-132　线性标注

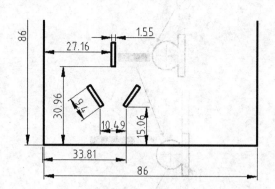

图 7-133 线性标注方框边线与三口插座

4）用相同的方法，线性标注右上角的二口插座的线性尺寸，其效果如图 7-134 所示。

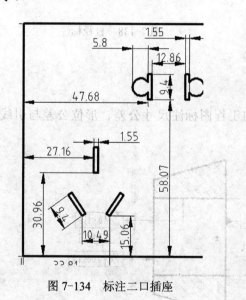

图 7-134 标注二口插座

5）执行"角度"标注命令，在命令行中提示"选择圆弧、圆、直线"时，在三口插座中选择如图 7-135 所示的矩形的右上边线，接着选择其右边的矩形的左上边线作为第二条直线，移动光标，放置好尺寸线，完成对两条直线的角度标注。

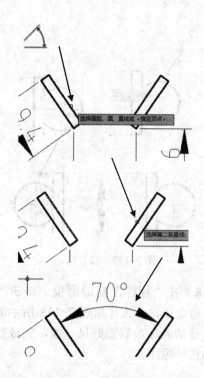

图 7-135 角度标注 1

6）用类似的方法，标注如图 7-136 所示的角度。

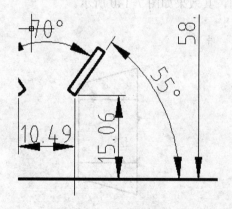

图 7-136 角度标注 2

7）单击"标注"功能面板下部的下拉按钮，在下拉面板中单击"圆心标记"命令按钮，然后选择如图 7-137 所示的圆弧，标注其圆心。用同样的方法标注其旁边的圆弧。

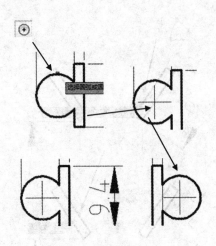

图 7-137 圆心标记

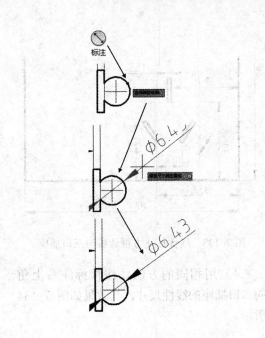

图 7-138 直径标注

8）在"标注"功能面板上单击"直径"命令按钮，选择如图 7-138 所示的圆弧，移动光标，放置好尺寸线，完成对圆弧的直径标注。

7.5.2 应用 2——套筒

在本节中，将对如图 7-139 所示的套筒的工程图标注尺寸公差、形位公差与引线说明，其效果如图 7-140 所示。

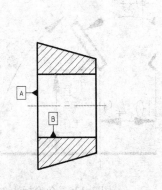

图 7-139 套筒

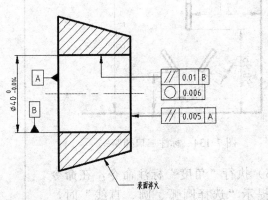

图 7-140 标注效果图

思路·点拨

对该零件图进行标注，用到的有多行文字标注尺寸公差、"LEADER"命令与"QLEADER"命令标注引线以及使用多重引线。

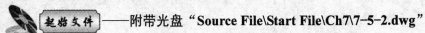

起始文件——附带光盘"Source File\Start File\Ch7\7-5-2.dwg"

——附带光盘"Source File\Final File\Ch7\7-5-2.dwg"

——附带光盘"AVI\Ch7\ 7-5-2.avi"

【操作步骤】

1）打开随书光盘中的"Source File\ Start File\Ch7\7-5-2.dwg"文件，打开套筒零件图。

2）打开"注释"选项卡，在"标注"功能面板上单击"线性"命令按钮，选择如图 7-141 所示的两点作为第一个与第二个尺寸界线原点，然后在命令行中选择"多行文字"选项，在文本框中输入" %%C40 0^-0.014 "，然后选择" 0^-0.014 "这段文字，并在其中右键单击鼠标，在弹出的下拉菜单中选择"堆叠"，在"文字格式"对话框中单击"确定"按钮，移动光标，放置好尺寸线，完成尺寸公差的标注。

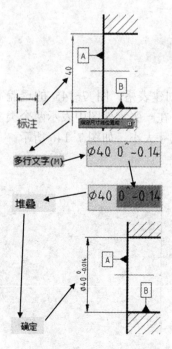

图 7-141　标注尺寸公差

3）在命令行中输入"LEADER"，按

〈Enter〉键，选择好引线上的点的位置，绘制如图 7-142 所示引线，然后在命令行中选择"注释"选项，按〈Enter〉键，在弹出的下拉菜单中选择"公差"，在弹出的"形位公差"对话框中进行如图所示的设置，单击"确定"按钮，完成带引线的形位公差标注。

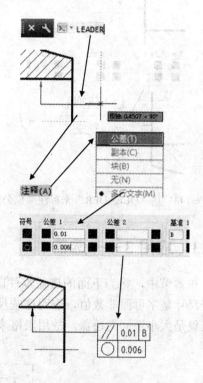

图 7-142　用"LEADER"命令来标注形位公差

4）在命令行中输入"QLEADER"，按〈Enter〉键，然后在命令行中选择"设置"选项，在"引线设置"对话框中进行如图 7-143 所示的设置，单击"确定"按钮，在如图所示的位置绘制引线，在弹出的"形位公差"对话框中进行如图所示的设置，单击"确定"按钮，完成形位公差的标注。

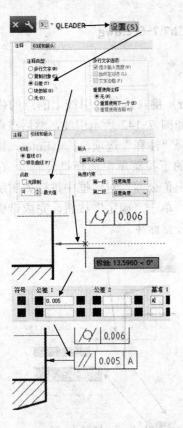

图 7-143 用"QLEADER"来标注形位公差

5）在"引线"功能面板上单击"多重引线"命令按钮，绘制如图 7-144 所示的引线，并在文本框中输入"表面淬火"，单击"文字格式"对话框中的"确定"按钮，完成"多重引线"标注。

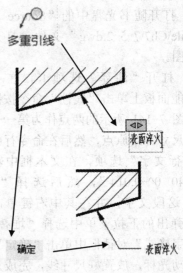

图 7-144 "多重引线"标注

7.5.3 应用 3——透盖

在本节中，将为下面的透盖零件图添加文字标注与创建表格，图 7-145 的透盖零件的某些尺寸是字母而非数值，表明这些尺寸是可变的。为了在一张零件图中表示两个类型相同而仅仅是大小不同的透盖，故用表格来列出两个透盖的尺寸大小，如图 7-146 所示。

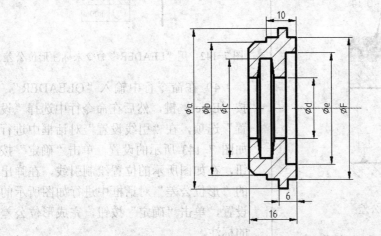

图 7-145 透盖零件图

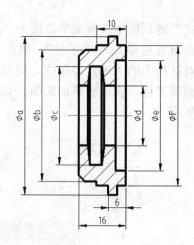

图 7-146   添加表格与文字说明

零件1与零件2的尺寸

序号	Φa	Φb	ΦC	Φd	Φe	Φf
1	68	54	46	30	52	62
2	53	44	33	20	37	47

思路·点拨

对该零件图进行标注，用到的有多行文字标注尺寸公差、"LEADER"命令与"QLEADER"命令标注引线，以及使用多重引线。

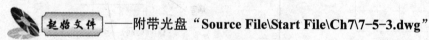 起始文件——附带光盘"Source File\Start File\Ch7\7-5-3.dwg"

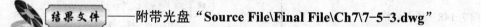 结果文件——附带光盘"Source File\Final File\Ch7\7-5-3.dwg"

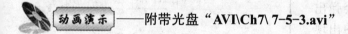 动画演示——附带光盘"AVI\Ch7\ 7-5-3.avi"

【操作步骤】

1）打开随书光盘中的"Source File\Start File\Ch7\7-5-3.dwg"文件，打开透盖零件图。

2）打开"注释"选项卡，在"文字"功能面板上单击"单行文字"命令按钮，在屏幕中的适当位置选择一点作为单行文字的起点，输入文字高度为"4"，文字旋转角度为"0°"，按〈Enter〉键，在出现的文本框中输入"零件 1 与零件 2 的尺寸"，点击两次〈Enter〉键，完成单行文字的标注，如图 7-147 所示。

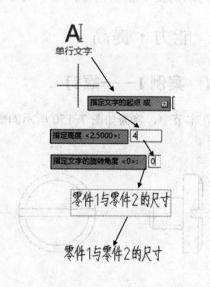

图 7-147   "单行文字"标注

3）在"表格"功能面板上单击"表格"命令按钮，在弹出的"插入表格"对话框中进行如图 7-148 所示的设置，单击"确定"按钮，移动光标，选择适当的位置放置分表格。

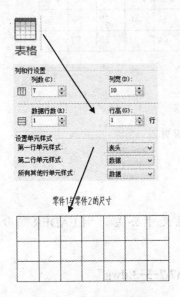

图 7-148 插入表格

4）双击第一个单元格，此时会弹出"文字格式"对话框，并且单元格中出现一个闪动的文字输入光标，在"文字格

式"对话框中选择文字高度为"4"，然后在单元格中输入"序号"，单击"文字"对话框中的"确定"按钮，用类似的方法编辑表格，完成表格的编辑，如图 7-149 所示。

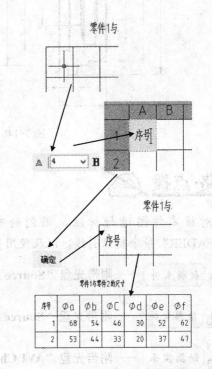

图 7-149 编辑表格

7.6 能力·提高

7.6.1 案例1——螺钉

在本节中，将为如图 7-150 所示的螺钉标注尺寸，标注后的效果如图 7-151 所示。

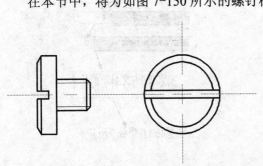

图 7-150 螺钉零件图

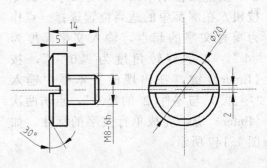

图 7-151 标注效果图

思路·点拨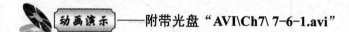

对该零件图进行标注，用到的有线性标注，直径标注与角度标注。

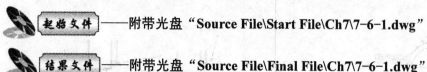

起始文件——附带光盘"Source File\Start File\Ch7\7-6-1.dwg"

结果文件——附带光盘"Source File\Final File\Ch7\7-6-1.dwg"

动画演示——附带光盘"AVI\Ch7\ 7-6-1.avi"

【操作步骤】

1) 打开随书光盘的"Source File\Start File\Ch7\7-6-1.dwg"文件，打开螺钉的零件图。

2) 选择"标注线"为当前图层。打开"注释"选项卡，在"标注"功能面板上单击"线性"命令按钮，选择如图 7-152 所示的点作为第一个、第二个尺寸界线的原点，移动光标，放置好尺寸线，完成线性标注。

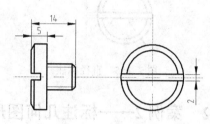

图 7-153 线性标注

4) 执行"线性"标注命令，选择如图 7-154 所示的两点作为第一个与第二个尺寸界线原点，然后在命令行中选择"文字"，在出现的文本输入框中输入"M8-6h"，按〈Enter〉键，移动光标，放置好尺寸线，完成该线性标注。

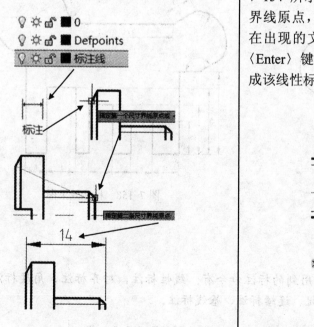

图 7-152 线性标注

3) 用相同的方法，进行如图 7-153 所示的线性标注。

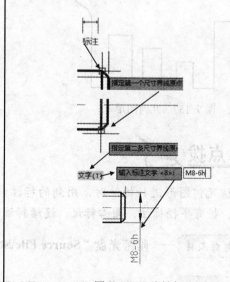

图 7-154 线性标注

5）执行"直径"标注命令，选择如图7-155所示的圆作为标注对象，移动光标，放置好导线，完成直径标注。

6）执行"角度"标注命令，选择如图7-156所示的两条直线作为标注对象，移动光标，放置好导线，完成角度标注。

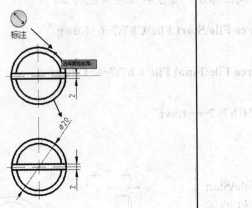

图 7-155　直径标注

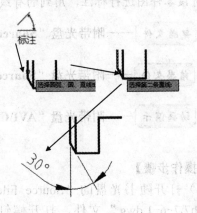

图 7-156　角度标注

7.6.2　案例2——标注几何图形

在本节中，将对如图7-157所示的几何图形进行标注，其标注效果如图7-158所示。

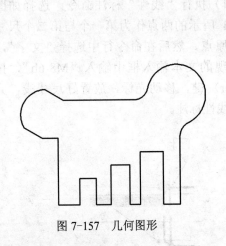

图 7-157　几何图形

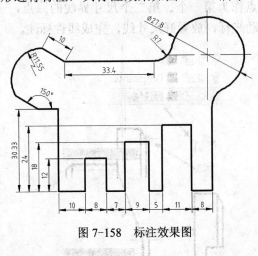

图 7-158　标注效果图

思路·点拨

对该几何图形进行标注时，用到的标注命令有：线性标注，对齐标注、角度标注、直径标注、折弯半径标注、圆心标记、连续标注、基线标注。

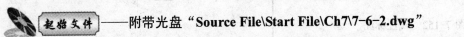

起始文件——附带光盘"Source File\Start File\Ch7\7-6-2.dwg"

结果文件——附带光盘"Source File\Final File\Ch7\7-6-2.dwg"

动画演示——附带光盘"AVI\Ch7\ 7-6-2.avi"

【操作步骤】

1）打开随书光盘中的"Source File\Start File\Ch7\7-6-2.dwg"文件，打开几何图形文件。

2）选择"标注线"图层作为当前图层。打开"注释"选项卡，在"标注"功能面板上单击"线性"标注命令按钮，第一个与第二个尺寸界线原点分别选择下图所示的点，移动光标，放置好尺寸线，完成线性标注，如图 7-159 所示。

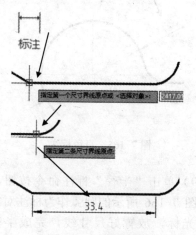

图 7-159　线性标注

3）用相同的方法，对如图 7-160 所示的对象进行线性标注。

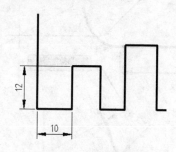

图 7-160　线性标注

4）执行"对齐"命令，选择如图 7-161 所示的两点作为第一个、第二个尺寸界线原点，移动光标，放置好尺寸线，完成对该斜线的对齐标注。

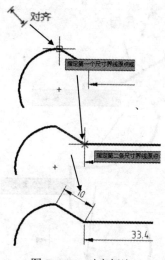

图 7-161　对齐标注

5）单击"折弯"标注命令按钮，选择如图 7-162 所示的圆弧作为标注对象，当命令行中提示"指定图示中心位置"时，在图中适当的位置选一点作为中心，移动光标，放置好尺寸线，当命令行中提示"指定折弯位置"时，移动光标，放置好折弯位置，完成折弯标注。

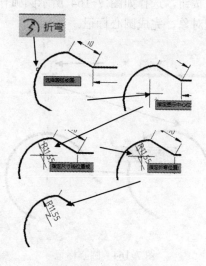

图 7-162　折弯标注

6）单击"角度"标注命令按钮，分别选择如图 7-163 所示的两条直线作为标注对象，移动光标，放置好尺寸线，完成角度标注。

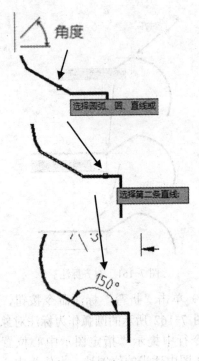

图 7-163　角度标注

7）单击"标注"功能面板下部的下拉按钮，在下拉面板上单击"圆心标记"命令按钮，选择如图 7-164 所示圆弧作为标记对象，完成圆心标记。

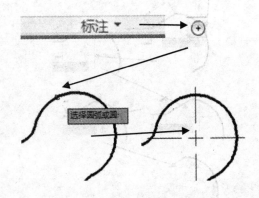

图 7-164　圆心标记

8）单击"直径"标注命令按钮，选择如图 7-165 所示的圆弧作为标注对象，移动光标，放置好尺寸线，完成直径标注。

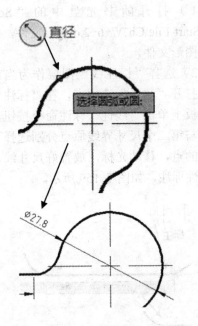

图 7-165　直径标注

9）单击"半径"标注命令按钮，选择如图 7-166 所示的圆弧作为标注对象，移动光标，放置好尺寸线，完成半径标注。

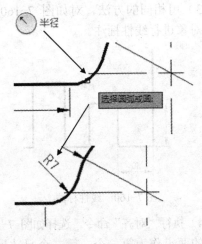

图 7-166　半径标注

10）单击"连续"标注命令按钮，当命令行中提示"选择连续标"时，选择如图 7-167 所示的线性标注的左边的尺寸界线，此时命令行中会提示"请选择第二条尺寸界线的原点，移动光标，连续选择如图所示的点，最后按〈Esc〉键退出命令。

11）单击"基线"标注命令按钮，当命令行中提示"选择基线标注"时，移动光标，选择如图 7-168 所示的线性尺寸的下尺寸界线，此时命令行中会提示"选择第二条尺寸界线的原点"时，连续选择如图所示的点，最后按〈Esc〉键退出命令，完成基线标注。

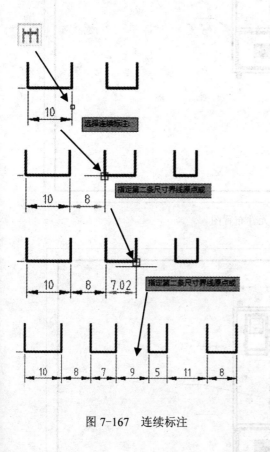

图 7-167　连续标注

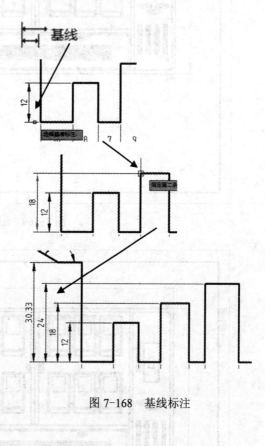

图 7-168　基线标注

7.6.3　案例3——配电箱元件布置图

在本节中，将为如图 7-169 所示的配电箱元件布置图添加文字说明、明细栏与标题栏，最终完成图如图 7-170 所示。

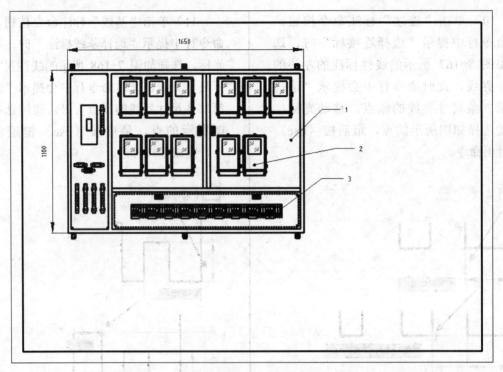

图 7-169　配电箱元件布置图

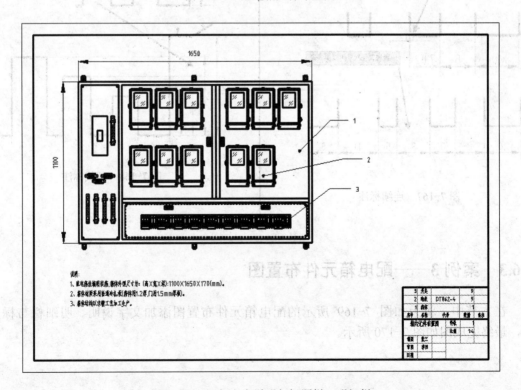

图 7-170　添加文字说明与标题栏、明细栏

思路·点拨

添加文字说明可以用多行文字来实现，而明细栏、标题栏可以用插入表格来实现。

起始文件——附带光盘"Source File\Start File\Ch7\7-6-3.dwg"

结果文件——附带光盘"Source File\Final File\Ch7\7-6-3.dwg"

动画演示——附带光盘"AVI\Ch7\ 7-6-3.avi"

【操作步骤】

1）打开随书光盘中的"Source File\Start File\Ch7\7-6-3.dwg"文件，打开配电箱元件布置图。

2）打开"注释"选项卡，在"文字"功能面板上单击"多行文字"命令按钮，在配电箱元件布置图的下方绘制一个矩形区域，接着在"文字格式"对话框中设置文字的高度为"10"，然后在矩形区域中输入图 7-171 中的文字，最后在"文字格式"对话框中单击"确定"按钮，完成添加文字说明。

3）在下拉菜单栏中执行"格式"→"表格样式"命令，在弹出的"表格样式"对话框中单击"创建"按钮，此时会弹出"创建新的表格样式"对话框，名称选择为默认的"Standar 副本"，在"基础样式"一栏中选择"Standard"，接着选择"继续"，在弹出的"新建表格样式"对话框中选择"文字"选项卡，设置文字高度为"8"，选择"边框"选项卡，设置线宽为 0.3mm，再单击"外边框"按钮，单击"确定"按钮，创建新的表格样式，如图 7-172 所示。

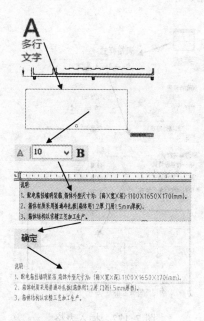

图 7-171 插入多行文字

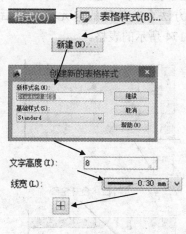

图 7-172 创建表格样式

4）在"表格"功能面板上单击"表格"命令按钮，在弹出的"插入表格"对话框中进行如图 7-173 所示的设置，单击

"确定"按钮，移动光标，将表格放到图纸的右下角。

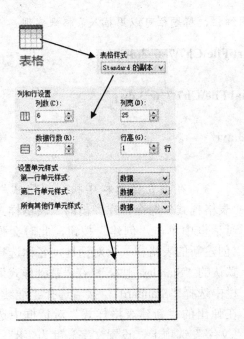

图 7-173 插入表格

5）选择表格左上角的 6 个单元格，然后在"表格单元"选项卡中选择"合并单元"，在下拉菜单中选择"合并全部"。用类似的方法合并其他的单元格，最后制成如图 7-174 所示的表格。

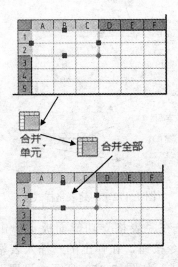

图 7-174 合并单元格

6）用类似的方法合并其他的单元格，最后制成如图 7-175 所示的表格。

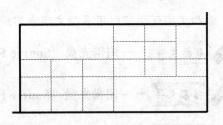

图 7-175 合并单元格

7）在表格中输入如图 7-176 所示的内容，文字高度为"8"。

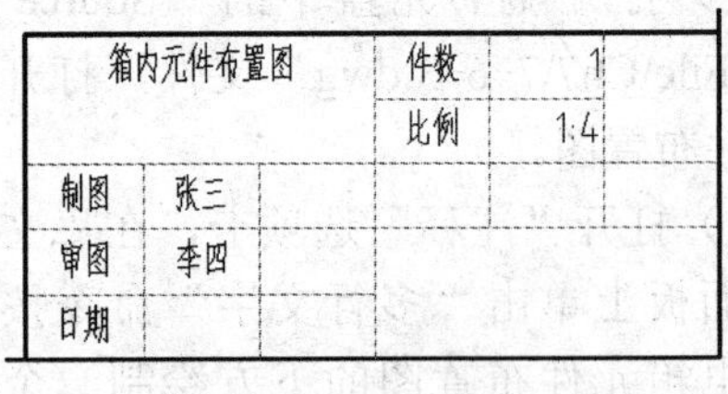

箱内元件布置图		件数	1
		比例	1:4
制图	张三		
审图	李四		
日期			

图 7-176 编辑表格

8）单击"表格"命令按钮，在"插入表格"对话框中进行如图 7-177 所示的设置，单击"确定"按钮，移动光标，放置好表格。

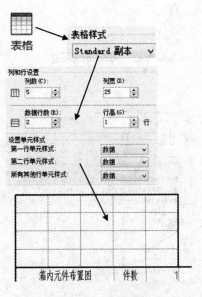

图 7-177 插入表格

9）选择表格，此时表格上会显示表格的蓝色的方形的夹点，移动这些夹点，调整单元格的宽度，如图 7-178 所示。

10）在表格中输入如图 7-179 所示的内容，字体高度为"8"，完成表格的绘制。

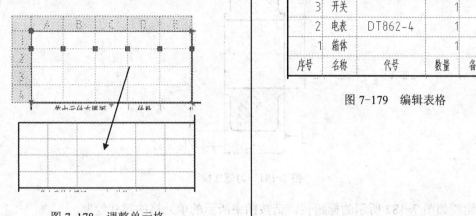

3	开关		1	
2	电表	DT862-4	1	
1	箱体		1	
序号	名称	代号	数量	备注

图 7-179　编辑表格

图 7-178　调整单元格

7.7　习题·巩固

1．对如图 7-180 所示的几何图形进行标注，其中会用到线性标注、对齐标注、半径、直径标注、折弯标注、坐标标注、基线标注、连续标注和等距标注。未标注的几何图形在随书光盘中的"Source File\Exercise\Ch7\Exercise01.dwg"文件中。

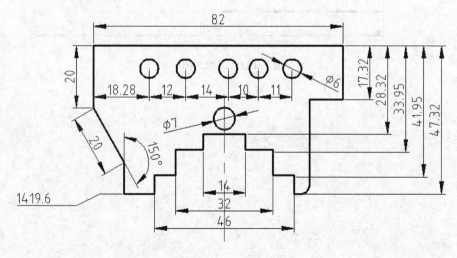

图 7-180　习题 1 图

2．对如图 7-181 所示的零件进行尺寸公差与形位公差标注，其中用到"LEADER"引线命令、"QLEADER"引线命令、线性标注中的多行文字。未标注的几何图形在随书光盘中的"Source File\Exercise\Ch7\Exercise02.dwg"文件中。

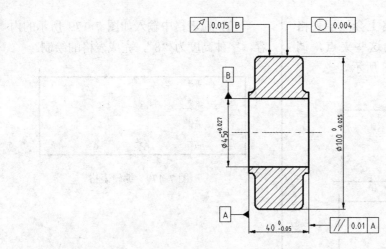

图 7-181　习题 2 图

3. 绘制如图 7-182 所示的标题栏，请按图中所示的单元格的尺寸绘制。

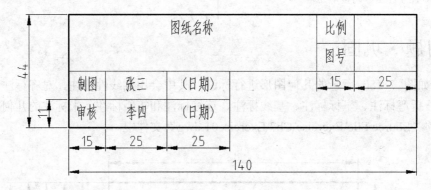

图 7-182　习题 3 图

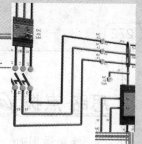

第 8 章 典型工程实例

在本章中，将给出 6 个典型的工程实例，来综合示范如何用 AutoCAD 2014 进行电气设计，6 个实例均涉及不同的工程领域，如输变电工程设计、工厂电气设计等。

 重点内容

- ➥ 实例 1——输电工程设计
- ➥ 实例 2——变电工程设计
- ➥ 实例 3——民用建筑电气设计
- ➥ 实例 4——工厂电气设计
- ➥ 实例 5——机械电气设计
- ➥ 实例 6——通用电路设计

8.1 实例 1——输电工程设计

在本节中，将演示如何进行输电工程设计，其中用到的实例是电力网系统图，如图 8-1 所示。下面将演示如何对该图进行绘制。

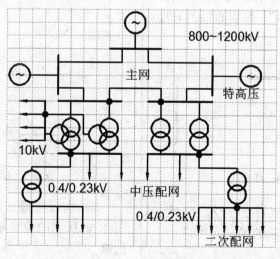

图 8-1 电力网系统图

思路·点拨

绘制该图时，可以先绘制主网电，然后绘制变压器，再绘制中压与二次配网。最后添加文字标注，从而完成该图的绘制。

 结果文件 ——附带光盘"Source File\Final File\Ch8\8-1.dwg"

动画演示 ——附带光盘"AVI\Ch8\ 8-1.avi"

【操作步骤】

1）单击"图层特性 🖳"按钮，打开图层特性管理器，新建如图 8-2 所示的图层。

状	名称	开	冻...	锁..	颜色	线型	线宽
✔	0	♀	☼	⌐	■白	Continu...	—默认
☞	粗实线	♀	☼	⌐	■白	Continu...	—0...
☞	文字	♀	☼	⌐	■白	Continu...	—默认
☞	细实线	♀	☼	⌐	■白	Continu...	—0...
☞	中心线	♀	☼	⌐	■1...	CENTER2	—0...

图 8-2　新建图层

2）按〈F9〉键开启"捕捉模式"，"选择"粗实线"作为当前图层，执行"直线"命令，绘制如图 8-3 所示的三条直线。水平直线的长度为"40"，竖直直线的长度为"30"。

图 8-3　绘制三条直线

3）执行"圆心，半径"命令，绘制如图 8-4 所示的三个圆，圆的半径为"8"。

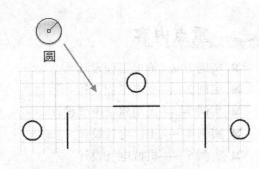

图 8-4　绘制三个圆

4）执行"直线"命令，绘制如图 8-5 所示的 4 条直线，水平起疑长度为"50"，竖直直线为"30"。

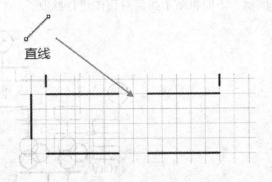

图 8-5　绘制 4 条直线

5）执行"圆心，半径"命令，在如图 8-6 所示的位置绘制 2 个半径为"7"的圆。

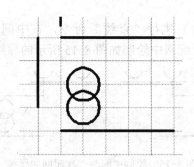

图 8-6　绘制 2 个圆

6）选择"中心线"为当前图层，然后执行"直线"命令，选择步骤 5）中所给的下方的圆的圆心作为直线起点，直线的水平角度为"150°"，长度为"10"，如图 8-7 所示。

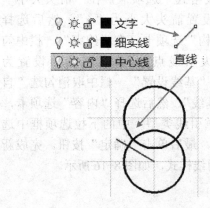

图 8-7　绘制中心线直线

7）选择"粗实线"作为当前图层，执行"圆"命令，以步骤 6）中所绘制的直线的上端点作为圆心，绘制一个半径为"7"的圆，然后删除步骤 6）中所绘的直线，从而完成绘制三绕组变压器，如图 8-8 所示。

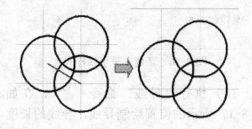

图 8-8　绘制三绕组变压器

8）将步骤 7）中所绘制的三绕组变压器复制到如图 8-9 所示的位置。

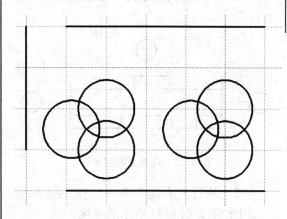

图 8-9　复制三绕组变压器

9）在如图 8-10 所示的位置绘制两个两绕组变压器，其中圆的半径均为"7"，圆心距为"10"。

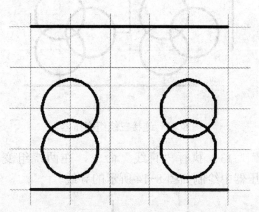

图 8-10　绘制两个两绕组变压器

10）选择步骤 9）中所绘的两绕组变压器，将其复制到如图 8-11 所示位置。

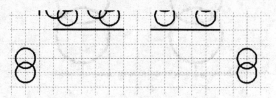

图 8-11　复制两相绕组变压器

11）选择"细实线"为当前图层，执行"直线"命令，在主网中连接导线，如图8-12所示。

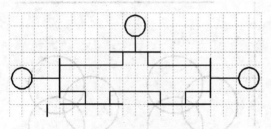

图 8-12　连接主网的导线

12）执行"直线"命令，在三绕组变压器中绘制如图8-13所示的导线。

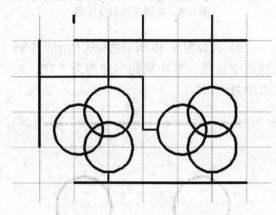

图 8-13　连接三绕组变压器

13）执行"直线"命令，在两绕组变压器中绘制如图8-14所示的导线。

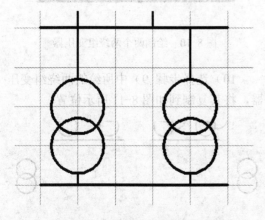

图 8-14　绘制两绕组变压器

14）执行"直线"命令，在中间配网与二次配网中绘制如图8-15所示的导线。

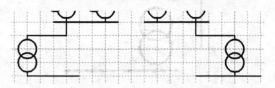

图 8-15　绘制中间与二次配网的导线

15）执行"格式"→"多重引线样式"命令，打开"多重样式管理器"对话框，单击"新建"按钮，然后在弹出的"创建新多重引线样式"对话框中选择"继续"，在"修改多重引线样式"对话框中选择"引线格式"选项卡，在"箭头大小"一栏中设置箭头大小为"6"，然后选择"引线结构"选项卡，在"约束"一栏中勾选"最大引线点数"，并将其值设置为"2"，在"基线设置"一栏中取消勾选"自动包含基线"，然后选择"内容"选项卡，在"多重引线类型"中的下拉选项框中选择"无"，最后单击"确定"按钮。完成新建多重引线样式，如图8-16所示。

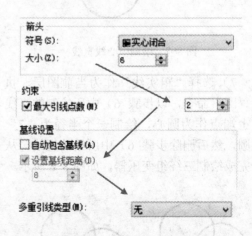

图 8-16　新建多重引线样式

16）执行"导线"命令，在如图8-17所示的位置绘制导线，导线的长度为"20"。

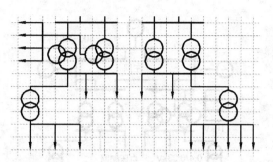

图 8-17　绘制导线

17）执行"圆心，半径"命令，在如图 8-18 所示的位置绘制 4 个半径为"2"的圆。

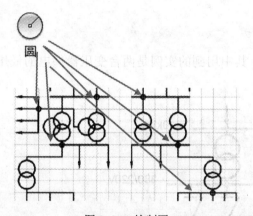

图 8-18　绘制圆

18）执行"图案填充"命令 ▨，选择"SOLID"作为填充图案，选择步骤 17）中所绘的图形为圆作为填充对象。完成节点的绘制，如图 8-19 所示。

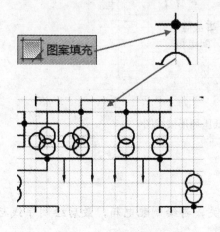

图 8-19　绘制节点

19）选择"单行文字"标注，将文字高度设为"8"，旋转角度为"0°"，然后对系统图中的各部分进行文字标注，如图 8-20 所示。

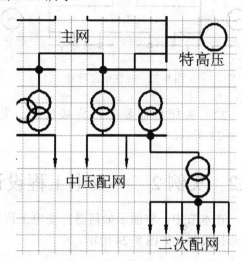

图 8-20　标注名称

20）执行"单行文字"命令，对系统图进行相关参数的标注，如图 8-21 所示。

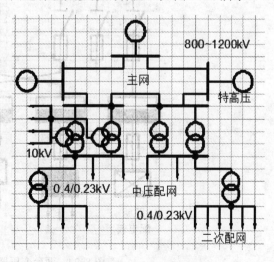

图 8-21　标注参数

21）选择"单行文字"，对特高压电源符号中标注"~"，如图 8-22 所示。

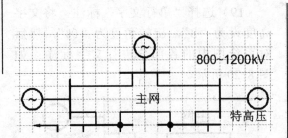

图 8-22　标注电源符号

22）关闭栏栅显示，完成绘图，如图 8-23 所示。

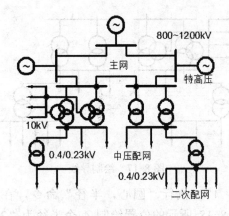

图 8-23　完成绘图

8.2　实例 2——变电工程设计

在本节中，将演示如何进行变电工程设计，其中用到的实例是两台变压器供电的低压环形接线图，如图 8-24 所示。

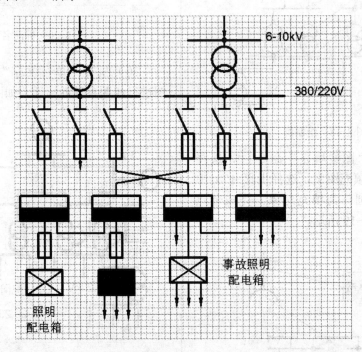

图 8-24　两台变压器供电的低压环形接线图

思路·点拨

绘制该图时，可以先绘制变压器，然后绘制开关，再绘制配电箱，最后绘制导线与标注文字。

结果文件——附带光盘“Source File\Final File\Ch8\8-2.dwg”

动画演示——附带光盘“AVI\Ch8\ 8-2.avi”

【操作步骤】

1）单击“图层特性”按钮，打开图层特性管理器，新建如图8-25所示的图层。

状	名称	开	冻...	锁..	颜色	线型	线宽
✓	0				白	Continu...	—— 默认
	粗实线				白	Continu...	—— 0....
	文字				白	Continu...	—— 默认
	细实线				白	Continu...	—— 0....

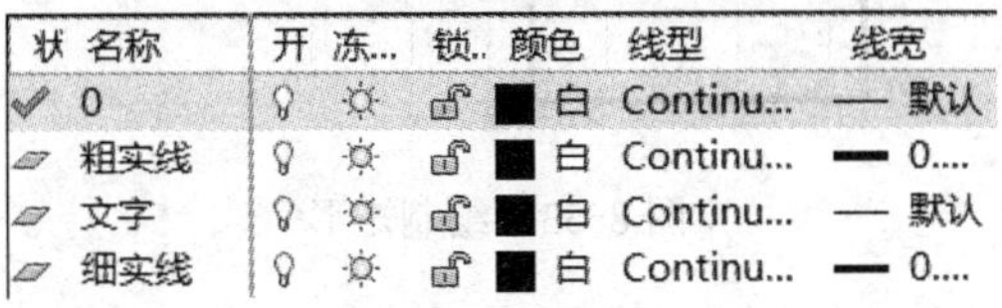

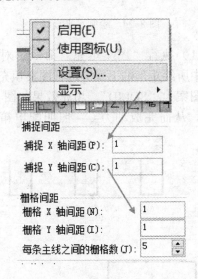

图 8-25　新建图层

2）在绘图区的左下角单击“栏栅显示”按钮，开启“栏栅显示”，然后右键单击“栏栅显示”图标，在弹出的菜单中选择“设置”，在弹出的“草图设置”对话框中选择“捕捉与栏栅”选项卡，在“捕捉间距”一栏中设置捕捉间距为“1”，在“栅格间距”一栏中设置间距为“1”，如图8-26所示。单击“确定”按钮，完成草图设置。

图 8-26　进行“草图设置”

3）选择“粗实线”为当前图层，执行“直线”命令，绘制如图8-27所示的直线，上边的直线长度为“12”，下边直线的长度为“20”。

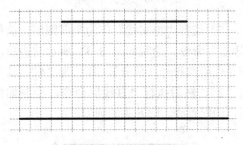

图 8-27　绘制直线

4）执行“圆心，半径”命令，在如图8-28所示的位置绘制两个圆，圆的半径为“2”，从而完成绘制两绕组变压器。

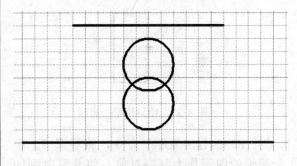

图 8-28　绘制两绕组变压器

5）选择“细实线”为当前图层，执行“直线”命令，绘制如图8-29所示的开关接头。

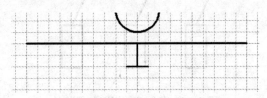

图 8-29　绘制开关接头

6）执行“复制”命令，选择步骤5）

中所绘的开关接头为复制对象，将其复制到如图 8-30 所示的位置上。

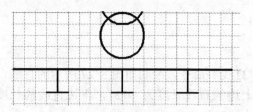

图 8-30 复制开关接头

7）选择"粗实线"作为当前图层，执行"矩形"命令，绘制如图 8-31 所示的矩形，即是保险丝符号（部分），其长为"4"，其宽为"2"，然后执行"直线"命令，绘制如图所示的斜直线，即开关的闸刀。

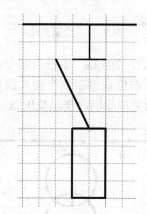

图 8-31 绘制矩形与直线

8）执行"复制"命令，将步骤 7）中拨给的图形作为复制对象，将其复制到如图 8-32 所示的位置。

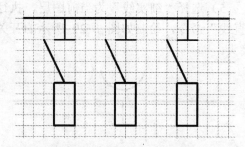

图 8-32 复制开关闸刀与保险丝

9）执行"矩形"命令，在如图 8-33 所示的位置上绘制一个矩形，其长为"8"，其宽为"4"，所绘的矩形与上面的三个矩形的竖直距离为"6"。

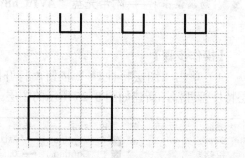

图 8-33 绘制矩形

10）执行"直线"命令，以步骤 9）中所绘的矩形的竖直边线的中点为直线的起点，绘制水平直线，如图 8-34 所示。

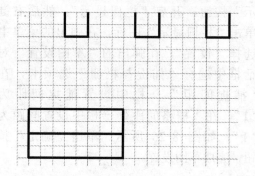

图 8-34 绘制水平直线

11）执行"图案填充"命令，对步骤 10）中所绘矩形的下部分进行图案填充，填充的图案为"SOLID"。填充效果如图 8-35 所示。从而完成动力——照明配电箱的绘制。

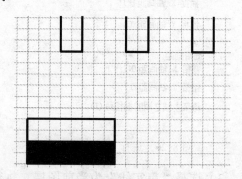

图 8-35 填充图案

12）执行"复制"命令，将动力——照明配电箱复制到如图 8-36 所示的位置。

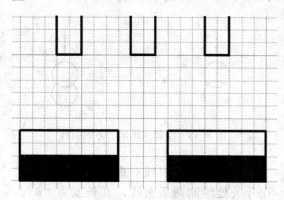

图 8-36　复制动力——照明配电箱

13）执行"复制"命令，选择上面所有步骤所绘的所有对象作为复制对象，在对象中任意选择一点作为复制的基点，第二个点位于基点右方、距离为"24"的地方。复制后的效果如图 8-37 所示。

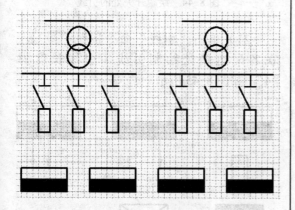

图 8-37　复制全部对象

14）执行"矩形"命令，在最左边的动力——照明配电箱的正下方距离为"2"处绘制一个矩形，其长为"4"，宽为"2"，如图 8-38 所示。在左边第二个动力——照明配电箱的正下方也绘制一个同样的矩形。

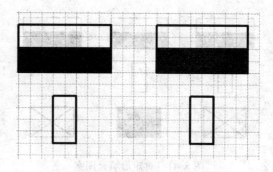

图 8-38　绘制矩形

15）执行"矩形"命令，在步骤 14）所绘的两个矩形的正下方距离为"2"处绘制三个长为"6"，宽为"4"的矩形，如图 8-39 所示。

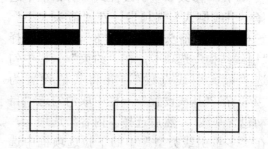

图 8-39　绘制矩形

16）执行"直线"命令，为步骤 15）所绘的第一个与第三个矩形绘制对角线。如图 8-40 所示。

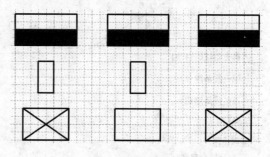

图 8-40　绘制矩形的对角线

17）执行"图案填充"命令，为步骤 15）中所绘的第二个矩形进行图案填充，填充的图案为"SOLID"。填充效果如图 8-41 所示。

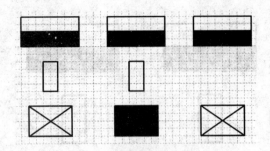

图 8-41　对矩形填充图案

18）执行"格式"→"多重引线样式"命令，打开"多重样式管理器"对话框，单击"新建"按钮，然后在弹出的"创建新多重引线样式"对话框中选择"继续"，在"修改多重引线样式"对话框中选择"引线格式"选项卡，在"箭头大小"一栏中设置箭头大小为"8"，然后选择"引线结构"选项卡，在"约束"一栏中勾选"最大引线点数"，并将其值设置为"2"，在"基线设置"一栏中取消勾选"自动包含基线"，然后选择"内容"选项卡，在"多重引线类型"中的下拉选项框中选择"无"，最后单击"确定"按钮。完成新建多重引线样式，如图 8-42 所示。

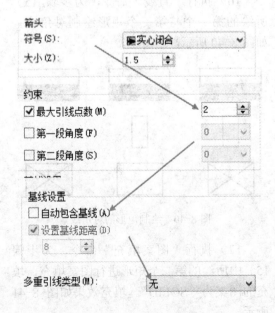

图 8-42　新建多重引线样式

19）单击"引线"命令按钮 引线，在两绕组变压器上方绘制两条引线，引线长度为"4"，如图 8-43 所示。

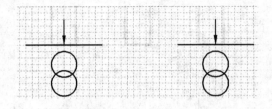

图 8-43　绘制变压器上方的引线

20）单击"引线"命令按钮 引线，在开关处绘制两条引线，其长度为"4"，如图 8-44 所示。

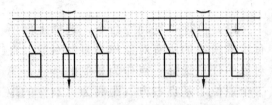

图 8-44　绘制开关处的引线

21）单击"引线"命令按钮 引线，在各配电箱处绘制引线。引线长度为"4"，如图 8-45 所示。

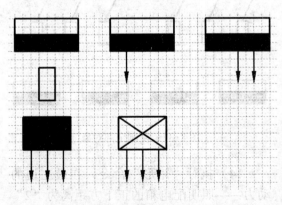

图 8-45　在配电箱处绘制引线

22）选择"细实线"为当前图层，执行"直线"命令，绘制两绕组变压器上的导线，如图 8-46 所示。

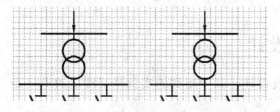

图 8-46　绘制两绕组变压器上的导线

23）执行"直线"命令，绘制开关处的导线，如图 8-47 所示。

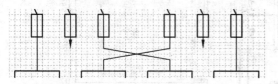

图 8-47　绘制开关处的导线

24）执行"直线"命令，绘制配电箱之间的连接导线，如图 8-48 所示。

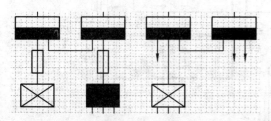

图 8-48　绘制配电箱之间的导线

25）执行"圆心，半径"命令，在如图 8-49 所示的位置绘制四个圆，圆的半径为"0.5"。

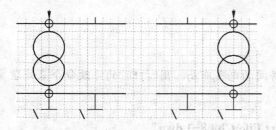

图 8-49　绘制两个圆

26）执行"图案填充"命令，填充的图案选择"SOLID"，对步骤 23）中所绘的四个圆进行图案填充。填充效果如图 8-50 所示。从而完成节点的绘制。

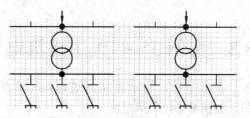

图 8-50　完成节点绘制

27）执行"单行文字"命令，字体高度为"1.4"，旋转角度为"0°"，在两绕组变压器处标注如图 8-51 所示的文字。

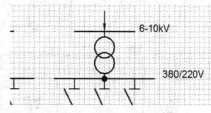

图 8-51　进行单行文字标注

28）执行"多行文字"命令，将字体高度设为"1.4"，然后选择在配电箱处进行如下的文字的标注，如图 8-52 所示。

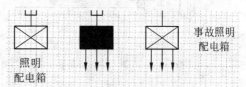

图 8-52　进行多行文字标注

29）关闭"栏栅显示"，完成绘图，如图 8-53 所示。

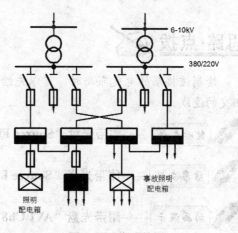

图 8-53　完成绘图

8.3 实例 3——民用建筑电气设计

在本节中，将示范如何进行民用建筑电气设计，其中用到的实例是某楼层的电气布局，如图 8-54 所示。

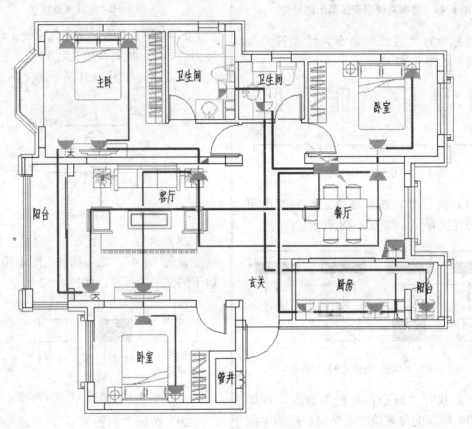

图 8-54　某楼层的电气设计

思路·点拨

绘制该楼层的电气布局时，可以先绘制各房间的电气布局，用"打断"的修改命令来处理相交的连线。

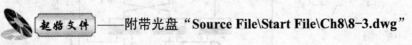 起始文件——附带光盘"Source File\Start File\Ch8\8-3.dwg"

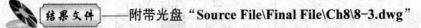 结果文件——附带光盘"Source File\Final File\Ch8\8-3.dwg"

结果文件——附带光盘"AVI\Ch8\ 8-3.avi"

【操作步骤】

1）打开随书光盘中的"Source File\Start File\Ch8\8-3.dwg"文件，打开原始图形。如图 8-55 所示，在该图中，各种所需的电气元件已经安装完毕，可以直接进行线路设计。

图 8-55　原始草图

2）选择"WIRE-照明"图层为当前图层，开启"正交模式"，执行"直线"命令，在"主卧"区域中连接主卧的线路，如图 8-56 所示。

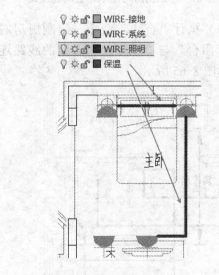

图 8-56　绘制主卧的线路

3）执行"直线"命令，在两个"卧室"的区域中绘制卧室的线路，如图 8-57 及图 8-58 所示。

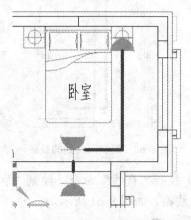

图 8-57　绘制右上角的卧室的线路

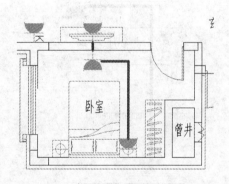

图 8-58　绘制左下角的卧室线路

4）执行"直线"命令，在"卫生间"处绘制该处的线路，如图 8-59 所示。

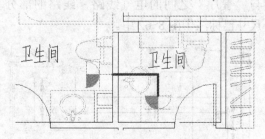

图 8-59　绘制卫生间的线路

5）执行"直线"命令，在"阳台"处绘制该处的线路，如图 8-60 所示。

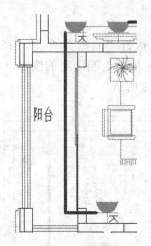

图 8-60　绘制阳台处的线路

6）执行"直线"命令，绘制"客厅"的部分线路。如图 8-61 所示。

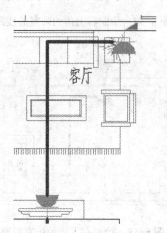

图 8-61　绘制客厅的部分线路

7）执行"直线"命令，绘制"客厅"与"餐厅"之间的电气线路，线路的部分尺寸已标注于图 8-62 中。

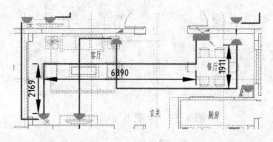

图 8-62　绘制客厅与餐厅之间的部分线路

8）执行"直线"命令，绘制"厨房"中的部分线路，如图 8-63 所示。

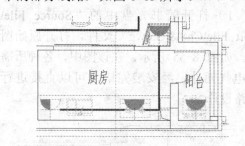

图 8-63　绘制厨房内的部分线路

9）执行"直线"命令，绘制"厨房"与"配电箱"之间的连接线路。该线路的部分尺寸如图 8-64 所示。

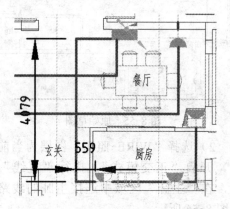

图 8-64　绘制厨房与配电箱之间的线路

10）执行"直线"命令，绘制厨房右边的"阳台"与"卫生间"之间的线路连接。如图 8-65 所示。

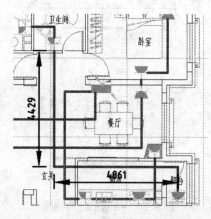

图 8-65　绘制阳台与卫生间之间的线路

11）执行"直线"命令，绘制"餐厅"中的电气元件与配电箱之间的线路连接，如图 8-66 所示。

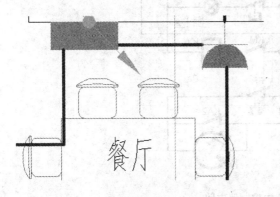

图 8-66　绘制餐厅的线路连接

12）执行"直线"命令，绘制配电箱与发音电气元件之间的线路，如图 8-67 所示。

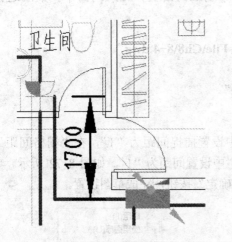

图 8-67　绘制配电箱与卫生间之间的线路

13）执行"打断"命令，在一些线路相交点处打断其中一条直线，打断的效果如图 8-68 所示。

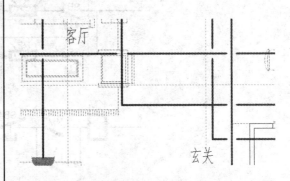

图 8-68　在相交处打断直线

14）完成绘制，如图 8-69 所示。

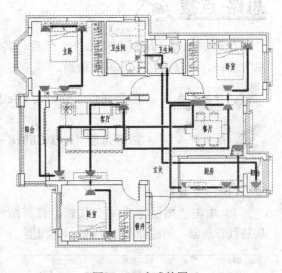

图 8-69　完成绘图

8.4　实例 4——工厂电气设计

在本节中，将示范如何进行工厂电气设计，本节中所使用的实例是工厂集中控制电路，如图 8-70 所示。

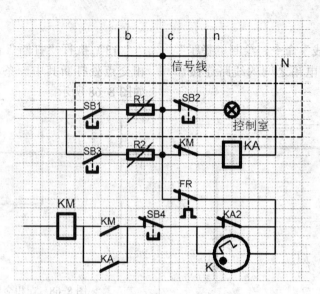

图 8-70　工厂集中控制器电路

思路·点拨

绘制该图时，绘制电气元件，然后将其制成带属性的图块，插入到图中，最后连接各电气元件，标注上文字，完成绘图。

——附带光盘"Source File\Final File\Ch8\8-4.dwg"

——附带光盘"AVI\Ch8\ 8-4.avi"

【操作步骤】

1) 单击"图层特性 🖾"按钮，打开图层特性管理器，新建如图 8-71 所示的图层。

状	名称	开	冻	锁	颜色	线型	线宽	透…
✏	0	♀	☼	🔓	■白	Continu…	— 默认	0
✔	粗实线	♀	☼	🔓	■白	Continu…	■ 0…	0
✏	文字	♀	☼	🔓	■白	Continu…	— 默认	0
✏	细实线	♀	☼	🔓	■白	Continu…	— 0…	0
✏	虚线	♀	☼	🔓	■白	DASHED2	— 0…	0
✏	中心线	♀	☼	🔓	■1…	CENTER2	— 0…	0

图 8-71　新建图层

2) 在绘图区的左下角单击"栅格显示"按钮，开启"栅格显示"，然后右键单击"栅栅显示"图标，在弹出的菜单中选择"设置"，在弹出的"草图设置"对话框中选择"捕捉与栅栅"选项卡，在"捕捉间距"一栏

中设置捕捉间距为"1"，在"栅格间距"一栏中设置间距为"1"，如图 8-72 所示。单击"确定"按钮，完成草图设置。

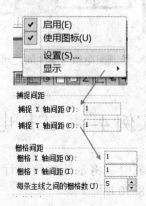

图 8-72　进行"草图设置"

3）执行"粗实线"命令，开启"捕捉模式"，执行"直线"命令，绘制如图 8-73 所示的斜线，该斜线的水平距离为"10"，竖直距离为"5"。

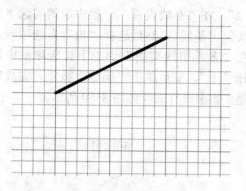

图 8-73　绘制斜线

4）执行"直线"命令，在斜线的正下方绘制三条直线，如图 8-74 所示。

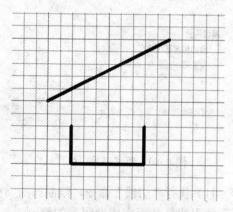

图 8-74　绘制三条直线

5）选择"细实线"为当前图层，绘制如图所示的 4 条直线。完成绘制"按钮"符号，如图 8-75 所示。

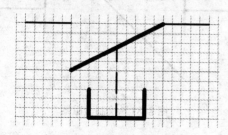

图 8-75　绘制"按钮"符号

6）打开"插入"选项卡，执行"定义属性"命令，在弹出的"属性定义"对话框中进行如图 8-76 所示的设置，并将属性放置于步骤 5）中拨给的"按钮"符号的上方。

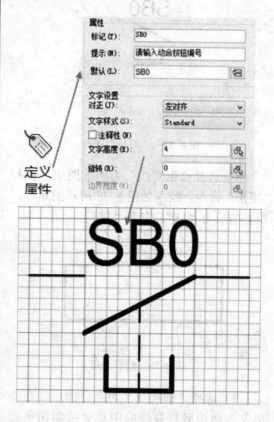

图 8-76　添加属性

7）在"块定义"功能面板上执行"写块"命令，在弹出的"写块"对话框中的"基点"一栏中单击"拾取点"按钮，选择按钮符号最上边的直线的左端点作为图块的基点，然后单击"选择对象"按钮，在绘图区中选择按钮符号及其属性作为写块的对象，选择好图块的储存位置，将其命名为"动合按钮"，单击"确定"按钮，完成写块，如图 8-77 所示。

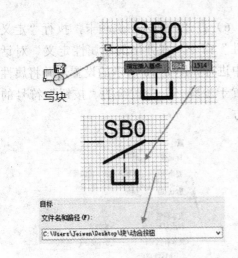

图 8-77 "写块"操作

8）选择"粗实线"为当前图层，执行"矩形"命令，绘制如图 8-78 所示的矩形，矩形的长为"15"，宽为"5"。

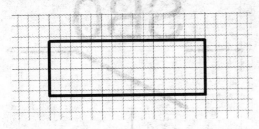

图 8-78 绘制矩形

9）选择"细实线"为当前图层，在矩形左右两边竖直直线的中点处绘制两条起疑，其长度为"5"，如图 8-79 所示。

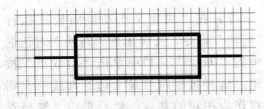

图 8-79 绘制直线

10）执行"格式"→"多重引线样式"命令，打开"多重样式管理器"对话框，单击"新建"按钮，然后在弹出的"创建新多重引线样式"对话框中选择"继续"，在"修改多重引线样式"对话框中选

择"引线格式"选项卡，在"箭头大小"一栏中设置箭头大小为"4"，然后选择"引线结构"选项卡，在"约束"一栏中勾选"最大引线点数"，并将其值设置为"2"，在"基线设置"一栏中取消勾选"自动包含基线"，然后选择"内容"选项卡，在"多重引线类型"中的下拉选项框中选择"无"，最后单击"确定"按钮。完成新建多重引线样式，如图 8-80 所示。

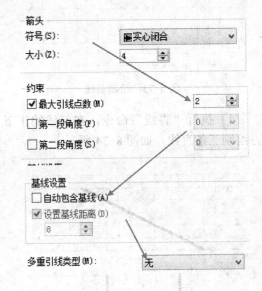

图 8-80 新建多重引线样式

11）执行"引线"命令，绘制如图 8-81所示的引线，从而完成变阻器的绘制。

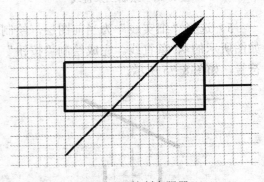

图 8-81 绘制变阻器

12）为变阻器定义属性，并将其"写块"，保存在计算机中，该图块的名字为

"变阻器",如图 8-82 所示。

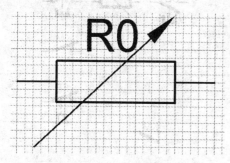

图 8-82　定义属性并写块

13) 选择"粗实线"为当前图层,绘制如图 8-83 所示的 5 条直线。

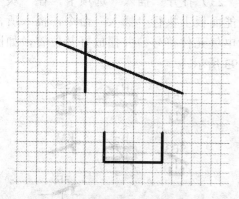

图 8-83　绘制 5 条直线

14) 选择"细实线"为当前图层,绘制如图 8-84 所示的 4 条直线,从而完成动断按钮符号的绘制。

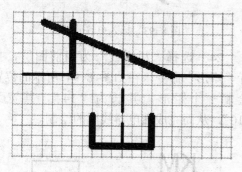

图 8-84　绘制动断按钮符号

15) 为动断按钮定义属性。并将其"写块",保存在计算机中,该图块的名字为"动断按钮",如图 8-85 所示。

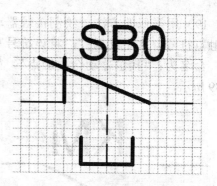

图 8-85　定义属性并写块

16) 选择"粗实线"为当前图层,绘制如图 8-86 所示的直线。

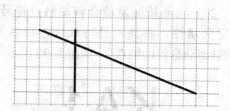

图 8-86　绘制两条直线

17) 选择"细实线"为当前图层,绘制如图 8-87 所示的两条直线,完成接触器动断辅助触点的符号绘制。

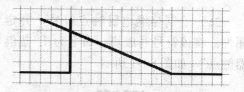

图 8-87　绘制接触器动断辅助触点

18) 为该辅助触点定义属性,并"写块",保存于计算机中,该图块的名字为"接触器动断辅助触点",如图 8-88 所示。

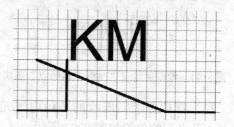

图 8-88　定义属性并写块

19）用类似的方法，绘制接触器动合主触点符号，并定义属性，将该符号写成块，命名为："接触器动合主触点"，如图8-89所示。

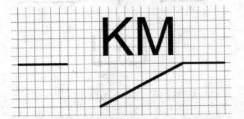

图 8-89　绘制并定义"接触器动合主触点"图块

20）绘制接触器动合辅助触点符号，并定义属性，将该符号写成块，命名为："接触器动合辅助触点"，如图 8-90 所示。

图 8-90　绘制并定义"接触器动合辅助触点"图块

21）绘制热继电器触点符号，并定义属性，将该符号写成块，命名为："热继电器触点"，如图 8-91 所示。

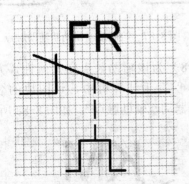

图 8-91　绘制并定义"热继电器触点"图块

22）摆放好上面所绘的各种电气元件符号，其之间的位置如图 8-92 所示。

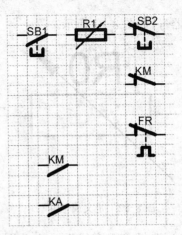

图 8-92　摆放好电气元件符号

23）打开"插入"选项卡，在"块"功能面板上执行"插入"命令，插入所需的电气元件符号，并摆放好其位置，如图 8-93 所示。

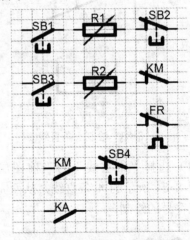

图 8-93　插入电气元件

24）选择"粗实线"为当前图层，执行"矩形"命令，在如图 8-94 所示的位置绘制一个矩形，其长为"14"，其宽为"10"，从而完成继电器线圈的绘制。

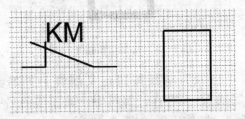

图 8-94　绘制继电器线圈

25）用类似的方法绘制另一个继电器线圈符号，如图 8-95 所示。

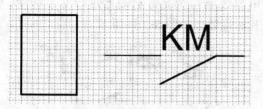

图 8-95　绘制继电器线圈

26）执行"圆"命令，在如图 8-96 所示的位置绘制一个半径为"10"的大圆，再绘制一个半径为"2"的小圆。

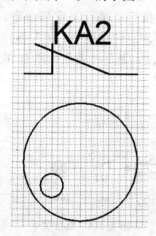

图 8-96　绘制圆

27）选择"细实线"为当前图层，绘制如图 8-97 所示的 5 条直线，其尺寸已在图中所标注。

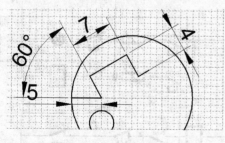

图 8-97　绘制直线

28）执行"图案填充"命令，填充的图案为"SOLID"，对小圆进行填充。其效果如图 8-98 所示，从而完成辉光启动器符号。

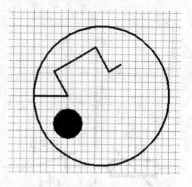

图 8-98　绘制荧光灯启动器

29）选择"粗实线"为当前图层，在如图 8-99 所示的位置绘制一个半径为"4"的圆，并绘制两条倾斜直径，其倾斜角度为"45°"，从而完成电灯符号的绘制。

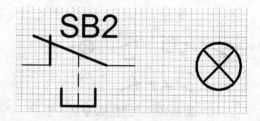

图 8-99　绘制电灯符号

30）执行"直线"命令，绘制连接各电气元件的导线。如图 8-100 所示。

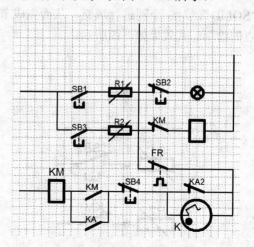

图 8-100　绘制电气元件之间的导线

31）执行"直线"命令，在电路图上部引出的导线，如图 8-101 所示。

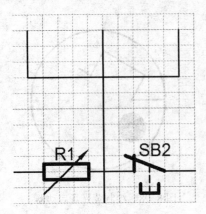

图 8-101　绘制导线

32）选择"虚线"作为当前图层，执行"矩形"命令，绘制如图 8-102 所示的矩形。

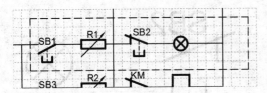

图 8-102　绘制虚线矩形

33）执行"圆"命令，在如图 8-103 所示的位置绘制 3 个半径为"1"的圆，并调用"图案填充"命令，填充图案为"SOLID"，对 3 个圆进行填充，从而完成节点的绘制。其效果如下图所示。

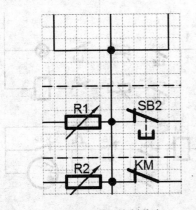

图 8-103　绘制节点

34）执行"单行文字"命令，文字高度设为"5"，旋转角度为"0º"，对两个继电器线圈与荧光灯启动器进行文字标注。其标注效果如图 8-104 所示。

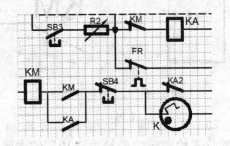

图 8-104　对线圈与荧光灯启动器标注文字

35）执行"单行文字"命令。文字高度为"5"，旋转角度为"0º"，对电路图进行文字标注，其标注效果如图 8-105 所示。

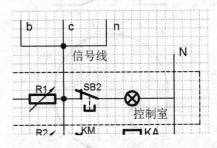

图 8-105　标注文字

36）关闭"栅格显示"，完成绘制，如图 8-106 所示。

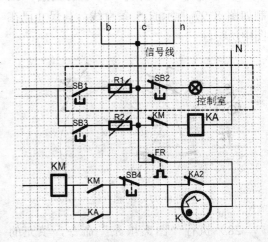

图 8-106　完成绘图

8.5 实例 5——机械电气设计

在本节中，将演示如何进行机械电气设计，在本节中所使用的实例是电动机的正反转控制电路图，如图 8-107 所示。

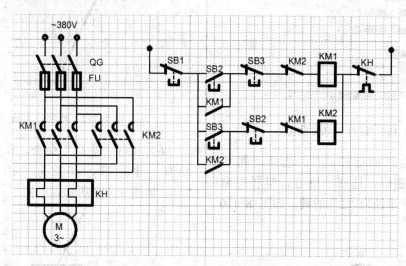

图 8-107 电动机正反转控制电路

思路·点拨

绘制该图时，可以先绘制主电路，再绘制控制电路，绘制控制电路时，可以先插入电气元件的图块，再连接它们之间的导线，最后进行文字标注，从而完成绘图。

结果文件——附带光盘 "Source File\Final File\Ch8\8-5.dwg"

动画演示——附带光盘 "AVI\Ch8\ 8-5.avi"

【操作步骤】

1）单击 "图层特性 " 按钮，打开图层特性管理器，新建如图 8-108 所示的图层。

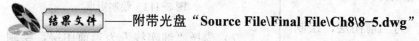

图 8-108 新建图层

2）在绘图区的左下角单击 "栏栅显示" 按钮，开启 "栏栅显示"，然后右键单击 "栏栅显示" 图标，在弹出的菜单中选择 "设置"，在弹出的 "草图设置" 对话框中选择 "捕捉与栏栅" 选项卡，在 "捕捉间距" 一栏中设置捕捉间距为 "1"，在 "栅格间距" 一栏中设置间距为 "1"，如图 8-109 所示。单击 "确定" 按钮，完成草图设置。

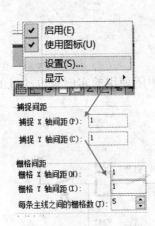

图 8-109　进行"草图设置"

3）开启"捕捉模式"，选择"粗实线"为当前图层，选择"圆心，半径"命令，绘制一个半径为"2"的圆，如图 8-110所示。

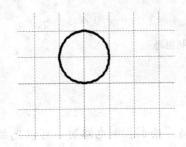

图 8-110　绘制圆

4）选择"细实线"为当前图层，绘制一条竖直的直线，其长为"10"，如图 8-111所示。

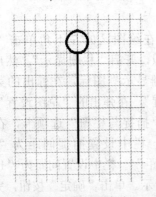

图 8-111　绘制直线

5）选择"粗实线"为当前图层，绘制如

图 8-112 所示的斜线，即绘制开关的闸刀。

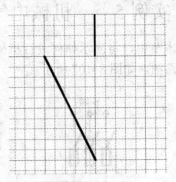

图 8-112　绘制开关闸刀

6）执行"矩形"命令，在斜线的下方绘制一个矩形，其长为"10"，其宽为"5"，如图 8-113 所示。

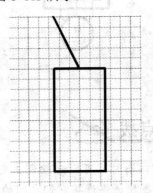

图 8-113　绘制矩形

7）选择"细实线"为当前图层，绘制如图 8-114 所示的竖直直线，其长度为"70"。

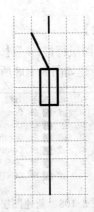

图 8-114　绘制竖直直线

8）选择"粗实线"为当前图层，执行"起点，端点，方向"命令，其起点为步骤7）中竖直直线的下端点，端点距起点正上方距离为"5"，方向为"180º"，绘制如图8-115 所示的半圆弧。

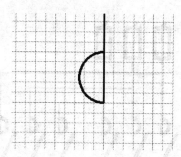

图 8-115　绘制半圆弧

9）执行"直线"命令，绘制如图 8-116 所示的斜线，即绘制开关的闸刀。

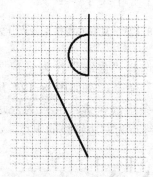

图 8-116　绘制开关闸刀

10）执行"细实线"命令，执行"直线"命令，绘制如图 8-117 所示的竖直直线，其长度为"40"。

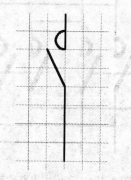

图 8-117　绘制竖直直线

11）执行"复制"命令，选择上面所绘的所有对象为复制的对象，将其复制到如图 8-118 所示的位置。

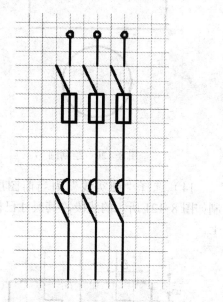

图 8-118　复制对象

12）选择"粗实线"为当前图层，执行"矩形"命令，绘制如图 8-119 所示的矩形，其长为"80"，其宽为"30"。

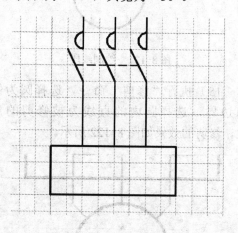

图 8-119　绘制矩形

13）执行"圆心，半径"命令，在如图 8-120 所示的位置绘制一个半径为"10"的圆。

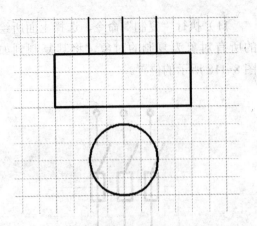

图 8-120　绘制圆

14）选择"细实线"为当前图层，绘制如图 8-121 所示的线段，其尺寸已标于图上。

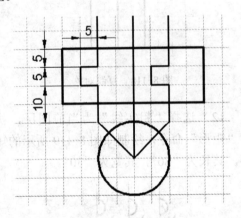

图 8-121　绘制线段

15）执行"修剪"命令，选择圆为修剪边界，选择圆内的直线为被修剪的对象，修剪的效果如图 8-122 所示。

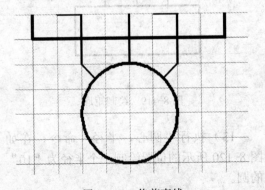

图 8-122　修剪直线

16）执行"复制"命令，复制主电路图中的主触点开关符号（即半圆弧与斜线）到其右边，再执行"直线"命令，绘制复制所得的开关符号与主电路之间的连接。如图 8-123 所示。

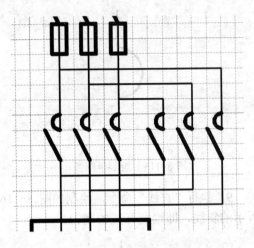

图 8-123　复制并连接主触点开关

17）选择"虚线"作为当前图层，执行"直线"命令，在如图 8-124 所示的位置绘制三条虚线，虚线起点为左边斜线的中点。其终点为右边斜线的中点。

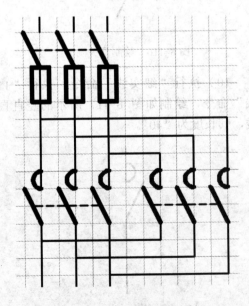

图 8-124　完成主电路绘制

18）打开"插入"选项卡，在"块"功能面板上执行"插入"命令，插入一个动断按钮，其位置在随书光盘中的 Source File\Final File\Ch8\BLOCK 文件中，用户可以单击"插入"对话框中的"浏览"按钮，从弹出的对话框中选择该图块，并命名为 SB1，如图 8-125 所示。

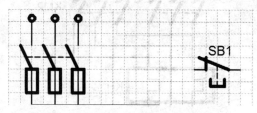

图 8-125　插入动断按钮 SB1

19）执行"插入"命令，插入如图 8-126 所示的所有图块，并按图 8-126 来对其进行命名，然后摆放到相应的位置。

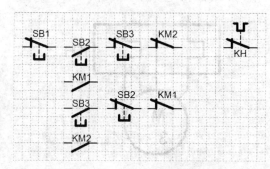

图 8-126　插入、命名并放置好电气元件

20）选择"粗实线"为当前图层，执行"矩形"命令，绘制如图 8-127 所示的矩形，其长为"14"，宽为"10"，从而完成继电器线圈的绘制。

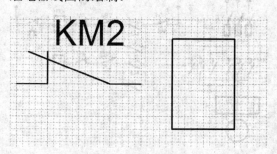

图 8-127　绘制继电器线圈

21）用同样的方法绘制另一个线圈，如图 8-128 所示。

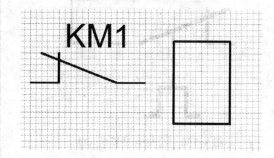

图 8-128　绘制另外一个继电器线圈

22）选择"细实线"为当前图层，连接电气元件之间的导线，如图 8-129 所示。

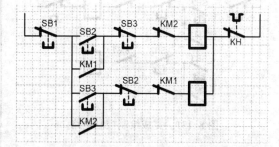

图 8-129　连接电气元件之间的导线

23）选择"粗实线"为当前图层，在左右两边的导线上端点绘制一个半径为"1"的小圆，如图 8-130 所示，从而完成绘制电源节点。

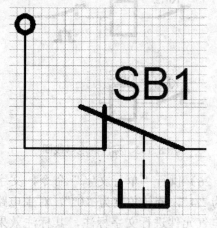

图 8-130　绘制电源节点

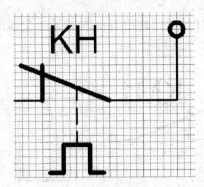

图 8-130　绘制电源节点（续）

24）完成控制电路的绘制，如图 8-131 所示。

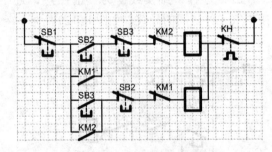

图 8-131　完成绘制控制电路

25）执行"单行文字"命令，文字高度为"4"，旋转角度为"0°"，对控制电路中的两个线圈进行文字标注，标注效果如图 8-132 所示。

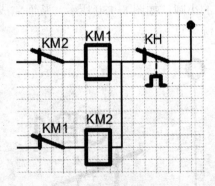

图 8-132　标注继电器线圈

26）执行"单行文字"命令，文字高度为"4"，旋转角度为"0°"，对主电路的各电气元件进行文字标注，其标注效果如图 8-133 所示。

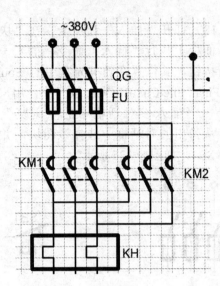

图 8-133　对主电路进行文字标注

27）执行"多行文字"标注命令，对电机符号进行文字标注，文字高度为"4"，标注效果如图 8-134 所示。

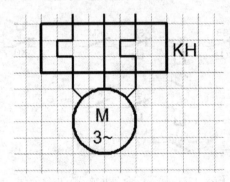

图 8-134　标注电动机符号

28）关闭"栏栅显示"，完成绘图，如图 8-135 所示。

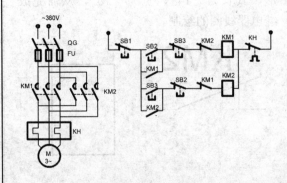

图 8-135　完成绘图

8.6　实例6——通用电路设计

　　在本节中，将演示如何进行通用电路的设计，本节所使用的实例是遥控发射机电路，如图 8-136 所示。

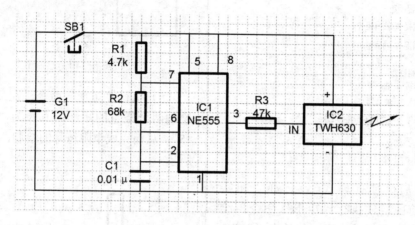

图 8-136　遥控发射机电路

思路·点拨

　　绘制该图时，可以先绘制 IC1 与 IC2 两块芯片，再绘制其周边的电阻与电容等电子元件，最后连接导线与标注文字。

结果文件——附带光盘"Source File\Final File\Ch8\8-6.dwg"

动画演示——附带光盘"AVI\Ch8\ 8-6.avi"

【操作步骤】

1）单击"图层特性 囤"按钮，打开图层特性管理器，新建如图 8-137 所示的图层。

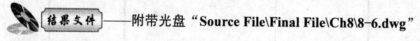

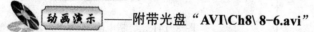

图 8-137　新建图层

2）在绘图区的左下角单击"栅栏显示"按钮，开启"栅栏显示"，然后右键单击"栅栏显示"图标，在弹出的菜单中选择"设置"，在弹出的"草图设置"对话框中选择"捕捉与栅栏"选项卡，在"捕捉间距"一栏中设置捕捉间距为"1"，在"栅格间距"一栏中设置间距为"1"，如图 8-138 所示。单击"确定"按钮，完成草图设置。

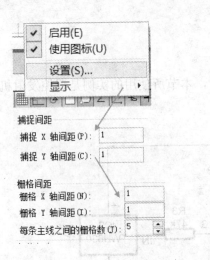

图 8-138　进行"草图设置"

3）开启"捕捉模式"，选择"粗实线"为当前图层，执行"矩形"命令，绘制如图 8-139 所示的矩形，其长为"50"，宽为"25"。从而绘制 IC1。

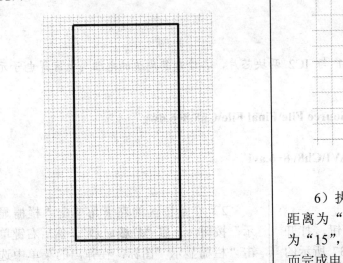

图 8-139　绘制 IC1

4）执行"矩形"命令，在 IC1 的右方距离"40"处绘制一个竖直矩形，其长为"30"，宽为"20"，从而完成绘制 IC2，如图 8-140 所示。

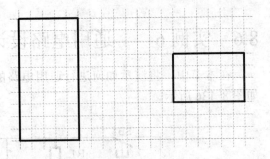

图 8-140　绘制 IC2

5）执行"矩形"命令，在 IC1 的左方绘制两个竖直的矩形，其长为"15"，宽为"5"，从而完成电阻符号的绘制，如图 8-141 所示。

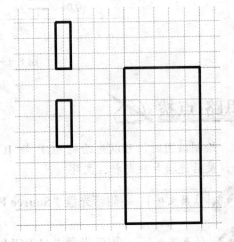

图 8-141　绘制电阻符号

6）执行"矩形"命令，在 IC1 的右方距离为"10"处绘制一个水平矩形，其长为"15"，宽为"5"，如图 8-142 所示，从而完成电阻符号的绘制。

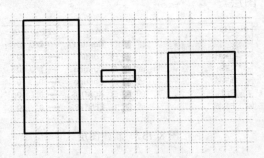

图 8-142　绘制电阻符号

7）执行"直线"命令，在 IC1 芯片左边的电阻的正下方距离为"25"处绘制一个电容符号，如图 8-143 所示，直线的长度为"10"。

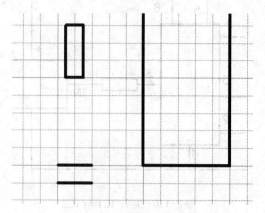

图 8-143　绘制电容符号

8）执行"直线"命令，在竖直电阻的左方距离"55"处绘制电源符号，上方的直线为"10"，下方直线为"5"，如图 8-144 所示。

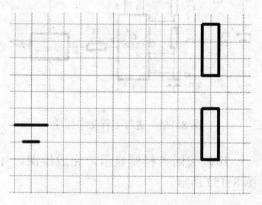

图 8-144　绘制电源符号

9）打开"插入"选项卡，在"块"功能面板上执行"插入"命令，在弹出的"插入"对话框中单击"浏览"按钮，在随书光盘中的 Source File\Final File\Ch8\BLOCK 文件中，单击"动合"按钮，插入到如图 8-145 所示的位置，并将其命名为 SB1。

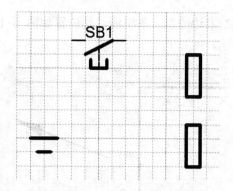

图 8-145　插入"动合按钮"

10）执行"格式"→"多重引线样式"命令，打开"多重样式管理器"对话框，单击"新建"按钮，然后在弹出的"创建新多重引线样式"对话框中选择"继续"，在"修改多重引线样式"对话框中选择"引线格式"选项卡，在"箭头大小"一栏中设置箭头大小为"5"，然后选择"引线结构"选项卡，在"约束"一栏中勾选"最大引线点数"，并将其值设置为"2"，在"基线设置"一栏中取消勾选"自动包含基线"，然后选择"内容"选项卡，在"多重引线类型"中的下拉选项框中选择"无"，最后单击"确定"按钮。完成新建多重引线样式，如图 8-146 所示。

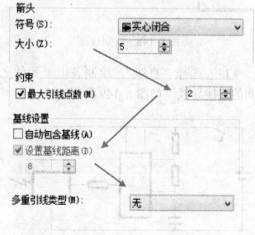

图 8-146　新建多重引线样式

11）选择"细实线"为当前图层，在

IC2 右边绘制一条引线，其位置如图 8-147 所示。

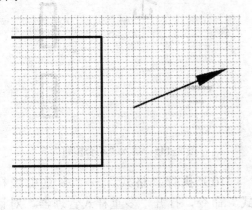

图 8-147　绘制引线

12）执行"直线"命令，在引线的上方绘制如图 8-148 所示的直线。

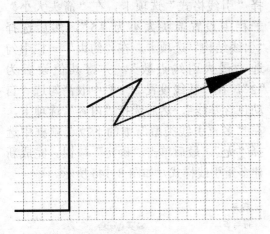

图 8-148　绘制线段

13）选择"直线"，绘制各电子元件之间的连接导线。如图 8-149 所示。

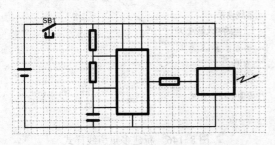

图 8-149　绘制导线

14）选择"文字"作为当前图层，执行"单行文字"命令，对 IC1 与 IC2 进行文字标注，如图 8-150 所示。

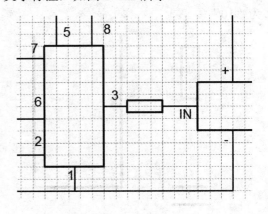

图 8-150　标注 IC1 与 IC2

15）选择"多行文字"标注，对电路图中的各元件进行多行文字标注，其标注效果如图 8-151 所示。

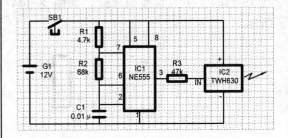

图 8-151　进行多行文字标注

16）关闭"栏栅显示，完成绘图，如图 8-152 所示。

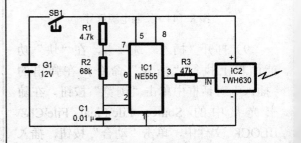

图 8-152　完成绘图

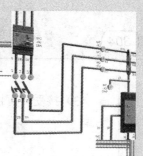

附　录

附录 A　AutoCAD2014 安装方法

本书附带的光盘并不提供 AutoCAD 安装软件。安装 AutoCAD 2014 前，请先购买 AutoCAD 2014 软件或者到 Autodesks 官方网站下载。

1）打开 AutoCAD 2014 简体中文版的安装文件，单击解压到指定的位置，如图 A-1 所示。

图 A-1　解压安装文件

解压完毕后在解压的文件夹中选择"Setup.exe"文件，双击开始安装 AutoCAD 2014 中文版，如图 A-2 所示。

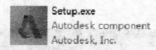

图 A-2　安装 AutoCAD 2014 中文版

2）启动安装程序以后，会进行安装初始化，过几分钟就会弹出如图 A-3 所示的安装画面，我们就可以开始安装 AutoCAD 2014。

图 A-3　安装初始化界面

3）接受许可协议，如图 A-4 所示。

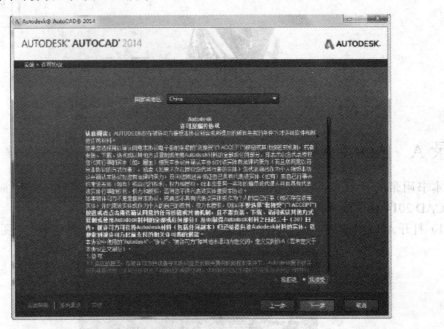

图 A-4　接受许可协议

4）输入产品序列号与产品密钥，如图 A-5 所示。

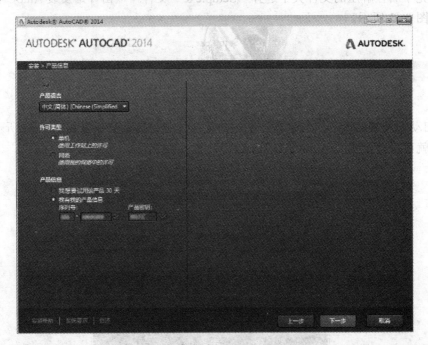

图 A-5　输入产品序列号与产品密钥

5）自定义安装路径并选择配置文件，如图 A-6 所示。

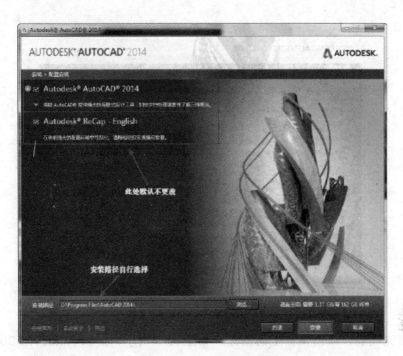

图 A-6　自定义安装路径

6）进行安装，如图 A-7 所示。

图 A-7　进行安装

7）安装完成，如图 A-8 所示。

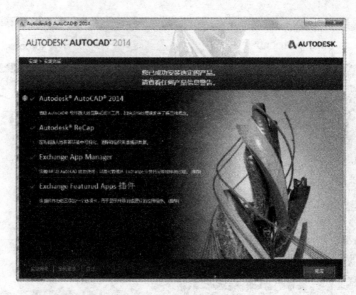

图 A-8　完成安装

8）安装完成后，双击桌面上的图标，如图 A-9 所示，进入 AutoCAD 2014 界面，如图 A-10 所示。

图 A-9　桌面上的图标

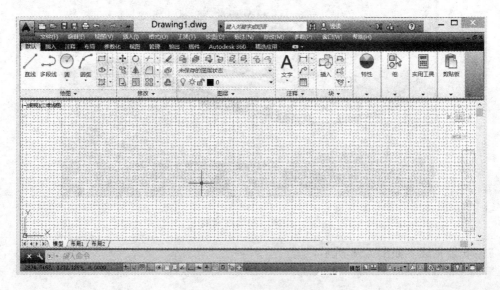

图 A-10　AutoCAD 2014 界面

附录 B AutoCAD 打印出图

1）打开 CAD 图纸以后，单击左上角的打印按钮 ⎙，进入"打印-模型"对话框，如图 B-1 所示。

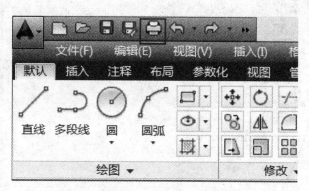

图 B-1 进入"打印-模型"对话框

2）打印-模型窗口出现后，鼠标单击下拉左边的打印机/绘图仪的名称，选中所使用的打印机，如图 B-2 所示。

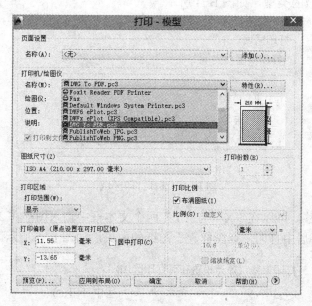

图 B-2 选中打印机

3）鼠标单击下拉左边的图纸尺寸，选中要打印的图纸类型，如图 B-3 所示。

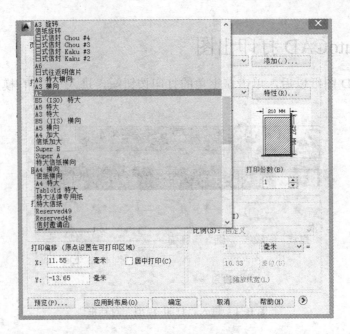

图 B-3　选中图纸类型

4）选择打印区域的类型，如图 B-4 所示。

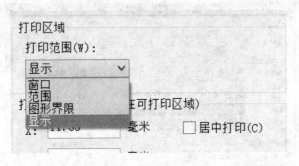

图 B-4　选择打印区域

5）设置打印偏移。可以在"X"与"Y"两个文本框中输入图样在 X 方向与 Y 方向的偏移量，也可以选择居中打印，令图样置于图纸的中央，如图 B-5 所示。

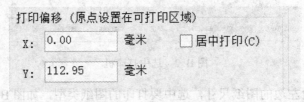

图 B-5　设置打印偏移

6）设置打印比例。可以勾选"布满图纸"选项，令图样打印时可以布满整张图纸，同时选择打印的单位，通常选择"毫米"，如图 B-6 所示。

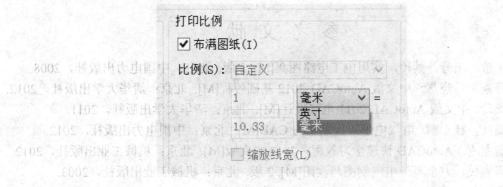

图 B-6　设置打印比例

7）设置图形的方向。单击窗口右下角的扩展按钮，在"图形方向"一栏中选择所需的图样放置方向，如图 B-7 所示。

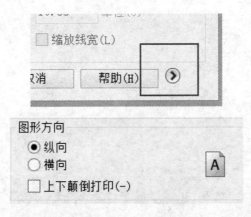

图 B-7　设置图形的方向

8）最后单击窗口下方的"预览"按钮，如果检查没有问题后就按〈Esc〉键退出预览，单击"确定"按钮即可进行打印。

参 考 文 献

[1] 王敏，王芳，蔡玲. 实用电工电路图集[M]. 2 版. 北京：中国电力出版社，2008.

[2] 薛焱，马晓慧. 中文版 AutoCAD 2012 基础教程[M]. 北京：清华大学出版社，2012.

[3] 梁玲. 中文版 AutoCAD 2011 电气设计[M]. 北京：清华大学出版社，2011.

[4] 高红，杜士鹏. 电气电子工程制图与 CAD[M]. 北京：中国电力出版社，2012.

[5] 詹友刚. AutoCAD 快速学习教程：2012 中文版[M]. 北京：机械工业出版社，2012.

[6] 何利民，尹全英. 电气制图与读图[M]. 2 版. 北京：机械工业出版社，2003.

[7] Autodesk 公司. Autodesk AutoCAD 2014-帮助. 2014.